LOCUS

LOCUS

LOCUS

LOCUS

Smile, please

smile 145

用心休息：

休息是一種技能——學習全方位休息法，工作減量，效率更好，創意信手拈來

作者：方洙正（Alex Soojung-Kim Pang）

譯者：鍾玉玨

責任編輯：潘乃慧

封面設計：廖韡

校對：呂佳真

出版者：大塊文化出版股份有限公司

www.locuspublishing.com

台北市 10550 南京東路四段 25 號 11 樓

讀者服務專線：0800-006689

TEL：(02) 87123898　FAX：(02)87123897

郵撥帳號：18955675

戶名：大塊文化出版股份有限公司

法律顧問：董安丹律師、顧慕堯律師

總經銷：大和書報圖書股份有限公司

地址：新北市新莊區五工五路 2 號

TEL：(02) 89902588　FAX：(02) 22901658

初版一刷：2017 年 12 月

定價：新台幣 380 元

Printed in Taiwan

用心
休息

休息是一種技能——

學習全方位休息法，
工作減量，效率更好，創意信手拈來

方洙正——著　鍾玉玨——譯

Rest:

Why You Get More Done
When You Work Less

獻給湯瑪斯·休斯與琳達·魏德曼

目錄

引言 休息的定義

本書討論工作，當然也著墨休息。聽起來似乎自相矛盾，卻道出本書的核心概念。

我們許多人會花心思改善工作，但鮮少思考如何改善休息。時間與工作管理書籍提供各式各樣的生活小百科，分享各種提高產能的良方，或是報導執行長、知名作家等名流在做些什麼，但這些書籍幾乎隻字不提休息在這些多產又創意十足的人士生活（或職涯）中扮演的角色。就算提到休息，似乎也只把它當作滿足生理的需求，或是礙手礙腳之物。

談論休息或休閒的書籍大都將重心擺在如何逃離工作，而非怎麼選擇有意義的活來做。這些書認為無所事事、啥事都不做才是對抗工作過量的良方，才是睿智的表現。他們認為，聰明人做事講究事半功倍，而非事倍功半；不過有創意的人更厲害，完全不用做事。還有一些作者標榜休閒度假是奢侈品，每次消費都要大肆張揚；認為美好人生就是沒完沒了的暑假，以及將精心修過的照片上傳到 Instagram 和大家分享。

結果工作與休息被一分為二，彼此對立。更棘手的是，我們認為遠離工作就叫休息，而不認為休息是可以自成一門或是擁有自己特質的範疇。亦即，人生的實體空間由勞役、抱負、成就定義之，剩下的負空間（negative space）才歸休息。我們是什麼樣的人，若由工作性質、敬業與否、不求收穫只問耕耘的意志與成效來決定或左右，易於把休息視為上述特質的反向教材。若將工作與自我畫上等號，一旦停止工作，自我也不復存在。

當我們將休息與工作視為對立面，可能不太把休息當一回事，甚至會迴避休息。相較於全球其他民族，美國人可能是工作最多、休息最少的民族，這點有違經濟學家的預期（也不符常理），畢竟我們美國人的產出效率優於以往，工時卻不減反增。我們放任休假日荒廢，好不容易真的安排了假期，卻忍不住頻頻檢查電子郵件。

我認為大家都誤解了工作與休息的關係，其實兩者並非水火不容。我們談論休息時不可能避談工作，這就像寫愛情小說時，只單方面著墨男主角或女主角。休息與工作並非對手而是夥伴，彼此互補，都需要對方才能完整。

此外，若無法充分休息，工作表現也會遜色。歷史上一些在藝術、科學、文學等領域交出斐然成績的創意天才與傳奇人物，對休息非常重視。他們意識到，為了實現抱負、完成追求的目標，休息確實有必要。找到適合自己的休息方式，不但可以恢復精力，也能讓驅策創作力的繆思（他們內在的神祕領域）持續活動。

因此，工作與休息並非處於黑白對立的關係，也非正邪不兩立；反倒更像站在生命浪潮上不同的位置。人不可能只有波峰，沒有谷底；不可能只有高潮，沒有低點。工作與休息缺一不可。

我們低估了優質、用心休息的好處；也低估了認真看待休息可大幅精進能力與表現的效用。

我認真工作，也盡情休息；樂於接受智識上與體力上的挑戰；享受大小任務交付的使命感與完成後的成就感。對我而言，發揮創意、突破現狀（或僅是繞著某個想法打轉、專心沉浸於某個難題、發揮才幹與艱巨的挑戰周旋等），期間的過程猶如參加一場競賽或遊戲，興奮得讓人欲罷不能，像美食一般，刺激並滿足口腹之欲（老實說，我的確是個愛吃鬼），也像戀愛一般，滿足感情的基本需求。勤奮工作既是一種榮譽，也是一種收穫。回顧以往辛苦的工作經驗，我覺得樂多於苦，因為我能和一批傑出人士長期並肩作戰、建立同袍情誼，成功協助公司突破現狀更上層樓，也不畏嘗試新東西。我發現，標榜可致富與提早退休的「幸福人生」既庸俗又倒胃。反之，心理學家維克多．弗蘭克（Viktor Frankl）與米哈伊．齊克森米哈伊（Mihaly Csikszentmihalyi）的主張與見解更深刻、更直觀，兩位大師將幸福的人生定義為探索真理，以及迎接各種挑戰。

因此，我之所以對休息感興趣，並非源於不滿或嫌棄工作。我認為，人活著應該擁抱挑戰，而非迴避挑戰，所以工作並非壞事，反而是充實人生、增加人生意義的必備條件。只不過，我也漸漸看到過度工作受到推崇，或許這是因為智識上的怠惰（說起來有些弔詭），畢竟用工作時間的長短來評量一個人對工作的熱情與表現，是最簡單輕鬆的辦法，但同時也非常不可靠。

我也享受認真地休息。我不會花幾小時無聊地觀賞上傳至影音網站的行車紀錄器影片，或是上臉書接受心理測驗，看看自己是《暮光之城》（*Twilight*）系列小說的哪一個角色。我會精心騰出幾小時，在難得的空檔裡，不受客戶、同事、（特別是）小孩的打擾。我喜歡睡覺，感受身體舒舒服服躺在床榻上，整個人不知不覺地沉入夢鄉。工作時，想到待會可挪出一小時到健身房揮汗，頓時特別來勁，想盡快完工。

我實在不敢說自己對休息有什麼特別見解。古希臘人認為休息是偉大的天賜禮物，代表最高境界的文明生活。羅馬時期，斯多葛學派主張人若不好好工作，不可能擁有美好的生活。的確，幾乎每個古文明莫不肯定工作與休息是美好人生的必備條件，兩者缺一不可：一個提供生存的手段，一個賦予生活意義。而今，我們離這種智慧愈來愈遠，因此生活愈來愈貧乏，也愈來愈不充實。現在是重新發掘休息於我們有何益處的時候了。

維多利亞時期的英國人跟我們面臨一樣的難題

我上大學後，對「創意心理學」（psychology of creativity）產生興趣，不過近年來才慢慢正視休息與創意生活的關係，並嚴肅思考休息在創意生活中扮演的角色。當年和妻子在英國劍橋咖啡館消磨冬日夜晚的日子，更是深入鑽研這門課題。當時我以微軟研究院訪問學者的身分在劍橋進行一個研究專案，該專案最後如願出書，書名為《分心不上癮》（*The Distraction Addiction*）。訪問劍橋期間，我和妻子常在晚飯後挑間咖啡店或小酒館坐坐。坐定後，便拿出一疊紙與兩本書攤在桌上——分別是維金尼亞・吳爾芙（Virginia Woolf）《自己的房間》（*A Room of One's Own*）與約翰・凱（John Kay）《迂迴的力量》（*Obliquity*）。

在《自己的房間》一書中，吳爾芙比較了教員在財力雄厚古老名校以及在新女子學院執教的生活。結果發現，古老名校提供教員更多出人頭地的機會，這並非因為名校的社會捐款豐沛，而是因為他們的步調更從容、更悠閒：名校提供優渥的研究經費和親切有禮的行政人員，讓教員有足夠的時間，盡情地散步與聊天。在《迂迴的力量》裡，約翰・凱指出，當企業重視工作表現與客戶服務時，業績蒸蒸日上；換了一批全新經營團隊，力推改善財報的系列措施後，企業營收反倒走下坡。約翰・凱主張，將營收擺在第一位的公司較可能出現虧損，不如重視優異的工作表現，而將營收視為附屬品的企業。

這兩本書讓我深入探索第三本書的要義。我把這第三本書視為幸運符，隨身攜帶已久，希望該書作者任職於劍橋期間的成就多少能庇蔭到我，讓我沾沾光。該書的書名是《雙螺旋——DNA結構發現者的青春告白》（*The Double Helix*），作者詹姆斯・華生（James Watson）在書中透露他和同事法蘭西斯・克瑞克（Francis Crick）發現DNA結構的經過。我閱讀的重點多半擺在競爭與衝突，但吳爾芙點出悠哉自在有利提高產出，加上約翰・凱所謂的迂迴觀，讓我看清自己之前完全忽略的面向。華生與克瑞克並非一天到晚窩在實驗室，他們很多靈感出自於劍橋老鷹酒吧（Eagle pub）的漫長午餐、午後在劍橋散步，以及在書店裡東翻翻西看看。華生和二十世紀幾位天賦過人的科學家儘管較勁得厲害，但他經常參加大型會議、跑到阿爾卑斯山度假、外出打網球。一位跟他同時代的同輩表示，華生有空約會、打網球，因為他是天才。不過吳爾芙與凱的見解不禁讓我思考：華生之所以是天才，也許是他騰出時間約會、打網球。也許，成就斐然得靠迂迴戰術。

該想法蟄伏在我的腦海裡一整個冬天。在劍橋休假研究期間，我和妻子勤奮工作，順利完成許多研究，但傍晚會抽出時間到小酒館坐坐，週日則散步到「果園」茶館，有時速去速回到倫敦逛逛，週末就遠行到愛丁堡、巴斯、牛津。那段時間，工作緊湊又有效率，卻說不上來地從容自在。身為死忠的哈英族，我們在劍橋的日子智識泉湧，我不禁納悶，妻子和我的產出大增是否不只和所在地有關係，也和生活步調息息相關？於是我開始反思，也許我們熟悉的工作與生活方式，還有一些不假思索的想法，對提高生產力的成效並不如預期——諸如無論工作還是生活，永遠離不開網路，吃喝玩樂還老盯著電子郵件的收件匣，週末加班趕工，鄙視度假與遊山玩水等等。

我對同輩領導人與創意人做了調查後發現，自己必須擴大撒網範圍，才能理解休息對高效、高產出生活的重要性。有些領導人的確視壓力與工作過頭為榮譽勳章，炫耀自己每天僅睡幾小時，幾乎不曾請假，並請宣傳人員與公關公司小心呵護他們工作狂的形象，避免外界負面解讀。這些人的所作所為顯示，在當今工作至上的環境裡，大家不假思索，把不間斷的工作視為美德、視為不可與生活切割的必需品，因此就連高居上位的重量級人士也得不眠不休與工作為伍。不管我們認為拚命工作對產能與創意是加分還是減分，我們都被這個框架所左右。

回顧過往，在劍橋休假研修的日子慢慢浮現。之前幾個世紀，重要的作家、科學家、政治人物、企業家分別寫出名作、贏得選舉、掌舵事業，但都找得出充沛的時間定期散步、小睡、週末出遊、放自己數週的長假。許多人年輕時是拚命三郎，上了年紀，抱負絲毫不減，卻懂得放緩步調，培養可長可久的習慣，並結合休息與創意生活。他們必須學著放下工作，好好休息，同時仔細觀察自己工作的模式，找出哪些方式對自己有效。他們敏感地意識到，改變生活作息會影響自己的思考能力。他們在時間表上進行各種實驗，找出自己在哪個時段精神最好、注意力最集中，然後微調作息，找出有助於續待在人生競技場的節奏與習慣。換言之，他們並非各個都是在天才與瘋子之間擺盪的人物，創意來源並非不由自主地被潛意識驅使，不受控制地被激情驅策。他們反倒更像運動員，持續摸索鍛鍊體能的方式，改進賽前的例行訓練項目，同時不忘在飲食下工夫，以便體力更勝他人一籌。

回到過去尋找可以平衡勞逸的範本與樣式，一定會碰到有人跳出來反對，稱今昔大不同，無從比較。相較於今日，百年前的生活相對簡單，讓人分心的誘惑及經濟壓力較小，休閒也受到尊重。當時的人有較多時間休息，今天的人得兼顧家庭與工作、同事與小孩，忙得分身乏術，鮮少有時間留給自己。科技推陳出新，標榜工作可更具彈性，實情卻非如此，反而讓我們被工作綁得動彈不得，一天到晚離不開客戶、同仁、小孩。因為經濟前景不明，我們被迫接受這樣的條件，否則隨時等著被炒魷魚。在二十四小時不打烊的世界，關機熄燈的想法形同生錯了時代（anachronism）。

但我們祖先卻懂得休息，而且無師自通。一百五十年前的維多利亞時期，人民非常清楚時代在變，感受到全球化快速崛起、經濟飛速成長、科學與技術創新一日千里、社會巨變、恐怖分子與意識形態之爭構成新的威脅。拜鐵路、電報、蒸汽引擎等發明之賜，世界更緊密，經濟產能大增，貿易更活絡，新聞也能飛速傳到世界各角落。不過技術也摧毀了地方習俗，打亂村落的傳統節奏，攪亂鄉村生活的步調，破壞原有的安詳靜謐。十九世紀，醫界擔心快節奏的都會生活，以及火車飛馳的速度，恐讓人腦不堪負荷，預言神經方面的疾病將蔚為流行。工會與資方因為工時與工廠作業步調僵持不下；改革人士與心理學家紛紛警告過勞的風險。

美國心理學家威廉・詹姆斯（William James）一八九九年的論文〈放鬆的準則〉（Gospel of Relaxation），為工作過度的現象分析把脈。他認為，美國人已習於工作過量，習於「和內在的渴望與期待」為伍，習於在工作時「喘不過氣、緋緊神經」。美國人彷彿把壓力與超時工作當成高級珠寶穿戴在身上：他們內化了很多壞習慣，這些不良習慣「源於社會風氣，受到傳統珍視，是廣受眾人崇拜與讚揚的生活方式」。詹姆斯也點出超時工作對產能根本是適得其反。他說：「若生活過得緊張兮兮、匆匆忙忙，有助於我們做得更多、做得更好，那麼應該找得到繼續這麼做下去的回報與理由，但實情剛好相反。」數個世代之後，效率專家證實了詹姆斯的看法。一次世界大戰期間，工業工程師發現，相較於正常上下班的工廠員工，經年累月超時工作的員工，不僅產能下降，發生高代價失誤或工傷的機率也較高。美國財經記者伯帝・查爾斯・富比士（Bertie Charles Forbes，《富比士》雜誌創辦人）寫道，就連「舊時」會趁放假找樂子而非純休閒來鬆弛緊繃神經的士兵，也能透過青年會（YMCA）或美國勞軍聯合組織（United Services Organization）等機構，得到有益健康的休息，在在顯示「休閒娛樂之於效率有多麼必要」。富比士還點出，告捷部隊的經驗顯示，「我們如何打發非工作時間，大幅決定了我們工作時的表現，是稱職抑或不合格。」

換言之，維多利亞時期的社會與憂慮和我們今天的現況差不多。不少人當年費力提升產能，拚命加班，努力加快步調，以便趕上機器與電報網的速度。這樣的人是主流，但有些人選擇打破體制，成為特例，這些人對工作與休息的另類選擇讓他們異軍突起。他們的例子顯示，我們無須被不講人情味的全球性力量箝制，無須過著過勞的生活，我們可以選擇不一樣的方式。

他們的生活形態也透露另一樣東西。休息並非上天賜予的禮物，絕非你把其他事情都做完，最後才輪到休息登場。你若需要休息，就該休息，必須力抗讓自己忙碌的誘惑，不僅騰出時間休息，也要正視休息。你該為休息樹立保護傘，以免外界覬覦，動不動就想搶走它。

歷史殷鑑不遠，在快速變動的時代，具遠大抱負、積極進取的人在功成名就、創作不斷之餘，也能同時過著看似更悠閒、更平衡、更敏銳的生活。不過我們可不可能解釋休息何以這麼重要？能否說明何以搞創意的人休息模式都如此一致？過去二、三十年來，睡眠研究、心理學、神經科學、組織行為學、運動醫學、社會學等領域，提供了大量深入精闢的分析，證明休息這個幕後英雄有多重要，不僅能強化腦部、提高學習、活絡靈感，也能保持創新長久不墜。這類研究不僅廣泛證明了休息的價值，也凸顯不同的休息形式如何和工作結合，陪你走完一天乃至一輩子。研究也透露，何以有些休息會刺激我們的創意，有些休息則有助於恢復創作的能量。這類研究告訴我們，白天小憩恢復體力、戶外長走刺激腦袋深思、揮汗激烈運動、外出度長假等，不但不會降低產能、干擾工作，反而提高動腦人士的工作效率。

我們必須重新思考工作與休息的關係，承認兩者緊密連結，並重新定義休息的角色：找出它為何能刺激創意、提高產能。我們不該認為休息不過是滿足生理需求，因此不得不為；而是把它視為機會。適當地止步、休息對創意而言，不是虛耗而是投資。

有四種深入的見解指引我思考休息的要義，是我研究、分析休息哲學的接觸點（touchpoints）。我探究休息如何協助創意人士完成偉大的作品，解釋如何將科學發現與歷史心得應用在我們自己的生活中。

一、工作與休息是夥伴關係

休息是出色工作表現的必要條件。世界頂尖的音樂家、奧運選手、作家、設計師、時時動腦想點子的創意家，這些人成就斐然，每天不是聚精會神，專注於高強度的工作，就是停工好幾小時休息。長期以來，靈感與創意一直是難解的謎。我們對創意渴求的程度超出我們對它的理解，不知它為何這時出現，下一刻卻又不見蹤影，也不知該用什麼辦法（若有辦法的話）才能提升創意。而今，我們對認知歷程又多了一些瞭解與認識，知道在創意湧現時刻，認知歷程非常活躍，知道在靈光乍現時，腦部有何變化。不過我們絕非掌握了全貌，至今腦部與創意依舊是最複雜的兩種研究對象，留下一堆大哉問待解。有件事倒是可以肯定，那就是腦子的思考活動從未停止，就連在休息狀態也忙著思索問題、分析並尋找各種可能的解方，同時搜獵奇想。腦內思考活動超出我們的掌控，但是學會更有品質的休息，我們可強化它，讓它盡情發揮，當它發現值得我們關心或注意的東西時，我們也不會無知無覺地任它溜走。

二、休息是主動而非被動

說到休息，我們通常認為它屬於被動活動：小憩、躺在沙發上、看電視轉播體育賽事、狂看某齣熱門電視連續劇，這些都是休息的類型之一。但運動等體能活動帶來的休息成效超乎預期，而「心」的休息（mental rest）則比我們預期來得動態（active）。

動腦人士當中（包括書呆子、迂夫子，他們往往一頭栽進工作後，一連幾週忙得不見天日），不乏將激烈、挑戰體能、甚至危及生命的運動納入例行活動的例子，讓人頗為意外。有些人則是每天走幾哩路，或是趁週末整理花園，養花蒔草。有人不斷接受訓練，為下一場馬拉松預作準備，還有人喜歡攀岩或登山。相較於我們一般對運動的定義與看法，這些人的休息方式更為費力、激烈。

為什麼這些活動可以讓人充分休息？認真嚴肅的運動能讓體能保持在巔峰狀態，巔峰的體能反過來則有助於腦袋保持靈活，應付棘手難事。此外，運動也隱約對心理有好處：運動並非只能抒壓或保持頭腦清醒，還可和過去有所連結。許多認真的思想家青睞與兒時興趣相關的活動，或是重拾小時候最初跟著父母與兄姐學習的技能。這樣的選擇意在建構工作、玩樂、勞逸各司其職、卻又彼此相連的人生。

就連被動式休息其實也比預期來得動態。睡眠時，腦袋並未關機，而是忙著整理記憶，回顧一天發生了什麼事，重溫還在進行的各個事項。做夢時，你可以瞥見上述這些幕後活動，但大都發生在你的意識之外，不受你的指揮。休息時，腦部也忙著排毒，進行維修保養，這是預防神經退化性疾病的重要步驟。睡眠專家可在「快速動眼睡眠階段」（REM）觀察到這些活動。在快速動眼期，因為電流活動，腦波出現鋸齒狀，顯示這時人腦和清醒時在發呆的狀態一樣活躍。在這段期間，你的思緒四處遊走，感覺像在放空，什麼也沒想，其實腦部正在全速駕駛，只不過沒載著「意識清楚的那個你」同行。

三、休息是一種技能

休息原來和性、唱歌、跑步一樣。基本上，大家都知道怎麼休息，但能多一些努力與瞭解，休息會更有效率。享受更徹底的休息，休息之後便能神清氣爽、精神百倍。表演者爬上世界頂尖的地位，不只是靠刻意的練習，也要不斷精進所謂**用心休息**（deliberate rest）。這些一流表演者認為，休息必須兼顧身心，除了消除身心疲勞，也能活絡心智活動。用心休息有助於釋放一天的壓力與疲憊，協助嶄新的經驗與學習心得進入記憶體，刺激潛意識空間保持活躍。往往在用心休息與徹底休閒的期間（亦即斷然放下工作，不會念念不忘），絕佳的點子與靈感就會冒出來。

休息竟然得費神學習才做得好，乍聽之下，似乎不符常理。大家會想還有什麼比休息來得更簡單、更輕鬆？世上唯有呼吸比休息更不費吹灰之力，無師就會自通。

的確，人天生就會呼吸。也正因為如此，不管你的工作是耗體力還是費心神，控制呼吸幾乎是我們每個人都得精通的一門工夫。呼吸要有紀律，要懂得控制，這樣的呼吸才是對抗壓力、恐懼、分神最有力的武器之一。學習控制呼吸，讓呼吸更深更長，可提升運動員的競爭力；讓士兵與水手在戰鬥時保持冷靜；歌手唱歌時更懂得收放自如；演員與政治人物說話時音量更足。

休息也是一樣的道理。很多人將休息視為完全不用動腦或是完全被動的一件事。一天結束，他們趁著減價時段到酒吧喝點小酒、吃些點心；週末到夜店狂歡；放長假到熱帶國家度假，在二十四小時不打烊的酒館或夜店消磨時光。他們玩得陶醉而忘我，直到隔天宿醉醒來（儘管臉書動態消息可能讓他們想起前一晚尷尬丟臉的行徑）。不同於上述這種休息，有些休息方式充滿挑戰，但頗有成效，休息之後，既開心又健康，頭腦也更靈活。

的確，大家生來就會休息，也正因為如此，學習充分休息對身心助益極大。

四、全方位休息能刺激創意，讓創意信手拈來

對每個人而言，工作與休息恍若黑夜與白晝：兩者缺一不可。對於極具創意的人而言，用心休息至為重要，但是在他們的創作生涯中往往被漠視。用心休息可刺激創意。不少傑出的創意家喜歡一大早上工，埋首於難度較高的工作，因為他們認為這個時段腦筋最清楚、最專注，不易因為其他事務而分心。工作告一段落後，他們會出外散步或小憩，除了恢復體力，也釋放潛意識，讓潛意識有時間去漫遊、探索。工作告一段落時，他們會留一些不重要的部分待隔天完成，以便隔天開始時，能輕鬆上路。在他們安排下，不論是需要心無旁騖的繁重工作或是停工時段，都能從容進行。這些活動讓他們以更有創意的方式

處理問題，以更快速、更輕鬆的方式找到解決辦法。

用心休息也能讓創意源源不絕。許多偉大的作家、科學家、藝術家有規律運動的習慣，有些甚至成為積極、成績斐然的運動員。他們的習慣與嗜好始終如一，不會變來變去。他們懂得在忙碌的生活中，穿插深戲（deep play）與休息，達到勞逸平衡、張弛有度。他們的休息方式有助於恢復心神、鍛鍊體能、提升自我價值。他們會趁休假研修時，補充自己的創意存糧（creative reserves）。趁度假時，到處走走、構思新點子、培養新興趣。他們熱愛埋首於工作，但仍不忘在工作與休閒之間劃出一清二楚的界線。

用心休息要求一致性與穩定性，這也說明了何以有些人的創意人生比其他人來得長久，何以有些人投入藝術、寫作生涯之際，還能繼續工作。他們甚至可能在其他人準備退休之際，培養出全新的興趣或推出全新作品。今天，我們崇拜年紀輕輕就創業有成的實業家，羨慕不到二十歲就成為億萬富豪的小夥子。但是經得起時間考驗的創意生活，讓我們反思一些預設的想法：諸如年輕是出類拔萃的必備條件，速度凌駕在用心之上，鹵莽衝勁優於循序漸進，成名必須趁早，絕技經不起淘汰等等。

工作與休息皆精彩的人生顯示，任職於強調創意的產業，長時間工作不保證生產力就較高。不像在工廠或工場，只消在一天結束時，計算員工完成的產品數量，就能輕易看出誰的生產力最高。同理，其他專業領域也有清楚衡量產能的辦法與標準，譬如服務的客戶數量、治療的病患人數、替雇主賺了多少、維修幾輛汽車等。但是我們這些以團隊小組為單位，負責複雜、結局未定的專案，工時長短似乎是認真與否的同義詞與證明。但是長時間工作不見得代表生產力更高，只是讓我們看起來好像很忙，做了更多事。對雇主而言，從工時可看出誰敬業認真、誰不認真——即使工時根本預測不了誰會成大器。

在我居住的矽谷，有個根深柢固的假說：成功必須趁早，絕技經不起淘汰。若無法趕在三十歲之前致富，在一身絕技被淘汰之前成名，年過三十的你已是個老頭子，不堪一週工作一百個小時的折騰，財富也永遠與你絕緣。

這個模式的確是一小群人的寫照。但是許多人照這模式賣命工作，結果是把自己弄得筋疲力盡、油盡燈枯，最後表現只是平平或乏善可陳。但若學會用心休息，則可改善表現與產出，職業生涯也能走得更久、更穩。他們的職涯無須和時間競賽或拚搏，因為確實沒這個必要。

我也應該清楚表明，我文中提及的「工作」（work）一詞，並不僅限於朝九晚五的工作，或任何一種支薪的工作。我們有些人何其幸運，投身的工作值得表現自身最好的一面，還能將用心休息、創意人生的精神帶入工作。不過我真正感興趣的是所謂的「畢生之職」（life's work）。這種工作能賦予生命意義，讓你如實表現自我，變得更好。這樣的工作，進展順利時，能帶給你無與倫比的喜悅；若進展不順，也願意為它奮戰與犧牲；這工作讓你願意以它為重，生活總是繞著它轉。我認為，我們每個人都擁有這樣的工作，而生活與生命的品質取決於我們怎麼把這工作做好。的確，本書的重點在工作日與生活作息的規畫。第一部分描述例行公事與每天的活動，例如一天之始的清晨、接下來的散步與小憩，然後擴及幾週一次的活動，如運動、深度休息等，繼而探討數月或數年一次的活動，如度假與休假研修等。

我不想否認工作在生活上的重要性。從我們住哪裡、何時（或是否）生子、是否飼養寵物或栽種花草、朋友圈有多大，乃至是否積極參與朋友圈，在在都受到目前工作的左右。學習用心、更有效率地休息，並非要大家遠離工作，而是希望大家在工作與休息之間找到更符合兩者需求的辦法。

本書不只是提供生活小百科的工具書。其實，我不贊成將休息變成提高產能的工具，或是提高自己市場身價的手段。本書並未提供一套適用於所有人的模式，之所以未提出，是因為我認為世上不可能有一套我們都該遵從的工作方式。工作場所的節奏、要求條件差異極大，人腦太多變，創意太詭譎，生活太多元，不可能用簡單的建議涵蓋一切。但是我的確相信，每個人都可以在工作上交出漂亮的成績單；相信我們每個人都可能找到賦予生命意義的工作，不枉為它付出努力、練習與犧牲；相信我們每個人都可摸索出那是個什麼樣的工作，以及如何透過休息將這工作做得盡善盡美。再者，我相信，用心休息的精神與原理適用於所有的工作類型與工作場合，涵蓋專業人士、工廠勞工、警察，乃至父母。若你肯定工作與休息是一體的兩面，相信善加休息可讓自己收穫更多，願意讓休息在生活中占有一席之地，你將更有機會過自己心儀的生活，更能勝任工作與畢生之職。

1 休息出了什麼問題

唯有在近代史裡，「勤奮工作」才代表著神氣得意而非自慚形穢。
——納西姆・尼可拉斯・塔雷伯（Nassim Nicholas Taleb）

多產、快速無法深入問題

西班牙神經科學家聖地亞哥・拉蒙・卡哈爾（Santiago Ramón y Cajal）在一八九七年出版的書籍《研究科學的第一步》（*Advice for a Young Investigator*）裡提醒年輕科學家，在研究路上會碰到兩大障礙：一，科學已是取得工業實力與政治權力的來源與管道，科學界持續成長壯大，透過期刊、會議、報紙，科學家之間的溝通比以往更迅捷，連帶也提升科學發展的速度與競爭力。然而，科學家再也負擔不起「專注於一個主題過長的時間」，也不敢「在安靜的書房伏案研究時，高枕無憂地認為對手不會來攪亂他們靜思」。現在大家必須和時間賽跑，才能保持領先。他警告：「現在的研究是急匆匆趕出來的。」亦即急就章、泛泛的科學研究（不乏這樣的研究）凌駕於慢工出細活、鞭辟入裡的研究之上。

其次，多數科學家認為，長時間伏案才能孵出好作品，也認為「多到應接不暇的授課、寫作、出書」會影響他們見解的深度與厚度。這也是何以一些科學家甘願犧牲品質，以速度取勝。不過拉蒙·卡哈爾認為，這種研究風格導致了只問膚淺又容易回答的問題，而不細究艱澀、根本的問題。影響所及，研究成果看似有深度，研究員自覺很多產，但研究缺乏扎實的成果。卡哈爾認為，選擇多產意味封殺偉大作品的契機。

儘管《研究科學的第一步》出版於一八九七年，至今依舊值得一讀。拉蒙·卡哈爾是現代神經科學之父：他證明神經系統由大量細胞組成，也發明了染色法，有助於研究神經元、軸突、樹突、神經膠質細胞（glial cells）等。訊號沿著軸突、樹突在神經元之間傳遞，神經膠質細胞則是支持神經元的網架。（神經元、軸突、樹突等都是一八八九至九六年之間出現的新字。拉蒙·卡哈爾生於一八五二年，因此這些新字陸續問世時，他還相當年輕。）他極具繪畫天分，他的腦部繪圖至今仍被教師用於課堂。他在五十年的職涯中，發表了約三百篇文章與專題論文，主題包含神經科學、公共衛生，乃至科幻小說。像他這樣成績斐然的科學家，我們不該把他的意見與叮嚀當作耳邊風，理應虛心受教。

拉蒙·卡哈爾為研究員遭遇的挑戰把脈，診斷結果至今仍適用。抱怨現代生活剝奪我們休息的機會，這類微詞存在已久，似乎從我們進入現代生活就開始了。儘管過了一百多年，拉蒙・卡哈爾的諸多主張，例如科學家不得已捨量而就質、工作過頭是常態、快步調的科學生活有礙全心投入與深入思考等等，至今仍在講堂上引起共鳴。他認知到，馬不停蹄地埋首於皮毛或蜻蜓點水的研究，主要是外力與結構使然，當然也包括內部和文化因素。他這樣的觀點至今仍有助於我們瞭解，何以大家得費盡力氣才肯承認休息的價值，並在生活裡為它騰出一個位置。

工作與休息的界線漸漸混淆

工作與休息彼此對立，互為競爭關係，在今天看來，邏輯上似乎完全說得通，但這邏輯其實是長期累積下來的「歷史文物」。十八世紀之前，工作與休息的界線並非涇渭分明，工作地點與生活空間往往二合一，不分彼此：前工業時代，有一技之長的勞工在自家經營店鋪，小農將牲畜養在家裡過冬，學者與老師在自家授課，學徒和師傅同住。研究勞工議題的歷史學家湯普森（E. P. Thompson）指出，當時的工作時間更具彈性，屬於「責任制」（task-oriented），許多勞工的工作時數由能否支應基本需求為準，鮮少超時工作。

這個常規被十八、十九世紀的工業革命打亂。漸漸地，在工廠與辦公室上班才叫「真正」上班。反觀住家逐漸變成自家人活動的領域，可讓男人放鬆、卸掉工作疲憊、恢復精力之所在。（當然，男性可能認為，只要不用在家勞動，住家就是遠離工作的避風港；女性對住家則有不同的詮釋。）勞工運動擁護縮短工時、帶薪休假，其實放假的概念進一步加深勞逸的對立（儘管這並非出於刻意），讓勞逸互不相容，不是你贏就是我輸。

工業勞動力的樣板，包括工作歸工作、休息歸休息的主張在內，被十九世紀中葉的服務業、專業性職場、講究層級的官僚體制等套用。現代辦公室恍若機關，功能是合理化與組織化知識型勞動力，並複製工廠的工時制度。不過這套模式無法百分之百適用於創意型產業，因為創意型與知識型工作的產能和品質並非那麼容易衡量。在工廠或產地，可以在一天的尾聲看到具體產品；在企業界，「產品」既抽象又無形，例如專案可能要花數年才完成，故不易每天評量自己或下屬的工作表現。

不過在今天的辦公室（尤其是開放式辦公室），的確可一覽無遺哪個員工似乎在認真工作、哪個看似全神貫注、哪個彷彿熱愛工作。於是乎，服務業員工與專業人士不僅因為工作表現受到獎勵與肯定，也因為「裝」忙而獲得認可。這種現象存在已久，只不過隨著遍布全球、全年無休的企業持續成長，加上行動數位工具普及，大家可以隨時隨地工作，工作如影隨形追著員工跑，雇主也可以隨時追蹤掌握員工在公司內外的活動，因此大家裝忙的機會大增。這些工具讓我們有了評量一切的能力——只不過何時該停止工作、何時該關掉設備、何時該下線等等，不在我們評量之列。彈性工時往往淪為整日與工作為伍；因為彈性工時，工作被化整為零，如細水般蠶食我們的分分秒秒，最後變成洪患，吞噬整個人生。現代的辦公室裡，全世界彷彿一個舞台，沒有一個地方躲得過攝影機，沒有一分鐘可停止表演與裝忙。

顧問與律師忙著處理電子郵件，直到三更半夜才下班；員工老是一臉疲憊，卻將此視為榮譽勳章。他們的際遇，不過是讓由來已久的老問題披上新衣。一八九九年，威廉．詹姆斯指出，許多美國人陷入工作過度與超時工作的「不幸騙局」，影響所及，「不支的頻率與嚴重程度」大增。新加坡《海峽時報》（*The Straits Times*）一位匿名作家在一九一三年寫道：「當今時代的趨勢是殫精竭慮、腦力透支。」兩年後，伯帝．查爾斯．富比士指出，現代企業家「比員工還賣力工作」，銀行主管「一早就進辦公室，在這個讓人神經緊繃的行業裡，工作量（與用腦量）超過同行任三人的總和」。這些人讓美國成了全球嫉妒的對象，但是這些人「因工作過度在慢性自殺」。

一九七〇年代以來，諸多原因湊在一起，導致工作過度這個陳疾更為普遍。服務業在西方經濟體大幅成長，製造業的就業率反而下降。工會式微、職場保護措施（避免勞工受到職業傷害）大不如前，資方開始逼迫員工延長工時；全球化競爭、工作愈來愈沒保障、薪資凍漲（加上熱門城市節節攀升的房價）等因素，逼得員工必須更賣力工作，才能保住飯碗，維持現狀。企業在重整與「流程再造」的過程中陸續縮編瘦身，讓留下的職員面對堆積如山的工作量。支援性工作則外包給按件計酬的自由工作者或派遣工，但這些人面對充滿不確定性的環境，有時得以溫飽，有時案源不足。二〇〇八年經濟衰退、繼而復甦的結果，強化了公司遇缺不補的經營模式，企業成長靠的是提高對現有員工的要求，而非增聘人手。一些產業加入快轉、贏者全拿的競賽：少數人拜科技公司股票公開上市、藉避險基金投資有道，或是靠一首歌曲紅遍大街小巷賺到大錢。但這榮景，只能維持到另一股潮流登場、另一種科技問世，又或是另一個經濟泡沫破裂。畢竟這些少數人並不知道當前榮景還能撐多久，於是趁現在孤注一擲。

結果，對我們這些多數人而言，工時卻是愈來愈長。按理，工時應隨著產能提升而縮短，但是一九七〇年代，產能是改善了，工時卻未因此縮短，不符數世代以來經濟學家的預期。一九八〇年代，美國工時開始加長，尤以全職受薪勞工及醫師、律師、銀行家、學者等專業人士為最。反之，低技能工作與時薪計酬的專業，則出現工時縮短的現象；這兩個職別的全職工作與薪資也不升反降。自此，這種工時彼消此長的現象從美國擴及到世界其他地區：當今西歐、澳洲、南韓等國家，優渥、高學歷的人士較可能工作過度，反觀較窮的人不僅不易找到穩定的工作，也面臨長期無法充分就業的困境。（和落後國家相比，美國人較常上夜班，週末也得值班，休閒時間進一步被壓縮。）

不僅工時變長，非正規工作也占去我們更多時間。根據美國勞動統計局（Bureau of Labor Statistics）二〇一五年公布的報告，美國父母在週間（或上班日），每天平均花七小時照顧幼兒[1]。老一輩的父母較放心讓小孩獨處以及趴趴走，不過今天的父母付出更多時間與精力照顧小孩，這也是何以花在家務的時間在過去數百年來幾乎原地踏步，儘管發明了可代勞的洗碗機、洗衣機等家電。

上下班通勤時間也跟著加長，長時間通勤的人口比例持續增加。在英國，根據二〇一五年的一份報告，約三百萬人（相當於一成的勞動人口）在二〇一四年每天花兩個多小時通勤，比二〇〇四年增加了逾七成。在美國，勞工在一九八二年平均花掉二十一分鐘通勤，到了二〇一四年左右，通勤時間攀升到二十六分鐘，其中十七%通勤族花費四十五分鐘以上。（同期間，通勤族卡在車陣的時間也有增無減，從一年十六小時增至一年四十二小時。）

知識淪為產品的後果

工作過度、休假靠邊站的現象，也許可歸因於自動化、全球化、工會式微、贏者全拿的經濟模式崛起等因素，不過這現象也牽涉到思想史。德國天主教神學家尤瑟夫・皮柏

（Josef Pieper）在其著作《閒暇：文化的基礎》（*Leisure: The Basis of Culture*，於二次世界大戰後沒多久出版）中，探討休閒在現代社會的地位，其靈感源於一次靜思。這位哲學人類學家追蹤分析了西方思想史，思索知識如何產生，現代工業與層級結構如何改變我們對智性活動的看法。的確，皮柏若還在世，對於「知識生產」、「智性活動」等用詞應該會覺得非常摩登吧。這些用詞暗示構想與點子猶如可生產的成品，而知識工作者是勞動人口之一（美國前勞工部長羅伯特．萊許〔Robert Reich〕稱知識工作者是符號分析師），這類說法在古人眼中既荒謬又可笑。在古歐洲及中世紀歐洲，哲學家主張，純理性思考絕對不足以理解現實世界。知識（以及靠累積知識而成的文化）須結合邏輯思辨（理性，拉丁文 ratio）與智性（包括深思練習與窮究的態度，拉丁文 intellectus）。智性必須透過休閒才可得。照皮柏的描述，休閒並非只是「打發空檔」，而是「內在的一種平靜，什麼事也沒做時的心情與態度」。皮柏的洞察力與深見主要來自於這類「靜默」（tranquil silence），這平靜的狀態提供培養智性的空間，唯有深層的真理才會攪亂。誠如皮柏德文原著《需求與崇拜》（*Muße und Kult*）所言，休閒是文化的基礎。

皮柏認為，現代思想家與工業摧毀了這種「平靜中見思想」（organic vision）的方式。大哲學家伊曼努爾．康德（Immanuel Kant）認為，唯有積極認真地學習，才能為累積知識打下堅固的基礎。他在一七九六年寫道：「理性透過勞動才可得。」而不管哪種形式的知識（forms of knowledge），若宣稱什麼都有，卻獨缺形式與理性基礎，難免讓人起疑。皮柏寫道，在十八世紀，認知（cognition）成為「積極思辨、被理性獨攬的活」，智性（intellectus）與休閒則被丟到一邊，與認知沾不上邊。

知識不僅靠勞力得之，還要視用心的程度，才能據此衡量該知識的重要性及深入性。難以精通的學科，諸如物理、數學，相較於植物學、自然史等較易入門的軟科學，顯得更深奧。物理、數學這方面的知識更接近絕對（終極）真理的境界。誠如康德所言，知識（哲學）要有分量，前提在於它得是「殫精竭慮」的結果。任何透過沉思（或宗教啟示、或直覺）而得的知識，在定義上都不夠令人信服，也不夠讓人印象深刻。

工業與科技興起，現代化官僚政府機構不斷擴大，社會出現現代化辦公室，勞工運動方興未艾，加上市場經濟占上風，贏得勝利，在在讓知識從休閒產物轉型為可被生產的產品。哲學家、作家、科學家都淪為「知識勞工」（intellectual workers），發表的成品得受國家法規規範，也要接受市場公評。但有些人忍不住反擊。這位十九世紀浪漫派的天才昭告世人，他創作只為了自己與自己的繆思，根本不在乎市場的反應，也不願隨市場起舞。人文科學也被重新定位、包裝，成了集合不朽知識的寶庫，彙整了自西方文明濫觴以降的偉大作品。但這些努力只是更大規模戰爭中的小反撲。約在二十世紀中葉，皮柏遺憾地表示，思想家已「質變」，淪為知識勞工。他說：「整個知識界的相關活動被大軍壓境的現代工作模式壓迫，也受制於形同極權主義的現代工作模式。」他寫道，在「計畫式勤奮」、「全方位勞動」等冠冕堂皇的名義鼓吹下，沉思與休閒被壓縮到毫無立足之地。

這些充滿哲理的主張與思維，對一般人而言也許晦澀難懂，但知識可被生產而非被發現、被揭露的主張，以及花多少時間與努力得到一個想法，決定了該想法的重要性，而想法從無到有的過程可被組織化／體制化的觀念，在在左右我們現代人對工作的想法與認知。當社會把工作狂視為英雄，代表勞力已取代沉思，成了催生偉大點子的泉源，也代表了個人與企業之所以成功，關鍵在於長時間工作。大家理所當然地認定，知名大公司靠的是有衝勁、有工作狂的創辦人帶頭衝，激勵其他員工跟進，追求另一個突破，保持領先對手的優勢。當今世界鼓勵大家創業，以史蒂夫・賈伯斯、伊隆・馬斯克（Elon Musk）等實業家為楷模，作為衡量與砥礪自我的標竿。不只企業主管是工作狂，演員詹姆斯・法蘭科（James Franco）、饒舌巨星德瑞博士（Dr. Dre）、西洋流行樂天后瑪丹娜、饒舌歌手肯伊・威斯特（Kanye West）、歌手關・史蒂芬妮（Gwen Stefani）等多才多藝的名人(2)，結合了演員、歌手、實業家、時尚設計師、作家等多重身分於一身。（比較會賺錢的人也常形容自己是工作狂。）

現代人認為知識是產品、是勞力，這想法也反映在辦公室的設計上。開放式的辦公空間意味講究團隊合作，公司也會在飲水機的擺設位置上發揮巧思，讓員工來個不期而遇，碰撞出意外的火花。這些安排背後的邏輯是，新點子是隨機而生的，靠的是群策群力與腦力激盪，而非深思熟慮的結果。

腦極化——持續的專注力

聖地亞哥．拉蒙．卡哈爾主張，視科學為必須不眠不休、全心全意長時間奉獻的差事，即皮柏所謂的「知識性工作」，會讓研究員將精力浪費在瑣碎又膚淺的問題上。不過他倒是提出一個解決辦法：培養「腦極化（cerebral polarization）」，亦即持續的專注力」，以全神貫注的狀態面對重要的科學研究。

這個狀態的核心特徵是「花數月、甚至數年，穩定而持續地將全副心力傾注於一個研究對象」。拉蒙．卡哈爾說，光是聰明並不夠，他提醒世人：「世上有數不清的聰明腦袋，他們的想法最後都無疾而終，無法開花結果，為什麼？因為缺乏持之以恆的專注力。」天文學家為了拍到「肉眼用倍數最大的望遠鏡都看不到、遠在銀河另一端的星星」，得讓相機感光板曝光數小時之久。同理，「知識分子想要在暗不見五指的難解問題中看見一道光芒」，需要「時間與專注力」。重大的科學發現需要「聚精會神」，需要把在實驗室的觀察與「沉睡在潛意識層的想法」連結在一起，然後讓這個連結「浮現到意識層」。

持續的專注狀態能「精進判斷力、豐富分析力、刺激有建設性的想像力，也能聚焦所有理性之光，照亮黑漆一片的問題，讓預料之外與隱約的關係被看見」。他說，要達到這個狀態，一定要「斷、戒、捨」。他說，務必要杜絕讓人分心的事物，如「惡意的八卦」、報紙；遠離「社交活動，以免腦力被分散、時間被浪費」；避免「創意張力」因為任何事物而鬆弛；不讓「神經細胞在因應某問題時進入的狀態」被打亂。但這不代表研究員應該隨時隨地保持聚精會神的狀態。任何分散注意力的活動，若「輕鬆又能刺激聯想」，都該不受拘束地盡情為之。長途散步、藝術、音樂都是不錯的選項。若全心投入一段時間後，依舊無法有所突破，「但是感覺成功就近在角落，不妨嘗試歇息一下。」花幾週「到鄉下放鬆，享受寧靜的時光，可以讓心智恢復平靜，讓思緒恢復清明」，也能「重新給智識補充養分」。甚至只是走入鄉間，就能獲得創意上的刺激：「火車頭的轟隆聲、在火車車廂裡享受心靈的獨處，這些都有助於想法浮現，而這些想法最後會在實驗室得到驗證。」

換言之，不停地做不會有結果，反倒是持之以恆、充滿耐心、不慌不忙，才能讓研究員在工作時將注意力分配到刀口上；就連放鬆時，注意力也還在，可隨時注意到周遭的動靜。全心投入於第一優先事物（理性）而忽略第二順位（智性），短期而言也許能提升產能，但長期而言，表現會欠缺深度。

拉蒙．卡哈爾這位神經科學之父覺得自己快要有了大發現。他那個年代缺乏觀察腦部活動與功能的工具，若當時有先進的工具，拉蒙・卡哈爾可能看得見我們人不論睡覺還是任思緒天馬行空時，腦部活動幾乎和專心思考某個問題時一模一樣。此外，儘管我們沒有意識到這點，但「休息中」的大腦其實沒在休息，而是在固化我們的記憶、弄懂發生的事是怎麼回事、尋找清醒時刻困擾我們的問題的解決辦法。

2 休息的科學面

有時候，最成功的天才工作減量，反而成就更多。

——喬爾喬・瓦薩里（Giorgio Vasari）在《藝苑名人傳》（*The Lives of the Artists*）向達文西致敬

休息中的大腦啟動「預設模式網絡」

在一九九〇年代初期，密爾瓦基威斯康辛大學醫學院的博士生巴拉特・畢斯瓦爾（Bharat Biswal）苦思：如何消除功能性磁振造影（fMRI）的背景噪音。fMRI 影像掃描能測量各腦區的耗氧量，讓我們同步看到腦部的活動情形。這就像若要判斷公司裡誰在加班，只要看誰的辦公室燈還亮著；同理，腦部哪個區域的耗氧量較高，表示那個區域活動正旺。fMRI 在當時是全新的醫療儀器，測得的訊號量極小，所以專家得想辦法把測到的小量訊號從腦部活動背景聲中過濾出來，分辨哪些是真正的訊號、哪些是機器振動聲（或噪音）。畢斯瓦爾的專業原本是電機工程師，他分辨出並過濾掉調控人類心跳與呼吸的腦部訊號（呼吸與心跳屬於自動功能，一般人無法控制這部分的腦部活動），依舊無法讓頑固的低頻訊號（噪音）消失，而接受測量的人只是躺在fMRI儀器裡，什麼也沒做。最後他認定，低頻訊號並非噪音，也不是因為技術、採樣方式或訊號處理演算出現了誤差。不同於原先的預期，他觀察到腦部在休息狀態的活動模式非常規律。他將這發現發表於密爾瓦基的一個期刊聯誼會，結果被一位資深醫界同仁批評。畢斯瓦爾回憶當時的情形，表示：「我和我的研究都該被埋葬，以免毀了fMRI。」當時每個人都認定，腦部在休息狀態不會做任何有意義的事。

畢斯瓦爾在期刊聯誼會遭受抨擊，差不多同一時期，聖路易華盛頓大學醫學院的教授馬庫斯．賴希勒（Marcus Raichle）利用正子放射斷層掃描（PET），一窺閱讀時腦部的活性。閱讀是相當複雜的心智活動，牽涉到多種不同的技能，諸如辨識文字、詮釋片語、解構一個場景暗喻的心理狀態，乃至比較作者之前的作品。神經科學專家亟欲瞭解這些相連結的區域（又名連結體〔connectomes〕）是如何一起作業。此外，為了正確測量腦部活動因應外部刺激與要求時會有何變化，也必須建立可參照與比較的依據。一如醫師希望先知道病患休息時的心跳與血壓，然後才測量他們運動時的心跳與血壓，以資比較。同理，研究員最好先繪出一個人休息時的腦活動圖。當賴希勒審視受試者停止閱讀、腦子放空、盯著空白螢幕時的腦部活動圖，他很驚訝地發現，受試者的腦部並未停止活動，但活動的是腦部另一組區域。當人將注意力再次轉到外在世界，剛剛活動的區域就會熄燈，換腦部其他區域亮燈[1]。處在休息狀態的腦部活動圖並未出現零亂或隨機的現象，而是展現協調性，一如閱讀時的腦部活動圖。

這些研究讓畢斯瓦爾、賴希勒等神經科學家深信，人在休息狀態時，大腦並未停止活動。腦部會自動開啟「預設模式網絡」（default mode network, DMN），一旦人停止注意外在刺激，把注意力由外轉向內，DMN這個網絡就會把不同的腦區連結起來。科學家進一步研究後發現，DMN與休息狀態能替我們肩負起關鍵作業。他們發現，創意測驗得高分的人，腦部DMN的作業方式不同於創意普普的人：他們休息時，有些腦區更加活躍，有些腦區彼此的連結程度更強，有些腦區的連結程度則較低。此外，創意人士專心工作時活性強的腦區，在他們放空發呆時，活性並未下降；就連他們停止思考某個難題，腦部依舊不懈地活動，努力醞釀想法，等著主人重回工作崗位。這項研究改寫了我們對休息時腦部活動的認識。

預設模式網絡隨時都在改變

腦部在休息狀態時有個顯著特徵：活性不輸全神貫注的時候。就連放空時，腦消耗的能量僅略少於專心解決微分方程式的耗能。不誇張，我們真的可以在一眨眼的瞬間進入休息狀態：DMN可以在不到一秒的時間裡（一轉眼的工夫）啟動與關閉。照這麼說，大腦何必回到休息狀態？

研究員畫出腦部地圖，比較不同人的腦部活動時，發現DMN結構會改變。有些改變是年紀使然：從小孩、青少年乃至成人，DMN結構隨著年紀而改變；有些改變則和認知力有關。這些改變多少是自然的過程，但也可能透過訓練強迫改變，一如游泳選手、足球選手、體操選手的體型大不相同。

有些人的腦部在休息狀態時，不同腦區之間的溝通程度高於其他人，神經科學家稱這種現象為休息狀態的功能性連結。高程度的連結可以預見這個人的認知能力較優，比如說在難以捉摸的智力測驗及語言能力表達上，表現會優於一般人。高程度的連結也和成就與展望有關：依據休息狀態功能性連結模式，可預見一個人的教育水平、收入、對生活的滿意程度、管控能力、注意力等。其他科學家發現，DMN的複雜結構會形塑我們的自我覺察力、記憶力、對未來的想像力、同理心、道德判斷能力。

ＤＭＮ的發展與心理發展之間的關聯性，在兒童身上尤其明顯。美國南加大兒童心理教育專家暨神經科學家瑪麗・海倫・伊莫迪諾–楊（Mary Helen Immordino-Yang）與同事發現，兒童腦部在休息狀態的（神經網絡）連結程度愈高，閱讀能力、記憶力、智力測驗與專注力測驗的成績也跟著提高。至於同理心、對玩伴與父母觀點的推測能力等，也和不同腦區之間的神經連結高低有關：ＤＭＮ愈發達（神經網絡連結程度愈高），愈能建構其他人的心思模式。

證據也顯示，受損的ＤＭＮ與認知缺陷或精神疾病有關。ＤＭＮ較不發達或是ＤＭＮ發育較晚的兒童，較容易出現精神病理學現象（psychopathologies）。憂鬱症患者的ＤＭＮ較常人活躍，也較難以控制。創傷後壓力症候群（ＰＴＳＤ）、強迫症及失憶症患者，腦部的ＤＭＮ結構與表現方式不同於健康人，例如健康人不同腦區的子系統（subsystems）會互相連結，但在這些患者的腦部，卻看不到這樣的連結，而有些子系統比正常人來得更活躍。因為腦部受到外力重創而出現注意力不足的患者，ＤＭＮ連結程度會下降。憂鬱症、精神分裂症、自閉症等患者，ＤＭＮ的信號傳遞較常人活躍，也較難控制（的確，ＤＭＮ之所以出現過度連結，也許是因應腦部受傷的一種機制）。乙型類澱粉蛋白（Amyloid beta）是一種蛋白質，會堆積在腦部形成類澱粉蛋白質斑塊（amyloid plaque），造成腦部病變，如阿茲海默症。這類澱粉蛋白似乎也會對ＤＭＮ造成特殊傷害。

換言之，有些活動默默進行，我們的意識並未察覺，甚至在一九九〇年代之前根本不知道它們存在，後來研究員發現這些活動幾乎影響到所有重要的心智與情緒反應。智力？有。道德與情緒判斷？有。同理心？有。通情達理？有。

這對我們所講的「休息」有莫大好處。若「休息狀態」的大腦比你所知的更活躍，那麼讓腦子正確「休息」攸關其發展、健康與工作效能。

神遊與創意的關係

賴希勒與其他神經科學家利用PET與fMRI繪出腦部的DMN，探索DMN結構與心智能力／情緒能力之間的關聯性。有些科學家則開始研究另一個同樣讓人不解的現象：與任務無關的思考——更普遍的說法是分心或神遊（mind-wandering）。與任務無關的思考是向內聚焦，切斷與外部活動的連結。若手邊的工作不需大腦思考，或只牽涉到肌肉記憶（如摺疊衣服、編織、開車在熟悉的路線上），這時心思自然而然會神遊。神遊的形式有很多種，有些令人開心，如幻想或重溫一些愉快的事；有些則會讓人沮喪，例如想到一些難過的事。長期以來，神遊一向給人負面觀感。在日常使用上，神遊一詞與分心、浪費時間同義。對一些人而言，神遊是出糗的原因：最傳神的畫面可能是當你盯著窗外時，不幸被老師點名回答問題；或是教練對你大吼，要你「專心投入比賽」。我們神遊時，事後多半想不起來自己在想什麼，因此難以相信走神會有什麼生產性作為。

但是一些心理學家主張，神遊不僅僅是恍神（mental lapse）而已。心理學家強納森．史摩伍（Jonathan Smallwood）發現，許多複雜的心智活動不用等著人下達指令，我們的心思自然而然就去做了，包括辨識臉孔長相、回味過去、察言觀色、記住老歌。史摩伍說，心智活動（認知）通常「自理一切」，不用主人花心思指揮。此外，我們的心思似乎「就是要不受環境限制，飄到其他地方活動活動」。人花很多時間進行無意識的思維或向內聚焦的思考：據估計，多達一半的清醒時間都花在東想西想。既然我們這麼常神遊，這麼輕鬆就會走神，顯見這件事多少是有益的。

一如預設模式網絡，神遊和一些重要的心智（心理）處理過程有關。心理學家麥可．柯博利（Michael Corballis）是研究記憶與走神的專家，他發現，人東想西想時，心思往往會想到過去或是未來。我們記得小時候發生的插曲，夢想自己若升官發財，會過什麼樣的生活，或者只是想晚餐要準備什麼菜色。這些活動的目的往往超乎我們所意識到的。梳理這些記憶，讓我們想像另一個人對這些經歷的看法，或是沉思自己當時可以有什麼不同的作法。想像未來的事件，則可協助我們未雨綢繆。整理過去，往往也是為未來預作準備：我們溫故的目的是為了理解過去的所作所為，而非讓過去的記憶百分之百精準，沒有絲毫差錯。

除了過去與未來，心思神遊時還會到第三個地方：我們手邊正在處理的問題。但是神遊狀態的心智在處理問題時，方式鬆散而自由，不同於意識專注時的狀態。在柯博利眼中，「神遊是激發創意的祕密武器。」

在實驗室評量一個人的創意水平，科學家通常用簡單的測驗衡量兩種思維模式：聚焦思維（convergent thinking）與發散（輻射）思維（divergent thinking）。聚焦思維要求受試者在顯然不同的東西之間找出關聯性；輻射思維要求在相似的物件中找出新的用途或意義。典型的聚焦思維測驗用的是「遠距聯想測驗」（Remote Associate Test, RAT），要求受試者看完三個顯然無關的單字後，找出可串聯這三個字的共同點。例如英文中的fly（蒼蠅）、stool（長板凳）、none（一個也沒有），共通點是在前頭加了bar，就形成另一個字：barfly（女酒鬼）、bar stool（吧台椅）、bar none（絕無例外）。而playing（玩樂）、credit（信用）、yellow（黃色）的交集字是card（playing cards〔撲克牌〕、credit card〔信用卡〕、yellow cards〔黃牌〕）。聚焦思維需要聰慧與速度，但並不是那麼有創意；思考的過程猶如解謎，而非證明命題。反之，輻射思維強調創意與開放式答案，通常會要求受試者針對一個普通物件（如軸線、湯匙、椅子）想出多種新用途，然後根據答案的原創性、流暢度、彈性、深度等面向給予評分。

心理學家班傑明・貝爾德（Benjamin Baird）與同事發現，專心工作期間稍稍走神，可刺激創意思維。貝爾德對一四五名學生進行「替代功能測驗」（Alternative Uses Test, AUT，這是一種輻射思維測驗，受試者必須針對吸管或椅子等一般生活用品想出新穎的用途）。受試學生分成四組，第一組學生做完一組AUT後，立刻進行第二組AUT測驗。其他三組學生在兩個AUT之間，則有幾分鐘的空檔醞釀想法；在這幾分鐘的空檔裡，一組安靜地坐著，一組必須絞盡腦汁處理高難度的任務，最後一組處理沒有難度的輕鬆任務。貝爾德比較第一輪與第二輪AUT的成績後發現，連續完成兩回測驗的第一組學生，第二次的表現一如預期遜於第一次。處理高難度任務的學生，在第二次的測驗稍優於第一次；坐著休息的那組學生，第二次測驗掉了一些分數；表現讓人刮目相看的黑馬，是分神處理沒有難度任務的那組：第二次的創意表現比第一次高出四〇％，也大幅優於其他組別的表現。第四組受試者分神處理輕鬆任務，並不影響他們的創意，反而因為有機會分心，利用稍稍東想西想的時間，下意識思考AUT的答案。

荷蘭阿姆斯特丹大學心理學教授艾普・狄克斯特修斯（Ap Dijksterhuis）與同仁也發現，短暫走神會刺激創意。他們的實驗給學生四分鐘時間，評估分析四種車款，要求他們評比各車款的特色，從中選出最好的一輛。其中一組學生必須一邊分析車款，一邊玩簡單的重組字遊戲，結果他們做出的選擇，清一色優於不受打擾、專心分析車款的對照組。

其他研究員也發現，少量的背景噪音可以提升創意。有些受試者一邊聽音樂、一邊接受創意測驗，表現反而更好。這也是為什麼有些人喜歡在咖啡廳工作：因為四周低聲的交談，人員來來去去，提供了有效的刺激，讓心思稍稍放鬆，既能鼓勵東想西想，又不至於誤了正事。

實驗顯示，投入創意工作時動員到的腦區，和休息狀態DMN活躍的腦區一致。其中一項研究讓受試者躺在fMRI儀器中，根據螢幕顯示的單字編造天馬行空的劇情，此時他們動員到兩個活躍於DMN的腦區，一個是雙側額葉中迴（bilateral medial frontal gyri），一個是左腦前扣帶皮質（left anterior cingulate cortex）。反之，若指示他們編造無趣單調的劇情，這兩個腦區相對靜默。在另一個實驗裡，三十名受試者躺在fMRI儀器裡，一邊接受「替代功能測驗」，結果發現，答案愈有新意，另一個DMN腦區腹側前扣帶皮質（ventral anterior cingulate cortex）被活化的程度愈高。神遊似乎能提升創意，手段是刺激DMN腦區。[2]這些DMN腦區在全神貫注於某件事時（心智與認知受到指引時），不會互相溝通連結。

其他研究也發現，創意人的DMN有幾個腦區出現較常人還緊密的連結；此外，他們的DMN腦區與一些特殊技能相關的腦區也有更顯著的連結。比較中國一所大學高成就與低成就的教授後發現，高成就學者的左腦下額葉（left inferior frontal gyrus）出現較多的區域灰質量，他們分散在ＤＭＮ不同部位的創意區出現較高程度的連結。日本東北大學研究老化的專家竹內光（Hikaru Takeuchi）與同事們發現，ＤＭＮ不同腦區的功能性連結程度與輻射思維測驗分數高低有關聯。重慶西南大學研究發現，受試學生的大腦在休息狀態下，在托蘭斯創造力思考測驗（Torrance Tests of Creative Thinking）中拿到高分者，他們ＤＭＮ的內側前額葉皮質（medial prefrontal cortex）與顳中迴（middle temporal gyrus）兩個腦區的連結更強。奧地利格拉茲大學研究員比較輻射思維測驗後，高分組與低分組的休息狀態腦功能網絡，發現創造力較佳的那組學生其ＤＭＮ與下前額葉皮質（inferior prefrontal cortex）有更頻繁的連結。

優秀的運動員會善用儲備能量（我們其他人並不會）；傑出運動員也比較能成功地將氧氣送到疲憊的腦子與肌肉。同理，創造力強的人，其ＤＭＮ腦區之間有更顯著的連結。這些ＤＭＮ腦區和功能性能力（包括口語表達、眼視能力、記憶力）相關，若彼此連結度高，就算大腦在休息狀態，依舊能處理問題。

創意型人士的ＤＭＮ有些腦區比較活躍，也有一些腦區較不活躍（亦即與其他腦區的連結沒那麼緊密）。創造性思考有個模式，想法分兩階段產生：首先，大腦會冒出很多想法；接著，大腦會評估這些想法的好壞。新穎又獨創的想法會從潛意識腦（unconscious mind）傳遞到意識腦（conscious mind）。構思想法與評估想法這兩個功能發生在不同的腦區，但都在DMN的範圍。根據這個理論，創意人士負責構思想法的腦區理應更不受拘束地東想西想，而評估想法的腦區和DMN的連結與整合就不是那麼緊密。

實際上，以色列海法大學神經科學專家納瑪．梅塞雷斯（Naama Mayseless）發現，創造能力強的人，肩負評估功能的核心腦區活動力較低。她讓三十名受試者接受托蘭斯測驗，第二次接受托蘭斯測驗時要躺在fMRI儀器裡，研究員會告訴他們物件的名稱與用途，要求他們評估那個用途獨特與否。例如，他們聽到「衝浪板」，然後被告知可充作「野餐桌」，多數受試者認為這用途很獨特。梅塞雷斯希望知道這些受試者在評估的過程中，大腦出現了哪些活動與變化，哪些腦區比較活躍，哪些腦區比較不活躍，以及這些腦區的活動如何影響他們在托蘭斯測驗的表現。她發現，托蘭斯測驗拿高分的學生，左顳頂葉區（left temporoparietal）與下額葉區（inferior frontal）的活動量降低，顯示這些和評估功能相關的腦區在創造力高的人身上較不活躍。

有些人因為大腦受傷、中風、退化性腦疾病，影響左顳頂葉區的功能（這是評估功能的核心區所在），但反而「誘發反常性功能」（paradoxical functional facilitation），亦即突然間創造能力大增，或是突然著迷於繪畫、音樂。這些「反常性功能被誘發」的相關研究，證明了創造性認知活動是兩階段的模式。有個特別讓人印象深刻的實例。一位四十六歲的以色列會計師在中風幾天後，突然對繪畫大感興趣。中風前，他從來沒有學過繪畫，但在醫院治療期間，又會素描又會繪畫。一個月後他出院回家，一天能完成好幾幅畫作。他慢慢恢復健康，原先的認知能力也逐漸回來，但藝術能力退步不少。八個月後，他完全康復，但也不再拿畫筆。他中風後及復健期間照的一系列MRI（磁振造影）掃描圖，透露他忽高忽低的短命藝術生涯到底是怎麼回事：出血型腦中風導致他的左腦充滿大量血液，壓抑了左顳頂葉區的評估功能，隨著血液被清除，該腦區恢復功能，評估能力漸漸改善，但藝術才華也跟著下降。

這些研究顯示，DMN是催生未加工創造力的搖籃，創意人的DMN組織方式和一般人不同，而創造力強的人更能善用DMN。但這不代表這些研究能夠百分之百確定創意人士的大腦是如何作業。我們只是比以前更清楚人腦的活動，距離真正回答創意是怎麼運作，以及如何提升創意的作業效率等大問題，仍有一段長路要走。腦波圖（EEG）可以幾乎同步量測到大腦的電位活動，只是空間解析度低。再者，一般腦波的波幅介於五十微伏特至兩百微伏特之間，但由於科學家們想在這樣的背景下測到只有幾微伏特的變化，同樣的測試必須進行數百次之多，才能找到具有統計學意義的變化。PET與fMRI要求受試者一動也不動地躺著，所以無法用這兩種儀器研究畫家、藝匠的大腦活動，也不適用於習慣站著思考的人。fMRI並非靠追蹤放電的神經元記錄腦部活動，而是藉由觀察血流量與耗氧量的細微變化，顯示哪個腦區在活躍。科學家使用數據分析方法，觀察大腦活性與認知活性之間有何關聯，但這些方法仍然很原始。舉例而言，一組神經科學專家試著用這些方法瞭解一個很陽春的電腦晶片如何作業，結果發現，他們根本無法「有意義地形容這個晶片處理器處理資訊的層層架構」。他們以外交的口吻說：「神經科學現階段的方法可能無法找出有意義的大腦活動模式。」最後，心理學家辯稱輻射思維測驗評量創意的成效有多好，以及考試與生活上發揮的小創意（small c creativity）非常雷同藝術領域與科學界所需的大創意。神經科學的確是了不起，我們對這領域的成就佩服不已，但也應該承認它有侷限，並非無所不能。

創意思維的四個階段

有關DMN與神遊的研究有助於我們瞭解長期困擾心理學家的現象。許多大家耳熟能詳的案例，不外乎一開始全心全意、全力以赴解決問題，力求創意有所突破，期間科學家、藝術家或作家莫不苦思冥想、殫精竭慮、努力求解，但仍不得其解。沮喪、疲憊之餘，乾脆休息一下，轉移注意力到其他事情上。沒想到過了幾天或幾週後，突然心生一計，找到了解決辦法；思索許久仍不得其解，卻在剎那間冒出清清楚楚的答案，因此注意力重新回到問題上，驗證剛剛的想法與答案是否可行。

這個思考模式符合英國心理學家格雷厄姆·沃拉斯（Graham Wallas）在《思考的藝術》（*The Art of Thought*，一九二六年出版）一書中描述的四個階段。他研究了大量有關創造力爆發、洞悉問題所在的文獻並做出了結論，認定這些偉大發現的過程可以分成四個階段。第一階段是準備期，涵蓋現代創意型與生產型工作所需的一切有意識活動。在這個階段，你會想出一個問題，然後博覽群書、打草稿、寫作、修稿、思考。你運用正規的辦法，考量各個細節，努力用自己的方法一步步找到答案。我們容易不屑這樣的勞動力，但多數時候，創意爆發出現在你全心投入於一個問題上，熟悉它的各個面向，從各個角度切入剖析。一如偉大的音樂家可以不假思索一氣呵成完成演奏，你也一樣，必須對想法與論述滾瓜爛熟，讓潛意識接手任務。要培養創意思維，準備階段絕對必要，不過這招有時雖有用，但碰到大問題，還是會常常碰壁，走進死胡同。

思緒碰到障礙，不管是在做腦筋急轉彎的腦力遊戲，還是從事大腦科學研究，要越過障礙，必須進入沃拉斯模式的下一個階段：醞釀期。碰到填字遊戲或猜謎等小問題，醞釀期可能只需幾秒鐘或幾分鐘，但是比較棘手的大問題，醞釀期可能拖上數週或數月之久。

有時候感覺答案呼之欲出，就在自己伸手可及的範圍，沃拉斯提醒大家，在這時候千萬別勉強，硬逼著答案現身，因為這樣反而可能弄巧成拙，「扼殺或阻礙呼之欲出的答案。」這時，反而該相信自己的潛意識會帶你進入第三階段：豁朗期（illumination），答案會突然浮到意識層。這些「啊—哈」的開竅時刻讓人印象深刻，念念不忘，因為實在太突兀、太意外。德國物理學家赫爾曼．馮．亥姆霍茲（Hermann von Helmholtz）形容，這「彷彿不勞而獲，一如靈感乍現在眼前」。豁朗期之後，進入驗證期階段：將解決方案立於邏輯基礎上，填上細節，嵌入更大的計畫裡。跟準備期一樣，驗證期以有意識的正規活動為主，可以自我訓練或訓練他人代勞，也能想辦法提升作業的效率，就像任何一樣工作。但是醞釀期與豁朗期則無法透過訓練。

不過話說回來，說不定你可以呢？儘管醞釀期與豁朗期難以捉摸，有無可能像技能一樣被訓練？變得更可靠、更能掌控？《思考的藝術》出版時，心理學家並無先進的儀器測量大腦活動：德國精神病醫師漢斯．貝加（Hans Berger）當時還在研發EEG，直到一九二九年才公開他發明的腦波儀，並公布測到的第一份腦波圖。不過發現大腦的DMN與神遊的重要性，讓我們得以填補沃拉斯研究留下的空白。現在我們知道休息狀態的大腦與神遊的心智其實非常活躍；也知道自發性認知並非深植不變的習慣，而是隨著時間進化、發展並強化。我們還知道DMN與創造力網絡會隨著時間、訓練、受傷、老化而改變。我們開始發現自己可以如何善用並提升休息狀態的大腦活性，協助我們洞悉問題，發現新穎的聯想，找到突破的關鍵。

我的意思不是要大家嘗試益智藥（nootropic drugs，又稱聰明藥），或是自己動手來個腦電刺激（儘管有人贊成兩者都用）。不管他們自己知道與否，創造力強的人把醞釀和豁朗視為可被訓練的技能，所以會制定並微調每天的作息與練習，保留時間神遊，藉此提高洞悉問題的敏感度，增加「阿－哈」時刻出現的頻率。他們會一輩子餵養自己的好奇心，提供直覺力養分。誠如芬蘭神經科學家拉格納・格拉尼特（Ragnar Granit）所言，他們相信自己可以「慢慢地建構生活與創造力結構」，最後催生重大的洞見。（格拉尼特是諾貝爾醫學獎得主，但他也坦言：「我們並不知道大腦」是如何建構潛意識的能力，「我們只是得承認，大腦是那樣設計的。」）法國數學家龐加萊（Henri Poincaré）非常看重可被栽培的潛意識。他指出豁朗鮮少發生，「除非自動自發努力了幾天，這些努力看似絕對枉然，大概也不會有什麼好結果。」他認為，潛意識「絕對不會遜於意識清楚的頭腦」；正確地說，潛意識「比意識清楚的頭腦更知道如何預知（答案），因為它在跌倒的地方成功站了起來」。

沃拉斯的確給了希望進一步瞭解醞釀與豁朗是怎麼回事的人一些建議。他指出，「碰到總是卡關、難以突破的創意思維」，在醞釀期務必「避免讓任何事打斷潛意識的天馬行空，也不能干擾處於半放空狀態的心智。卡關時，在醞釀階段應該讓心思長時間地徹底放鬆。根據這個觀點，不妨飽覽數百位思想家與作家的傳記，也許能找到有趣的發現」。

他希望這樣的工程能夠透露一些訊息，讓大家知道休息如何提振並刺激創意，甚至希望這樣的研究能催生出「一些公式」。科學研究發現休息狀態的大腦更能發揮創意，有了這樣的基礎，我們希望進一步建構相對應的生理結構。所以我們就來看看創意人的日常生活透露了什麼訊息，以及我們能從中學到什麼。

第一部分

刺激創意

我們必須善用所有神智清明的分分秒秒，可能是長時間徹底休息之後的冥想；或是全神貫注時，神經細胞活絡而達到的心智狀態；或是在科學性的討論過程中，激發意料之外的直覺，猶如煉鋼時冒出火花。

——聖地亞哥．拉蒙．卡哈爾，

《研究科學的第一步》

3 一天工作四小時

每天四或五個小時，這要求並不爲過；日復一日、週復一週、月復一月，重複同樣的作息，久而久之養成了習慣。一旦養成了習慣，一個「他連得」（talent，譯註：希伯來人衡量金子或銀子的重量單位，後來該字用來比喻才能、天分）可累積高額利息，十個他連得，至少可存到一個本金。

——威廉·歐斯勒（William Osler），現代醫學之父

工作與休息無縫接軌

研究歷史上極具創造力的人物，不消多久便會發現一個弔詭的現象：這些人的生活繞著工作打轉，而非繞著日子打轉。

英國作家狄更斯、法國數學家昂利·龐加萊、瑞典電影導演英格瑪·柏格曼（Ingmar

Bergman）等人物，生於不同時代，專精於不同領域，但他們都對工作抱持高度熱情，有著非成功不可的雄心，以及超乎常人的專注力。仔細分析他們的日常生活，會發現他們每天只騰出幾小時於被世人肯定的「偉業」上。其他時間，則用於爬山、小憩、和朋友一起散散步，或只是坐著沉思。可見他們的創意與生產力並非沒完沒了地做苦工。他們讓人仰望的創意型成就歸功於適可而止的「工作」時數。

他們怎麼這麼厲害，能成就這番偉業？我們現代人被教育要成功，每週得工作八十小時，這樣「忙碌」的世代有沒有可能從柏格曼（執導《野草莓》）、龐加萊（奠定混沌理論與拓撲學的基礎）、狄更斯（寫出《孤雛淚》鉅作）等人的人生學到一些東西？

我覺得可以。如果這些史上偉人沒有花太多時間在工作上，那麼解開他們創意之泉的鑰匙，不在於剖析他們是多麼賣力而辛苦地工作，而在於他們怎麼有時間休息，以及創意與休息之間有何關聯。

首先看看兩個人的人生。他們都在各自的領域獨領風騷。兩人剛好是好友，彼此為鄰，都住在倫敦東南方的堂恩村（Downe）。他們的生活方式給大家提供了一些線索，有助於瞭解勞動、休息、創意之間有何關聯。

首先，想像有一位不說話、全身包得密不透風的人走在回家的路上，腳下是鄉間蜿蜒的泥巴路。早上，他也是低著頭走路，顯然是心有所思。有時候，走著走著，他會停下來聽聽周遭林子的聲音，這是他早年以博物學家身分在皇家海軍服役，隨著軍艦到了巴西，在「巴西熱帶雨林漫步時養成的習慣」。他在巴西蒐集動物標本、研究南美洲的地形與地質，這些經驗為他日後的職涯打下基礎，並在一八五九年出版《物種起源》，攀上事業巔峰。而今達爾文年紀已大，不再實地到田野採集標本，改而建立理論。達爾文走路幾乎無聲無響，反映他專心於沉思的程度，也顯示他亟需安靜的空間。的確，他的兒子法蘭西斯（Francis）說過，達爾文走路靜悄悄，有次「連一隻距離他只有幾呎的雌狐都沒發現他，自顧自地和小狐玩耍」。達爾文也常常和結束夜間獵食、打道回巢的狐狸不期而遇。

若同一群狐狸在小徑上遇到的是達爾文的隔壁鄰居約翰．魯波克（John Lubbock）爵士，恐怕得匆忙走避，逃之夭夭。魯波克習慣以騎馬揭開一天的序幕，帶著一群獵狗到鄉間捕獵。若將達爾文比喻為《傲慢與偏見》的鄉紳班奈特，受人敬重、出身小康、客氣有禮、認真勤懇，喜歡與家人和書籍為伍。魯波克則更像賓利，外向、熱情，加上家境夠富裕，可以更自在地生活。達爾文上了年紀後，被各種疾病纏身，反觀魯波克，到了六十幾歲，「還保有伊頓公學預科生獨有的不凡氣質」，這是引述一位來訪賓客的描述。但是達爾文與魯波克儘管專業領域截然不同，個性南轅北轍，卻都熱愛科學。

達爾文早上散完步、吃過早飯後，八點左右會到書房，待上一個半小時，到了九點半，他會閱讀早上收到的信件並回信。堂恩村與倫敦距離夠遠，所以臨時訪客不多，但又近到足以在幾小時之內，將早上寫好的信件送到收信人與同事手中。十點半左右，達爾文開始較嚴肅的工作，有時會離家到禽舍、溫室或其他做實驗的房舍。中午左右，他宣布：「我已做完足足一天的工作了。」然後踏上「沙徑」（Sandwalk），開始走一大段路。他買下「塘屋」（Down House）後不久闢出沙徑，沙徑其中一段會經過魯波克家族租給達爾文的一塊地。約莫一個小時後他回到家，吃了中飯，再回幾封信。三點小睡一下，一個小時後起床，出外沿著沙徑周圍再散步一次，然後返回書房待到五點半，然後和妻子艾瑪、家人一起共用晚餐。他按表操課，完成了十九本著作(1)，研究主題包括爬藤植物、藤壺（甲殼類動物）等主題；《人類的由來》（*Descent of Man*）引起廣泛爭議；《物種起源》可謂科學史上名氣最響亮的一本書，至今還影響我們對自然及人類的思考方式。

分析達爾文每天的行程表後，會發現一個弔詭之處。達爾文的人生繞著科學打轉。自就讀大學開始，他便全心全意投入科學研究，收集、探索，最後建立理論。他和妻子艾瑪從倫敦搬到鄉下，希望給家人更大的空間，也讓他有更大空間（空間一詞不只字面上的意義）從事科學研究。「塘屋」空間夠大，讓他蓋了好幾間實驗室與溫室，鄉間給了他平靜與不受打擾的空間，讓他心無旁騖地工作。但是他的生活在我們看來，似乎不算特別忙碌。其中被我們歸類為「工作」的時間，是三個九十分鐘的時段。若他在當今的大學擔任教授，應該拿不到終身教職。若他在某企業上班，恐怕一個禮拜不到就被炒魷魚了。

達爾文並非沒有時間概念或缺乏雄心壯志。其實他絕對是分秒必爭的人。此外，儘管財力還算寬裕，也絕不揮霍浪費。當年他隨著「小獵犬號」周遊世界時，曾寫信給姐姐蘇珊・伊莉莎白（Susan Elizabeth），透露「一個男人若膽敢浪費一個小時，表示他沒有發現生命的意義」。達爾文在猶豫是否要步入婚姻時，其中一個考量是「怕被占去時間，無法在晚上閱讀」。他在日記裡記錄，他因為慢性疾病而損失的工作時間。他在自傳裡坦言，他對科學「純粹的愛」，很大程度是受到「想要獲得博物學界同儕推崇的野心驅策」。他對工作充滿熱情，根本停不下來，因此動不動就焦慮症發作，擔心自己的想法以及潛在的寓意。

魯波克的名氣遠不及達爾文，但他一九一三年過世時，已是「英國最有成就的業餘科學家之一」；而且著作等身，是他那個年代最成功的作家之一；還積極參與社會改革；也是近代議會史上最成功的議員之一」。魯波克對科學的興趣廣泛，從古生物學、動物心理學，乃至昆蟲學，他都涉獵。他發明了螞蟻農莊（ant farm），但他自始至終不離不棄的專業是考古學。他的作品推廣了**舊石器時代**、**新石器時代**等專有名詞，至今考古學家仍繼續沿用。他買下倫敦西南方的埃夫伯里（Avebury）史前建築遺址，讓該地的巨石免於因開發受到破壞。今天埃夫伯里巨石圈的盛名與考古價值都不輸巨石陣（Stonehenge）。也因為保護埃夫伯里有功，他在一九〇〇年受封為埃夫伯里男爵。

魯波克的成就不限於科學。他繼承了父親經營得有聲有色的銀行，將這家銀行變成維多利亞時代晚期金融財政的引擎與動力，還協助更新英國的金融系統。他在國會擔任議員數十年，表現出色，備受敬重。他的傳記列出二十九本著作，其中多本是暢銷書，翻譯成多國語言。魯波克的產出驚人，就連同輩的高成就者都注意到這一點。達爾文在一八八一年告訴魯波克，「你怎麼有時間」顧及科學、寫作、政治、經商這麼多工作，「讓我不解。」

大家可能會把魯波克想像成現代版的「至尊男」（alpha male），作風強勢，猶如鋼鐵人東尼．史塔克（Tony Stark）。但細究之後會發現箇中曲折：魯波克打響他在政壇的名氣，靠的是倡議休息。英國的國定假日「銀行休息日」（bank holidays，一年有四個）就是魯波克擔任議員期間提案，在一八七一年立法生效，也奠定了魯波克的人氣。銀行休息日大受歡迎，也因為和魯波克息息相關，媒體遂暱稱銀行休息日為「聖魯波克日」。他花了數十年時間推動「提早打烊法案」（Early Closing Bill）。法案規定，十八歲以下的勞工每週工時不得超過七十四小時（！）；該法在一九〇三年四月通過生效，距離他首次扛起這個志業已過三十年。該法又名「埃夫伯里法案」。

擁護休息並非為了討好民眾。魯波克絕非精於算計的民粹主義政治人物，而是打從心底同情勞工的困境。不過他本質是個不折不扣的貴族，小學念的是貴族學校，裡面多的是未來的公爵、伯爵。他在傳記裡稱這樣的學校是「年輕王公貴族之家」，進入伊頓公學幾乎算降貴紆尊了。在他的老家「高艾姆斯」（High Elms）以及在頻繁的旅行途中，他經常與總統、首相、王室成員、科學界泰斗、藝術家為伍。

魯波克以身作則，說到做到。國會開議期間，較難掌控自己的時間，畢竟辯論、表決可能一直進行到午夜，甚至要挑燈夜戰。但國會休會期間，他在高艾姆斯作息規律，六點半起床，結束禱告、晨騎、早餐之後，八點半開始工作。他將一天二十四小時拆解為半小時一個單位，這是他從父親身上學來的習慣。多年的練習之後，他能輕鬆地轉移注意力，上一個時段還和合夥人與客戶討論「某個複雜的財經問題」，下一個時段可無縫接軌進入「單性生殖之類的生物學課題」。下午，他會花兩、三個小時到戶外動一動。他熱愛板球，是「快速的下手左投手」，定期請專業板球選手到高艾姆斯宅邸當他的教練。他的幾個弟弟熱愛足球，其中兩人一八七二年打入第一屆足總盃決賽（FA Cup，譯註：全名是英格蘭足球總會挑戰盃，簡稱足總盃）。魯波克也精通「伊頓五人球」，這是伊頓獨有的一種運動，需戴上特殊的手套用掌擊球。到了晚年，他改打高爾夫，還將高艾姆斯的板球球道改建為九個洞的高爾夫球場。

儘管達爾文與魯波克在個性與成就上有諸多不同，兩人都勉力做到與今天社會愈來愈背道而馳的事情。他們的日子過得充實，充滿回憶；工作量大卻表現不凡；雖然忙碌，卻多的是休息空檔。

這個現象看似矛盾，也是我們多數人羨慕卻達不到的平衡狀態。其實不然。達爾文、魯波克，以及其他創意與生產力都不俗的名人，若不將休閒考慮在內，他們都不算成就斐然；他們成就斐然是拜休閒之賜。就連在今天全天候二十四小時不打烊的世界，我們也會想學著結合工作與休息，找出讓自己活得更聰明、更有創意、更開心的方式。

關鍵四小時的創意工作

達爾文終身貢獻給科學，他有滿腔熱誠，工時卻明顯偏短(2)，而他並非唯一這麼做的知名科學家。分析其他科學家的職涯，也可以看到類似的模式。本書開頭就以科學家的人生為例，理由如下。科學講究競爭力，是耗費心神與時間的志業。科學家的成就（包括發表的文章與出版的書籍數量、獲頒的獎項、作品被引用的頻率）莫不有完善的紀錄，所以易於評量與比較。影響所及，科學家的建樹和事蹟要比企業領導人或知名人物來得更容易評斷。此外，科學這個專業領域，隔門如隔山，彼此之間差異極大，所以各門科學的工作習慣與性格也各異。此外，多數科學家並非動不動就非得創造神話不可；這些神話不是放大，就是遮掩了企業大老與政治人物的光環。研究或分析達爾文這類科學家時，我們或許得分辨什麼是謠言、什麼是真理，但我們鮮少面臨公關與粉飾的活動力場。

最後，一些科學家本身就對工作與休息如何影響思考、如何啟發靈感深感興趣。法國數學家昂利．龐加萊就是一例。他的成就與知名度讓他與達爾文齊名。龐加萊出版三十本書，發表五百篇論文，橫跨數論（number theory）、拓撲學、天文學、天體力學、理論與應用物理學、哲學等領域。他被美國數學家艾瑞克．坦普．貝爾（Eric Temple Bell）譽為「最後的通才」，不僅有功於標準時區換算、監督法國北部的鐵路開發（他在校學的是採礦工程），還擔任法國礦業團（Corps des Mines）總監及索邦大學（Sorbonne）教授。

龐加萊不單是在同輩圈有響亮的名氣，也是一八九五年法國精神病專家愛德華．土魯斯（Édouard Toulouse）研究天才心理的對象之一；其他被研究的對象包括作家左拉（Émile Zola）、雕刻大師羅丹與朱爾斯．達盧（Jules Dalou）、作曲家聖桑（Camille Saint-Saëns）等人。土魯斯發現龐加萊的作息非常規律，在早上十點至十二點，以及下午五點至七點間，認真深入地思考。這位十九世紀數學界的蓋世奇才，每天僅花最少的時間——約四小時，專注思考問題。

其他知名數學家也有類似的模式。二十世紀前半葉的英國大數學家哈迪（G. H. Hardy），悠閒地吃著早餐揭開一天的序幕，然後細讀板球賽事的最新比分，接著從九點到下午一點全心投入數學研究。午餐後，他會出門散步或是打網球。他告訴在牛津大學執教的友人史諾（C. P. Snow）說：「對數學家而言，一天四小時的動腦工作已是極限。」

哈迪長期的合作夥伴約翰・恩瑟・李特爾伍德（John Edensor Littlewood）認為，「心無旁騖」認真工作的意思是，數學家「每天工作約四小時，頂多五小時，每工作一小時該休息一下（也許散散步）」。李特爾伍德週日一定不開工，聲稱這樣才能保證週一返回工作崗位時有新的想法。就連二十世紀初，這都是不尋常的作法。李特爾伍德晚年時提到：「我的同輩多半在晚上工作，凌晨一點就寢都算早睡。當時有個畸形的想法，認為數學家每天起碼得工作八小時。」匈牙利裔美籍數學家保羅・哈爾莫斯（Paul Halmos）也坦言：「我每天的心理能量僅能貢獻三、四個小時給工作——『真正的工作』。」時間雖短，卻足以讓他在六個專業領域做出重大貢獻。

一九五〇年代初期針對科學家工作形態所做的調查也發現類似的結果。伊利諾理工學院（Illinois Institute of Technology）心理學教授雷蒙・范・澤爾斯特（Raymond Van Zelst）與威勒・柯爾（Willard Kerr）訪問了他們的同事，瞭解他們的工作習慣與時間表。兩人以圖表顯示教職員在辦公室的時數以及他們發表的文章數量。

大家可能預期結果會出現一條直線，顯示科學家工作時數愈長，發表的文章就愈多。其實不然。根據數據繪出的圖表顯示了M型曲線，一開始曲線上升的幅度很大，在每週十至二十小時之間達到巔峰，然後開始向下翻轉。每週工作二十五小時的科學家，產能不會高於只工作五小時的人。每週工作三十五小時的科學家，相較於每週工作二十小時的同事，產能僅是後者的一半。

然後曲線再次上升，只不過幅度趨緩。認真的研究員每週在實驗室待上五十小時，能夠走出三十五小時的產能谷底：產能和每週工作五小時的同事相當。范．澤爾斯特和柯爾推測，這五十小時多半消磨在「需要持續使用大型笨重設備的體力活上」，亦即每天十小時應該花在照顧與維修機器上，偶爾才會進行量測。

接著曲線一直走下坡：每週工作六十小時以上的研究員，產能吊車尾。

范．澤爾斯特與柯爾也詢問教員，「平常工作日要花多少時間才能展現工作效能」，然後將他們的工作時數與產能做一對照。結果這次並未出現M型圖，取而代之的是單一曲線，在每天工作三至三．五小時達到巔峰。可惜的是，受訪者並未透露在辦公室以及在家裡工作的總時數，只提到產能最高的研究員「在家裡或其他地方從事大部分創意工作的機率」，卻沒提到校園。如果假設這項調查裡，最多產的研究員在辦公室或在家裡工作的效率沒差，那麼這個群組每週的工作時數是二十五至三十八小時，以每週工作六天計算，每天平均工作四至六小時。

在作家身上，也看到一天工作四至五小時的類似模式。摘下諾貝爾文學獎桂冠的德國作家湯馬斯．曼（Thomas Mann）早在一九一〇年，已固定按表操課，當時他三十五歲，已出版廣受好評的小說《布登勃洛克家族：一個家族的沒落》（*Buddenbrooks*）。他每天早上九點開工，提筆寫小說，期間嚴禁外人打擾。午餐後，「下午用於閱讀，或是處理堆積如山的信件，也會出外散散步。」他說。結束一小時的小憩和下午茶之後，他會花一、兩個小時創作輕鬆的短篇作品或是修改之前的文章。

十九世紀知名英國小說家安東尼．特羅洛普（Anthony Trollope）也是一絲不苟，照時間表寫作。他提及自己在一八五九至七一年住在「沃爾瑟姆之家」（Waltham House）的生活，描述自己穩重而周延的工作形態。每天早上五點，僕役準時報到，端咖啡給他。他會先瀏覽前一天的寫作內容，到了五點半，他拿起書桌上的手錶設定好時間，接著開始寫作。他一個小時能寫一千字，平均一週完成四十頁內容。他在八點鐘出門到郵局上班。每天筆耕的他，以此方式，在一八八二年過世前，共出版了四十七本小說。活到六十七歲的他，不覺得自己著作等身有什麼了不起，這也許是因為他母親的緣故。他的母親五十幾歲才開始寫作養家，生前出版了一百多本書。他寫道：「我覺得每個靠文字維生的人（每天筆耕的勞動者）都會同意我的看法，每天工作三小時就能寫完他該寫的分量。」

特羅洛普的工作時數和同時代的文豪狄更斯旗鼓相當。狄更斯早年習慣挑燈夜戰，後來改變作息，制定「有條不紊、井然有序」的時間表，他的兒子查理（Charley）說父親按表操課，猶如「公務員」(3)。早上九點至下午兩點，狄更斯把自己關在書房，中間稍稍休息吃個午餐。他的小說多半在雜誌連載，他鮮少提前交稿，多半只會比插圖出爐以及雜誌送印前快個一、兩章。但是他不在乎，五個小時一到，隨即收工，絕不加班。

儘管這樣的紀律代表的也許是維多利亞時代一絲不苟的嚴謹精神，但二十世紀不少多產作家也是這麼創作。埃及小說家納吉布・馬哈福茲（Naguib Mahfouz）就跟特羅洛普一樣，白天有正職，在公家機關上班，多半利用下午四點到晚上七點的空檔寫作。加拿大作家艾麗斯・孟若（Alice Munro）二〇一三年榮獲諾貝爾文學獎，寫作時間是早上八點至十一點。澳洲小說家彼得・凱里（Peter Carey）說：「我覺得一天三小時足矣。」這樣的時間安排讓他完成了十三本小說，其中兩本榮獲英國布克獎殊榮。諾曼・麥克林（Norman Maclean，《大河戀》〔*A River Runs Throuth It*〕作者）每天早上九點寫到十二點。瑞典導演柏格曼、冰島小說家赫爾多爾・拉克斯內斯（Halldór Laxness，一九五五年諾貝爾文學獎得主）也都是一天工作三小時。毛姆（W. Somerset Maugham）每天的寫作時間「僅四小時」，直到下午一點，但他補充：「絕不會少於四小時。」馬奎斯（Gabriel García Márquez）每天撥五小時寫作。海明威每天早上六點動工，大約中午前收工。索爾・貝婁（Saul Bellow）早餐後返回書房，大約午飯時間結束寫作，除非交稿日期逼近，否則天天如此。愛爾蘭小說家艾德娜・歐伯蓮（Edna O'Brien）早上工作，「大約下午一、二點停筆，之後剩下的時間就打理日常瑣事。」約翰・勒卡雷（John le Carré）利用上班大約九十分鐘的通勤時間完成了前三本小說，偶爾利用工作的午餐時間或傍晚加班，將每天平均寫作時間拉高到四或五個小時。派屈克・奧布萊恩（Patrick O'Brian）「早飯後開始工作或沉思，直到午餐為止」，下午休息，然後在下午茶與晚餐之間重溫寫下的內容。科幻小說作家巴拉德（J. G. Ballard）形容自己每天例行「在接近中午時工作兩小時，午後緊接著寫作兩小時，然後沿著河邊散步，思考隔天要做什麼」。住在芝加哥的劇作家羅拉・薛哈德（Laura Schellhardt）建議文字工作者，「每天花三、四小時，一週花四、五小時，待在書房的電腦前，和人物角色、劇情打交道。」電影編劇希德・菲爾德（Syd Field）一九七九年出版的成名作《實用電影編劇技巧》（*Screenplay*）被好萊塢作家奉為聖經。羅伯特・唐尼（Robert Towne）撰寫的《中國城》（*Chinatown*）為他拿下奧斯卡最佳原創劇本獎。他和菲爾德一樣，每天僅工作四小時。《呆伯特》（*Dilbert*）的作者史考特・亞當斯（Scott Adams），每天約貢獻四小時，創作呆伯特漫畫以及其他作品。他說：「我的價值在於每天想出什麼最佳點子，而非每天工作的時數。」對史蒂芬・金（Stephen King）而言，每天花四至六小時閱讀與寫作是「辛苦的一天」。史丹福大學行為科學高等研究中心於一九五四年成立時，認為訪問學者的理想工作形態猶如修道士閉關苦修，從早上八點半至中午十二點，並將三個半小時拆成兩個九十分鐘的時段，中間休息兩次，每次十五分鐘。然後是午餐時間，下午散步、閒聊。就連火山型個性的藝術家也都符合四小時的工作形態。亞瑟・庫斯勒（Arthur Koestler）因為花天酒地而惡名遠播，但是他每天早上伏案四小時，偶爾下午會「加班」。一九二〇年代庫斯勒在巴勒斯坦過著清苦的生活時，養成這樣的紀律；一九四〇年春天住在被納粹占領的法國也不例外。據他的妻子戴芙妮（Daphne）透露，他被納粹發現之前，火速完成了《正午的黑暗》（*Darkness at Noon*）。她說，丈夫「一鼓作氣」工作到中午，午飯後返回公寓繼續寫兩、三個小時。

實實在在工作四小時、偶爾中間暫停休息的模式，不限於科學家、作家或其他功成名就、可自由安排時間的人士，你也會看到一些畢業後在各自領域獨領風騷的學生出現類似的模式。湯馬斯．哲斐遜（Thomas Jefferson）念法學院時，兼顧學業、上法院、協助教師喬治．威斯（George Wythe）整理個案。原本哲斐遜當學生時，時間表緊湊得讓人喘不過氣，從破曉一直苦讀到深夜。後來他發現「在一天中不同的時段，腦活力有明顯差異」。於是進法學院後，他早上空出四小時苦讀法律教科書，包括李特爾頓（Thomas de Littleton）的《英國法》（*English Law*）、柯克（Edward Coke）的《法學總論》（*Institutes of the Laws of England*）。午餐之後，他會鑽研政治學書籍，下午若天氣許可，也會出外跑步或騎馬兩英里。威廉．歐斯勒在約翰霍普金斯大學醫學院任教時，建立了住院醫師與臨床實習的制度，他勸學生「每天工作四到五小時」，只要這些時間「心無旁騖地用於手邊正在處理的科目」。

十九世紀與二十世紀初，用功四小時的模式被牛津與劍橋大學的讀書會嚴格遵守。這兩所歷史悠久的大學的行事曆上有數個長假。一名學生寫道，在春天，認真的學生「放棄長假，專心有紀律地用功讀書」。通常不會一個人，而是幾個朋友同行，聘請一位指導老師。往往，讀書會移師到英格蘭或蘇格蘭風景更秀麗的地點，有時也在阿爾卑斯山的民宿、黑森林的小木屋舉辦。劍橋教授卡爾・布瑞爾（Karl Breul）憶及，一旦大家安頓好，學生們「早上認真讀書，有時晚上也會用功，但是整個下午就徜徉在宜人的環境裡，散步或是運動」。就連毫不鬆懈的勤奮學生都認為，遠離校園諸多讓人分心的事物與活動，僅僅用功一個早上就足以「完成牛津半學期分量的課業」。

刻意的練習背後，少不了用心休息

卡爾・安德斯・艾瑞克森（Karl Anders Ericsson）、拉爾夫・克藍普（Ralf Krampe）、克雷門・泰謝–羅默（Clemens Tesch-Römer）在一九八〇年代柏林音樂學院主修小提琴的學生身上，也發現類似模式，他們希望知道表現頂尖的學生與表現不錯的學生之間的差異何在。三人訪問了學生與他們的老師，也請學生追蹤記錄自己的練琴時間，結果找到了頂尖學生不同於其他學生的原因。

首先，頂尖的學生不僅練習時間多於一般學生，也練習得更刻意。艾瑞克森形容，刻意練習指的是「全神貫注於某個特定活動，讓表現更上一層樓」。不僅要重複重訓、精進擊球、不懈地練習音階，刻意練習時必須專注，講究章法與結構，設定明確目標，聽取別人給予的意見。期間要仔細觀察自己在做什麼，以及進步的方法。有了清楚明確的路徑，學生會專注地練習，朝頂尖之路邁進。頂尖（greatness）的定義是普遍的共識決，是區隔超凡與不錯的分水嶺，是區隔贏家與輸家的關鍵。任何的努力與用功，若是可用最快的時間、最高的分數，並且想得出優雅又體面的解決辦法，都稱得上刻意的努力與練習。

其次，你得找到可以持之以恆、日復一日練習的理由。刻意練習是件苦差事，也不會有立竿見影之效。那意味著泳將日出前就泡在泳池裡練習，犧牲和朋友出外玩樂的時間，專心練習擺動與衝刺。或是在沒有窗戶的房間裡練習指法或呼吸，花數小時精進只有少數人會注意到的細節。刻意練習鮮少讓人開心，所以你得找到強而有力的理由，說服自己長時間的努力會得到回報，苦練不僅有利於自己的職涯前景，也能奠定自己的專業與個人地位。你不是為了厚厚一疊的鈔票才這麼做，而是看在它（刻意練習）能強化一個人對自我的認知，更清楚未來自我的角色與定義。

刻意練習的想法，以及艾瑞克森等人對世界頂尖表演者練習時數的測量，受到多方關注。該研究是麥爾坎・葛拉威爾（Malcolm Gladwell）立論的基礎，後來葛拉威爾將論點集結成《異數》（*Outliers*）一書。葛拉威爾主張，要成為世界級好手，練習時間不得少於一萬個小時。從西洋棋傳奇人物巴比・費雪（Bobby Fischer）、微軟創辦人比爾・蓋茲到披頭四，他們在享有盛名之前，花了不下一萬個小時苦練。對教練、音樂教師、望子成龍的父母而言，一萬個小時是保證學生與小孩進入國家美式足球聯盟（NFL）、朱麗亞音樂學院、麻省理工學院的金光大道：趁他們年輕就開始訓練，讓他們保持忙碌的狀態，勿讓他們半途而廢。在視壓力／過勞為美德而非罪惡的社會裡，一萬個小時是讓人欽佩之至的數字。

但是艾瑞克森與同仁合作的研究發現，幾乎每個人後來都忽略了一件事。他們觀察到一個現象，「刻意練習是費力的活動，每天僅能持續有限的時間。」練習時間太少，永遠不可能爬到世界頂尖的地位，但練習太過，會增加受傷、心力交瘁、後繼無力的風險。要出人頭地，學生必須「避免窮盡」，「練習必須有上限，限制在一天或一週內便可完全恢復的範圍內。」

拔尖學生如何善用有限的練習時間？他們有獨特的練習節奏：每週練習總時數比其他人多，但是每次練習時間不比其他人多。換言之，他們更頻繁地練習，但縮短每次練習的時間，每次大約八十至九十分鐘，中間約休息半個小時。

將這些零星練習加起來，結果一天的練習時間大約四小時上下。和達爾文每天花在苦思、哲斐遜花在法律、哈迪與李特爾伍德花在數學、狄更斯與庫斯勒花在寫作的時間差不多。就連世界名校裡滿懷抱負的年輕學生，為了在競爭激烈的領域做好充分準備，每天心無旁鶩、認真苦讀，最多也只能維持四小時。

艾瑞克森的結論是，定義時間上限的「不是可用的時間，而是可認真練習的〔心智與體力〕有多少」。學生不是只練習四小時就偃旗息鼓，結束一天的學習，畢竟剩下的時間還要上課、排練、寫作業等等。訪談時，學生表示：「為了保持刻意練習所需的專注力，練習的時間只得受限。」這也是為什麼葛拉威爾要花十年才累積了一萬個小時：若每天只能專心練習四小時，一週是二十小時（假設週末不練習），一年約一千小時（假設一年放假兩週）。

不僅是音樂工作者的生活形態突顯刻意練習有多重要，美國小說家雷．布萊伯利（Ray Bradbury）也有同感。他在一九三二年開始認真寫作，每天約寫一千字。他說：「十年來，我每週至少完成一篇短篇小說。」但這些短篇都成不了書，終於在一九四二年，他完成《湖》（*The Lake*），並順利出書。多年後，他依舊記得當時的感動。「十年來，做得每件錯事突然間都對了，變成我要的想法、我要的場景、我要的人物、我要的日子、我要的創作時間。我坐在屋外草坪寫小說，身前放著打字機。故事畫下句點的當下，我頸後的毛髮豎了起來，我忍不住流淚。我知道我寫出生平第一本真正好看的小說。」

除了練習次數多，艾瑞克森與同事們還發現，造成柏林音樂學院不凡學生與不錯學生之別的另一個因素是休息的方式，這也是之前幾乎被大家完全漠視的面向。

一流的演出者一天真正的睡眠時間，大約比普通的演出者多出一小時。他們也不會熬夜。一流演出者之所以睡得更多，是因為他們會利用時間小憩。當然這也因人而異，但是頂尖學生通常有固定的模式，會在早上練習最困難的部分，也會在早上花最長的時間練習。然後在下午小睡一下，到了傍晚時分再次練習。

艾瑞克森等人請學生估算花在練習、課業等項目的時間，然後請他們記錄每次的練習時間，連續記錄一個禮拜。結果發現一個奇怪的反常現象。

表現還可以的小提琴手習慣低估他們花在休閒活動的時間：他們以為自己每週花十五個小時從事休閒活動，實際上幾乎是三十小時。反之，頂尖的小提琴手幾乎「能精準估計他們分配給休閒的時間」，大約是二十五個小時。一流演奏者會更花心思在管理與安排自己的時間，考慮該如何善用時間，並衡量成效。

換言之，頂尖學生也會把刻意練習的習慣（包括做事全心全意、善於觀察自我的表現、重視分秒的時間觀、時間得花在該花的地方）應用在不必練習的停工期。

近一百年前，音樂心理學家卡爾・艾米爾・希索爾（Carl Emil Seashore）勸告學生：「若想有效學習，懂得駕馭休息很重要，完全不輸於認真工作。」他說，休息與一鼓作氣式的練習應該充分結合，最好在能力最佳的狀態下練習，時間不用長，而非花上一整天心不在焉地練習或學習，這「不僅節省學習時間，也有利於培養出大師級的人格特質」。這可從柏林音樂學院的頂尖演奏家身上得到印證。他們每天花在休閒活動的時間，比其他較無事業野心的同學來得少，但他們會更仔細記錄休閒時間，顯示他們很留意時間用到哪兒。他們花更多時間練習，練習時也比一般人認真。為了按時間表完成計畫，他們會更有效率地使用休閒時間。

他們發現用心休息的價值之大，不可小覷。他們早就意識到休息的重要性，發現一流的創意出現在休息時間，因為這類休息會讓我們的無意識思維（unconscious minds）保持在埋頭苦幹的狀態，讓我們學會更好的休息方式。在柏林音樂學院，用心休息與刻意練習互為合夥人，缺一不可。在錄音室、實驗室、出版社工作的人，也覺得休息與工作同樣重要。狄更斯、龐加萊、達爾文一致發現，休息與工作缺一不可。講究創意的生活裡，休息與工作各占一半，彼此結合才算完整。

研究員將所有的注意力放在柏林音樂學院學生的學習上，忽略了頂尖學生的休息經驗，包括他們的睡眠模式、休閒活動，也沒有注意他們是否用心休息，以便有充分的體力應付吃力、花心思的練習。在《異數》裡，葛拉威爾專注於出類拔萃的學生的練習時數，隻字未提這些學生的睡眠時間多了一小時，也未提及一流的學生會午休，而且也會花較長的時間休息。

我的意思不是說葛拉威爾誤讀了艾瑞克森的研究，他只是忽略了這部分，而忽略者大有人在。他們每個人草草讀了艾瑞克森有關睡眠與休閒的論述，針對一萬個小時的見解有諸多辯證。

這突顯了遍存於科學家、學者，以及幾乎每一個人都會犯的盲點：注意力多半放在需要專心的工作上；習慣性地認為，創意需要靠生活上的各種妙招打通關，需要靠古怪的習慣刺激靈感，或是藉由安非他命或ＬＳＤ等藥物的幫助。研究一流表演者的專家只會專注於學生在體育館、田徑場、練琴房做了什麼。大家莫不將注意力放在最明顯、最能夠衡量量化的工作形式上，進而想辦法提高這些活動的效能與產能。他們不會深究是否有其他方法可以改善表現與生活。

這也是何以我們漸漸相信，一流水準的演出是苦練一萬個小時的結果。其實不然，更正確地說，應該是刻意練習一萬個小時、用心休息一．二五萬個小時，以及睡眠三萬個小時的成果。

4 每天早上的固定作息

嚴守紀律，事半功倍，不是很棒嗎？紀律包括安排時間、分配時間、規律地一個接一個按部就班進行。走馬看花、急就章、匆匆了事的做事態度，最後落得一事無成。「一次做一件事」的成效一定優於一次做兩、三件事。遵守這個紀律，一個人一天的完成量自會超過另一個人一週的完成量。

——湯馬斯・米契爾（Thomas Mitchell），《論生活》（*Essays on Life*）

早上固定的作息，布好靈感的陷阱

美國漫畫家史考特・亞當斯每天早上五點起床，下樓到廚房，喝杯咖啡，吃一條蛋白棒充當早餐，然後進入個人辦公室。五點十分左右，他已坐在桌前，著手每天的第一份工作：《呆伯特》連環漫畫的下一格，這個系列他已畫了近三十年。《呆伯特》在報紙連載之初，亞當斯還是「太平洋貝爾（Pacific Bell）電信公司」的工程師，當時他必須早上四點起床創作。（「這也是為什麼我的漫畫背景多半是一片空白。」他解釋道：「我實在是沒有時間。」）到了一九九五年左右，《呆伯特》一直保持銷售佳績，足以讓亞當斯成為全職的漫畫創作者，並開始擴展「呆伯特帝國」的版圖：《樂在不工作》（*The Joy of Work*）是他的第一本非小說類商業書籍，出版於一九九六年。儘管全職在家創作漫畫，他依舊保持早上創作的習慣。直到今天，早上時間依舊保留給例行創作。

他說，只要全心浸淫在工作裡，時間過得飛快。他說：「動腦發揮創意時，時間感截然不同。揭開一天序幕的前四個小時（又是四小時！）過得飛快，彷彿只有幾分鐘。」若一切進行順利，他可以完成兩、三格漫畫，上傳部落格文章、推文，處理好幾封信件或是文件。一個小時後，「創意開始枯竭。」約莫到了午餐，該上健身房鍛鍊身體。此時，「我的腦子幾乎當機，最適合搬重物，再把它們放回到我下次找得到的地方。」

亞當斯厲害之處在於擅長將職場的荒謬現象轉化為漫畫的笑點，剷除阻礙創作的所有障礙。難怪他自己每天一大早都要完成例行工作，避免創意受阻，讓自己趁著全世界還在夢鄉時完成創作，這的確是深思熟慮、又能維持長久的安排。至於咖啡與蛋白棒？他說：「這兩樣東西搭配在一起簡直是人間美味。」讓他不會工作到一半時因為肚子餓而分心，又能讓他「保持清醒、維持產能」。每天早上的例行工作一成不變，沒有任何變化。「每天早上，我的身體設定在自動駕駛的模式……腦袋淨空留給創作。」他刻意排除一切外在刺激。「我的早上會放掉外在世界的一切，好讓心思起飛。」一如許多作家，他維持固定的作息，係因創意「不是信手拈來，隨時等著你召喚」。他說：「你能做的就是布好誘人的陷阱，然後守株待兔。我早上的作息就是巧設陷阱。」

但也不是每天早上都這麼穩定。《呆伯特》系列走紅之初，亞當斯接受採訪時透露他的工作形態；近二十年後（二〇一四年），他寫了一篇長文，說明他如何「駕馭」早上的例行作息。結果發現，儘管細節有些變化，大抵上核心部分二十年來如一日。亞當斯早上的例行作息一開始是出於需要，這樣的安排既可讓他兼顧創作，又無須辭去正職，而幾年下來，早起創作的習慣讓精彩的點子與想法躍然紙上。憑著這樣的工作方式，他讓《呆伯特》稱霸媒體圈：呆伯特漫畫在全球六十五個國家、兩千家報紙上連載，被譯成二十五種語言；呆伯特系列包括五本漫畫、九本非小說類書籍、一齣沒多久就下檔的電視劇、一部電影拍攝計畫。

亞當斯的作息表說明了創意人的工作日有兩個特點：一、一大早就開始工作；二、按周詳的時間表操課。這些創意人也發現用心休息有其驚人的力量。有些作家、藝術家與科學家會挑燈夜戰，靠著逼近的交稿日讓自己集中注意力，或是枯等靈感來敲門。他們同意靈感不可預期，創意不可捉摸、毫無章法，好作品需要自我犧牲、承受高壓。但是許多創作力豐沛且在創作這條路深耕已久的創作職人，則有不同的作法與態度。他們習慣一大早工作，有時候天還沒亮就已伏案，就連明明是個夜貓子而非早鳥，也照樣早起不誤。在創造能量源源不絕時，他們會先處理挑戰性最高的部分。他們相信的確有靈感這回事，卻不會枯等靈感現身，反之，他們認為動手做才會刺激靈感出現。他們也發現，休息會刺激而非阻礙創意，會讓他們更多產，而非減產。維持每天早上固定的作息，可以空出一些白天的時間休息，讓休息更有意義。

稍早我曾主張外界不會給我們時間休息，要休息，我們得主動爭取。而一大早開始工作，能在一天之中找出可休息的空檔，給自己休息的權利，也能提升工作時的創意，即便注意力已轉移到其他事物，仍能讓潛意識保持工作的狀態。

精力不濟，創意不減反增？

亞當斯一定會把「一天中第一次的創意能量」放在漫畫。這麼講究先後次序、公事公辦的態度，乍聽之下也許不符創意的公式，實際上卻是普遍的現象。

企業界與財金界的領導人之中，早起是生活的常態，其中有些人會立刻投入工作。跨國企業的高階主管或是從事全球金融的職員，必須早起上班，因為國際市場是二十四小時不打烊。蘋果執行長庫克（Tim Cook）約在加州當地時間早上四點半左右寄出第一封電子郵件，五點左右，他已經開始健身。葛羅斯（Bill Gross）經營太平洋投資管理公司（Pimco）期間，每天早上四點半起床（美國太平洋岸標準時間，大約是倫敦午餐時間、德國法蘭克福下午一、二點）。根據二〇一四年《石英新聞》（*Quartz*）的調查，四四％受訪主管早上做的第一件事是檢視新聞（多半在智慧手機上瀏覽）。其他受訪主管表示，早起讓他們有時間運動健身。瑞典電信公司愛立信（Ericsson）執行長漢斯．衛斯伯（Hans Vestberg）會早起慢跑或到健身房鍛鍊。推特執行長傑克．多西（Jack Dorsey）約五點半起床，靜坐冥想，再去慢跑。星巴克咖啡的董事長兼執行長霍華．舒茲（Howard Schultz）起得更早，早上五點半左右，已經晨騎結束。全錄（Xerox）執行長兼董事長爾蘇拉．伯恩斯（Ursula Burns）六點以前起床，每週接受私人教練重訓兩次。喜達屋酒店及度假村國際集團（Starwood Hotels and Resorts，旗下擁有喜來登、威斯汀等知名連鎖飯店）前執行長陳盛福（Frits van Paasschen）在早上六點快七點時外出跑步，他起得較上述幾位主管晚，但會足足跑個十英里。

許多創意工作者習慣一起床就投入工作。建築師法蘭克．洛伊．萊特（Frank Lloyd Wright）大約早上四點起床，工作三小時後，再睡個回籠覺。約翰．勒卡雷成為全職作家後，於早上四點半至五點之間開始寫作。海明威與約翰．齊弗（John Cheever）這兩位美國小說家，大約在黎明破曉時開始寫作。安東尼．特羅洛普每年會多付一名僕役五英鎊，請他代勞煮咖啡，並於早上五點叫醒他，讓他抽出三小時寫作，再去郵局上班。他晚年表示：「我有今天的成就，都是拜他之賜。和其他人相比，我虧欠他最多。」美國詩人瑪雅．安傑盧（Maya Angelou）「會在旅館租一間房，一租就是幾個月。早上六點離開家到旅館，設法在六點半之前開始寫作」，一直寫到中午。法國畫家保羅．塞尚（Paul Cézanne）每天早晨六點開始作畫直到十點半，下午再拿起畫筆繼續。有些作家吃了一番苦頭，才發現早上工作的好處。馬奎斯一開始試著寫作一整天，但沒多久便發現，「下午寫的東西，隔天早上都得重寫一遍。」於是他改變習慣，在早上聚精會神寫作，最後完成鉅作《百年孤寂》（*One Hundred Years of Solitude*）。

科學家的時間往往因為教課以及行事曆之故，受限較多，為了掐出時間，他們習慣早起。德國數學家與理論物理學家阿諾．索末菲（Arnold Sommerfeld）培養過不少高徒，其中不乏二十世紀甚為傑出的物理學家。他堅稱，對於嚴肅的科學而言，一日之計在於晨。德國物理學家維爾納．海森堡（Werner Heisenberg，諾貝爾物理學獎得主）憶及，受教於索末菲期間，有次奧地利物理學家沃夫岡．包立（Wolfgang Pauli，也是諾貝爾物理學獎得主）大約正午才姍姍來遲出現在實驗室，索末菲對包立說：「你這樣不對。晚上的工作表現不佳，早上會比晚上好很多，所以我想明早你應該八點出現在這裡。」匈牙利醫師漢斯．

謝耶（Hans Selye）開啟壓力的實證研究，出版了多本書籍，發表過一千五百篇文章，他多半在早上沉思與寫作。就讀醫學院期間，他養成六點鐘起床的習慣；當上加拿大蒙特婁大學的教授後，大約六點半就出現在國際壓力研究院大樓的辦公室，花兩個小時沉思，而實驗室八點半才開始上班。

對許多人而言，一大早起床不是想快速甩掉睡蟲，立刻投入工作，而是讓自己從睡夢中逐漸而輕鬆地恢復清醒意識。謝耶會給自己半小時，「讓意識（有覺知）與無意識（無覺知）彼此對話」，然後才起床梳洗。愛爾蘭作家艾德娜．歐伯蓮覺得自己在早上「更接近靈感之源的無意識世界」。我自己也在幾前年發現這一點。我還是學生時經常熬夜，有了工作與小孩後，晚上很難聚精會神地寫作。所以我試著在破曉前起床，趁家人還熟睡時擠出時間寫作。結果意外發現，不僅寫作時間比以前多，文思也更順暢；我比以前更專心，體力與覺察力也優於既往。過了兩、三週，我發現若前一天晚上設定好咖啡機程式，擬好隔天早上的寫作大綱，甚至備妥要穿的衣服及寫作時要聽的曲目，我可以和亞當斯一樣，讓身體進入自動駕駛模式，全心專注於寫作。

許多作家認為，早上的創作力更好，也同意祕魯作家馬里奧．巴爾加斯．略薩（Mario Vargas Llosa）的看法，「一大早是創意最豐沛的時刻。」科學家已能證實這些作家的直覺，尤其是像我這樣的夜貓子，他們發現，一大早工作有助於提升創意。

多年來，心理學家對於「抑制能力」（inhibition）有濃厚的興趣。抑制指的是壓抑跟工作無關的思緒。抑制能力對於保持專注力有其重要性，尤其當一個人經手的工作本質上吸引力不足，例如大家可不希望機場塔台控制員的抑制能力偏低。但是研究也指出，抑制能力偏低可能有助於提升創意，讓人想起納瑪．梅塞雷斯的研究以及腦傷後的「反常性功能提高」（PFF）的現象。人在高度警覺與心智最活躍的時候，抑制能力達到巔峰；精力不濟想打盹的時候，抑制能力也隨之下降。這暗示，人在每天生理時鐘或生理節律週期（circadian rhythm，二十四小時的規律性週期，影響著我們的精力、荷爾蒙及各種身體機能）的低點，創造力較為活躍。心理學家馬蕾克．魏斯（Mareike Wieth）與羅絲．柴克斯（Rose Zacks）研究生理時鐘與疲倦是否影響解決問題的能力、洞察力與想像力，她們設計了一個實驗，包括三個洞察力問題、三個分析性問題，然後將四百二十八名受訪的大學生隨機分成兩組。其中一組早上接受測試，另一組在下午近傍晚時分測試。完成測試後，受訪者得再填寫一份問卷，說明自己的睡眠習慣與其他偏好，從中透露他們的「時型」（chronotype），讓研究員決定他們屬於早鳥還是夜貓子。

魏斯與柴克斯發現，學生在分析問題這部分的表現，並未因生理時鐘或時型而異：不論生理節律週期是否在巔峰狀態，學生的分析表現都一樣。但是「洞察力部分則有異，受訪者的生理節律週期在非巔峰狀態時，洞察力表現更佳」。早起型受訪者在生理節律週期不是巔峰的傍晚，洞察力表現更好。反之，夜貓型受訪者在生理節律週期並非巔峰的早晨，洞察力表現相對較好。

但不在自己生理節律週期的巔峰處理嚴肅與棘手問題，可能會出現易分心的毛病。不過亞利桑那大學心理學家辛西亞·梅伊（Cynthia May）發現，只要天時地利人和，分心反而可以成為優勢。梅伊擅長探討解決問題能力、注意力分散（distractibility）、生理節律之間的關係。她讓受訪者坐在電腦螢幕前，參加遠距聯想測驗：螢幕秀出三個字，歷時三十秒，然後他們得聯想出第四個字，而且得和前三個字有關聯。螢幕偶爾會出現讓人分心的文字，這些文字在受訪者的視野內，但受訪者會被告知不要分心注意這些無關的文字，專注於與測驗有關的文字就好。不過實際上，有些分心文字確有誤導之嫌，有些倒是能助人一臂之力（例如，若三個字分別是**氦氣**、**試飛**、**天氣**，正解是**氣球**。讓人答錯的分心字是**化學**，而助人找到正解的分心字是**飄浮**）。梅伊的假說是，當人在生理節律巔峰期，能夠較輕易地把分心字排除在心思之外，專心聯想測驗的單字，但在非巔峰狀態，受訪者較易受到分心字的影響：若是出現誤導的分心字，他們想到的正解較少；出現有用的分心字，他們想到的正解較多。

梅伊將受訪者分成兩組，一組是大學生（包括十八、十九歲到二十幾歲的大學生），一組是退休族（年紀是六十幾與七十幾）。結果發現，在生理節律非巔峰期，分心字會大大影響表現，但是有用處的分心字，其影響力大於誤導的分心字，而且對兩組皆然。換言之，「分心資訊若和手邊的任務與目標相關，一個人反而可受惠於下降的抑制能力。」

從實驗計畫跳到真實世界是有些突兀，但梅伊從實驗結果認定，「有些情況是能讓人受惠於下降的抑制力。」有些早起型的創意工作者學會善用這一點。漢斯．謝耶的辦公室到處是「有用」的分心資料，如期刊、書籍、筆記，同時讓他遠離「誤導」的分心資料，如學生、行政職責。習慣一大早把自己關在書房裡、不准任何人打擾的作家與作曲家，也一樣在營造到處是「有用」的分心資料的環境，這段時間他們搞創意的腦袋比較可能對這些分心資料有所反應，也更會善用這些分心的東西，找出新的聯想與高見。

夜貓型工作者在早上生理節律週期的低潮時，創意不減反增。即使你不是夜貓型，利用一大早開工也有實質上的好處，因為可趁被外界打擾之前，完成創意與創新的工作。諾貝爾文學獎得主艾薩克．巴什維斯．辛格（Isaac Bashevis Singer）遺憾道：「我白天老是被打擾。」他為了營造不被打擾、不被分心的環境，只好一大早寫作。美國黑人女作家托妮．莫里森（Toni Morrison）說：「破曉前寫作一開始是基於需要。」在一九七〇年代，她完成了《最藍的眼睛》（*The Bluest Eye*）、《秀拉》（*Sula*）、《所羅門之歌》（*Song of Solomon*）等作品，同時要撫養兩個小孩，還兼差擔任編輯，所以破曉前幾個小時是她唯一不受打擾的寫作時間。她透露，後來寫到《寵兒》（*Beloved*）時，「早起的習慣……成了我的選擇。我發現早上腦袋更清楚，下筆更有自信，也更有智慧。」

一大早工作，你也較能在一天中挪出空檔休息，進而在工作與休息之間畫出一條清楚的分隔線。劍橋數學家約翰．李特爾伍德說，一個人應該「全心工作，或是徹底休息」。就連看重工作的人，倘若清楚區隔工作與休息，嚴守工作時工作、休息時休息的原則，反而更能充分地工作與休息。李特爾伍德說：「一個人疲累的時候，太容易虛磨掉一整天，就算有心工作，也無法定下心來完成。這完全是浪費，不僅一事無成，更無法休息或放鬆。」幾乎每個多產的作家與科學家都同意這一點。一天裡，若一早開始工作，不難挪出時間休息，而且休息得心安理得，毫不覺得內疚。若你一早開始工作，稍後你的休息，都是你應得的。

工作例行化不見得會扼殺創意

發現用心休息的好處的創意型工作者，不會每天花幾小時專注於工作，或是偏好在早上聚精會神地做事。他們會固定每天的作息，甚至往往固定一週的時間表。史蒂芬．金正是這種態度的實例，他認為固定作息是激發創意的關鍵。他這位多產作家不會一鼓作氣、不眠不休地寫作數日。他寫作講究按部就班，井然有序，他在《論寫作》（*On Writing*）

一書中提到，他「每天花四至六小時寫作，日日如此」。他說，寫作「和鋪管線、開長途貨櫃車等工作一樣」。一如按時上床睡覺可以改善睡眠品質，每天按表作息——亦即「每天在差不多同樣的時段進入書房，在稿紙或電腦上完成一千字後走出書房，有助於養成規律的作息，為做夢做好準備，一如為睡覺做好準備」。

對史蒂芬．金這類多產作家而言，規律的作息非但不會阻礙創意，反而有利刺激創意。美國作家托拜厄斯．沃爾夫（Tobias Wolff，作品包括《這個男孩的生活》〔*This Boy's Life*〕、《加入法老的軍隊》〔*In Pharaoh's Army*〕等）說：「規律作息對作家至為重要。」現代醫學之父威廉．歐斯勒勸學生說：「每天花四至五小時用心於學習並不為過」，但是「必須日復一日、週復一週、月復一月，重複同樣的作息」。心血來潮、興之所至的學習效果是零；必須結合專注力與固定作息。（他說到做到。一位學生透露，歐斯勒的作息之「規律、有條理，無法以筆墨形容」。）

安東尼．特羅洛普對於作家必須等待靈感來敲門的說法嗤之以鼻，也不認為天才出爾反爾、難以預期。他規勸作家「避免一鼓作氣地趕稿，應該日復一日坐在書桌前筆耕，一如律師的行政助理」。為了謹守作息，特羅洛普每天記錄每本書籍的寫作進度，而且每天追蹤記錄自己寫了多少字，「所以若我偷懶一兩天，日記裡就會有我偷懶的紀錄，白紙黑字死盯著我的臉，命令我加把勁。」一如威廉．詹姆斯在〈放鬆的準則〉中指出的，相較於一古腦兒，穩定的心理狀態才能達到事半功倍之效。特羅洛普指出：「每天（若真的是每天）做一點，細水長流會勝過大力士一般一鼓作氣地衝刺。」推理小說家雷蒙．錢德勒（Raymond Chandler）塑造的冷硬派偵探，對現代推理小說寫作影響甚鉅。他說：「應該挪出一段時間（例如一天至少四小時），這段時間內，專業作家除了寫作，什麼也不做。」錢德勒接著說，這段時間你也可以不必寫作，但不能做其他事。

但是若苦無靈感怎麼辦？柏格曼說：「每天時間一到，就得像個學究坐在桌前，不管有無心情。」柴可夫斯基認為：「一個自重的藝術家不可藉口現在沒心情而兩手一攤、毫無作為。」美國作家喬伊斯．卡羅爾．歐茨（Joyce Carol Oates）說：「一個人必須對『心情』這種事不假辭色，無論心情如何，寫就對了。」她也說：「下筆就會慢慢扭轉心情。」有人認為：「靠想像力維生的人應該等著靈感來推他一把。」但是特羅洛普對此非常不以為然，他說：「世上最荒謬的事，莫過於鞋匠等著靈感上門。」

不管心情如何，動筆寫就對了，並持續寫下去，切勿中斷，因為創意不會刺激寫作，反而靠寫作才能刺激創意。固定作息可替繆思搭建降落地點。史蒂芬．金相信繆斯的重要性，但他的繆思並非飄逸的仙女，「翩翩降落到你的書房，把創意的仙塵撒遍在你的打字機上。」史蒂芬．金的繆思是「地下室混小子」（basement guy），「指揮你」做這個做那個。他固執，難以取悅。但創意界的人無微不至地伺候他，供他差遣，為什麼？因為「這個抽著雪茄、背上有小翅膀的小子，有一整袋的魔法」。大家都知道「袋子裡有寶物，可以改變你的人生」，但是你必須努力爭取，努力勤耕，「務必讓繆思知道你每天早上九點到十二點或是傍晚七點到凌晨三點要去哪裡」，然後「遲早他會現身，叼著他的雪茄，施展他的魔法」。

我們多半認為固定作息違反創意的本質：因為按表操課的固定作息無須思考，無須獨創的見解或彈性做事的空間。不過實際上，德國社會學家桑德拉·歐利（Sandra Ohly）、莎賓娜·宋能塔格（Sabine Sonnentag）、法蘭濟斯卡·普倫特克（Franziska Pluntke）等人主張，固定作息可以提升創意。她們訪問了三百位德國高科技公司員工，研究他們每天的作業裡，按表操課占了多少比例？有多少機會發揮創意？有多少嘗試新穎想法的自主性？然後分析他們對公司一項內部計畫的貢獻度，該計畫希望員工集思廣益，獻策改善公司的製造流程。結果研究員發現，員工的作業若有一大部分是按表操課的例行性活動，獻策的比例較高。照此標準，他們比較有創意。

研究員深入研究數據背後代表的意義後，發現了另一條線索：展現較高創意的員工，其工作例行性的比率偏高，但他們也更能掌控自己的工作。他們每天的工作有一部分是例行活動，熟練之後便可自動完成。但是因為他們可以自己安排工作，所以更清楚事情的運作、知道怎麼做才更有效率，也比較有自信提供建言。根據研究員的結論，工作例行化不見得會削弱創意，若能自由發揮，例行化有助於提升創意。

其他研究也顯示工作例行化與創意之間的正向關係，能幫助我們瞭解兩者如何互動。作業例行化，不因人而異，可以提升團體的工作效率。例行化無關乎個人的意志、韌性、動機，於是員工可把這些資源花在解決難題上。例行化也有助於節省時間與體力。一位精通語言與打字的作家，可將注意力放在鋪陳論述、抽絲剝繭解謎；無須花太多心力在拼字上，也不用在鍵盤上辛苦找出正確的字母鍵。工作因為例行化有了具體的格式，所以例行化可支援快速、講求創意的行動。專業主廚與二廚花很多心思統整烹飪前的準備工作，包括器具、食材、香料、醬料。一如登山客的背包或外科醫師的手術托盤，準備工作（mise-en-place）不可遺漏任何一個環節，才能讓主廚作業時應付所有的狀況，以不費吹灰之力拿到需要的東西。的確，主廚形容「準備工作」不僅是將東西安排得井然有序，也是一種心態。他們教導後輩，兩者缺一不可：所有的工具和食材精準地擺在該擺的位置，讓主廚流暢、快速、高水準地完成作品。例行化能提供足夠的壓力，刺激當事人發揮創意，但不至於扼殺創意。特羅洛普每天規定自己要寫多少字，我們也該跟他一樣，每天自訂一些小目標，逼自己集中精神，激勵創意。但也不要給自己不成功便成仁的壓力：一旦養成固定的作息，即使一天沒按表操課，落了進度，也不至於要人命。

讓靈感發現你在工作

結合固定作息（例行化作業）以及自由發揮的環境，既可支援創意型工作，又不會讓人因為不必要的事物、無關痛癢的決定而分心或分神，這正是全神貫注的早上行程以及例行化作業打造的世界。若說例行化作業支持創意，休息也絕對要靠它。休息往往因為喧鬧聲、常態性要求、讓人分心的事物、不在計畫內的意外事件或是機會，輕易地被犧牲。為免休息受工作影響，也避免休息因為待辦事項太多而被犧牲，你必須善用固定作息，將之變成銅牆鐵壁的堡壘，保護你的休息時間。將休息例行化、規律化，同樣會讓你做事更有效率、創意更上一層樓。這再次印證工作與休息可以無縫接軌，強化彼此。

搞創意的人多半不會一大早起來就投入工作，但他們的作業方式規律而穩定，不會斷斷續續或是忽冷忽熱。他們按表操課，所以過了全力以赴的早上，剩下的時間就能輕鬆些。他們的心思一直放不下工作，但是靠著一大早開工及固定的作息，他們無須仰賴清醒的神智。對他們而言，一大早開工加上例行化作息，可以讓潛意識之輪轉個不停。套句史蒂芬．金的話，固定作息（例行化）會「訓練你清醒時候的意識（waking mind）在睡眠狀態繼續發揮創意。若能將這些逼真的清醒夢（waking dreams）形諸文字，將是成功的小說作品」。他們的下午可能花在比較瑣碎與無趣的事物上，但是工作的量與質都更優，因為他們善用例行化，在該專心的時刻全力以赴地工作，在該休息的時間用心休息，而非長時間勞心勞力。對一些人而言，早起違反他們的生理節律週期，因此壓抑了大腦評估系統的影響力，也降低了抑制能力，創意反而被催生。早起開工也讓人挪出時間休息。

你需要時間休息，因為休息才能讓無意識接棒，繼續工作。你無法召喚或駕馭靈感，但是你可以引起它的注意，最重要的辦法就是培養規律、穩定的作息。藝術家的形象在外人看來很浪漫，平常無所事事，直到靈感出現才一鼓作氣、沒日沒夜地創作，但這樣的描述會誤導大眾。龐加萊小心翼翼地描述自己的創作過程，表示每次有洞見閃過（他稱為啟發），是因為「有所啟發的前後，我花了一段時間用心鑽研」。畢卡索說：「靈感存在，但要得到它，得讓它發現你在工作。」畫家查克．克洛斯（Chuck Close）說：「靈感是給業餘人士。我們這些人只能捲起袖子認真工作。」

特羅洛普晚年時透露他多產的原因。他在四十多年的寫作生涯中，雖然有份全職工作，依舊出版了四十七本小說、十六本非小說（一年超過一本），也為期刊與雜誌發表多到數不清的「政治、社會、體育等文章和評論」。儘管產出驚人，他每週還能找出時間打獵兩次，並「活絡於倫敦社交圈」。他會定期在自宅招待友人，「每年至少有六週不在英格蘭。我想鮮少有人過著比我還充實的生活。而我可以做這麼多事，全歸功於一日之計在於晨。」

5 散步

有間辦公室固然好，有個溫馨、裝潢齊全的家更好。只不過我在室內待上幾小時，腦筋就沒電不轉了。所以我會出門散步，一走到户外，思緒立刻開始奔馳，自然而然繞著我深思的問題打轉。想法泉湧，不請自來。過沒多久，最好的辦法從一團混亂中浮出。我發現自己能做什麼、應該做什麼，以及必須放掉什麼。

——尤金．維格納（Eugene Wigner）

將散步融入創意的生活

丹麥哲學家齊克果（Søren Kierkegaard）說：「我靠散步想出最棒的觀點。」齊克果喜歡在哥本哈根的大街小巷晃蕩，他因為常走路而出名。他能代表許多哲學家，也能代表每一位用心休息的人。自遠古以來，散步與思考就像雙胞胎，這層緊密的連結反映在我們習慣把哲學界人士稱為「追隨者」（followers）。古羅馬人用拉丁文 solvitur ambulando（靠散步解決問題）形容許多哲學家，包括狄奧真尼斯（Diogenes）和聖奧古斯丁（Saint Augustine）等古代聖賢與中世紀哲人。散步這種不用學就會的體力活，可以因應不同的目的而做些改變。創意思考家靠散步釐清思緒，或是對問題另尋不同的見解與觀點。散步可以一個人獨行，也可以一群人為之，期間可以和自己對話或和他人交談。散步也能讓你走出辦公室，來個散步會議（譯註：又名走動式會議）。

許多思考家與實踐家認為，散步是每天的例行活動之一，可以兼顧運動及獨處。美國總統哲斐遜勸侄子靠散步放鬆精神並鍛鍊體力。他說：「散步時千萬別帶著書。散步的目的是放鬆腦袋，讓注意力遠離繞著自己打轉的事物。」哲斐遜言出必行，他會在早餐前散步，以便「甩掉瞌睡蟲」。他在擔任駐法大使時，每早漫步於巴黎街頭。當上總統後，則會抽出下午的時間散步或騎馬。英國作家路易斯（C. S. Lewis）準備牛津大學入學考時，養成整個早上苦讀、下午散步的習慣。這類散步是為了沉思而非聊天，路易斯寫道：「散步與聊天都會讓人非常開心，但是邊散步邊聊天不妥。」《思考的藝術》作者、英國心理學家格雷厄姆．沃拉斯，一天會散步幾哩路，一來抽離寫作，稍作休息，再者為講課備課，甚至藉此機會促進血液循環，畢竟他在大英圖書館已經坐了一整個早上。加拿大作家孟若每天散步三英里。狄更斯的諸多傳記作家之一寫道，他「每天散步與其說是習慣，不如說是享受，以及出於必要」。狄更斯會走上一大段路：通常是十或十二英里。際遇不順時，一個下午可能走個十八英里。為了人身安全，他會帶上豢養的大型犬之一隨行，尤其走在倫敦人煙較少的地區，有大型犬保護還是比較安心。他說，在忙碌的一天中散步三、四小時聽起來很久，但是他說：「我別無其他保持健康的辦法。」優步（Uber）執行長特拉維斯．卡拉尼克（Travis Kalanick）每週在總公司的室內田徑場走個四十英里。這可是很長的路，何況現在手機叫車這麼方便，多數人習慣搭車。但是商管書作者托尼．施瓦茨（Tony Schwartz）指出，許多注重補充體力的企業高階主管下午都會走路散步。

的確，散步會議是當紅趨勢，尤其受到矽谷實業家與執行長的追捧。大家也許覺得奇怪，像矽谷這樣靠工程師不顧健康長時間伏案賣命而致富的地區，竟然會這麼推崇散步會議，狂熱勁不輸搶購量身訂製連帽T或電動車。然而，一位高階主管指出：「多數軟體工程師的工作並非百分之百在寫程式，而是解決問題、思考、討論、激盪彼此想法。」散步會議有利於這些活動。賈伯斯喜歡在帕羅奧圖（Palo Alto）綠樹成蔭的街上散步，開散步會議。職業社交平台「領英」（LinkedIn）的員工，經常到總公司外濱海公園的腳踏車道與人行道散步。而谷歌位於山景城（Mountain View）的園區四周都設有人行步道。臉書總部在加州門洛帕克（Menlo Park），由法蘭克．蓋瑞（Frank Gehry）設計打造，在二〇一五年初正式啟用。巨大的開放式建築物（可能是世上最大的開放式建物），樓頂是九英畝大的屋頂花園，花園裡有條〇．五英里的步道[1]。數家公司在辦公室周圍圈出歷時約三十至五十分鐘的步道，或是讓員工在公司行事曆與日程表上預約「散步會議室」。

泰德．伊坦（Ted Eytan）醫師是凱撒醫療集團（Kaiser Permanente Center for Total Health）的醫療部主任，十多年前便愛上散步會議。他說，現代化辦公室讓大家久坐不動，影響心血管健康，降低身體抵抗力，鈍化了腦部活動。伊坦發現，在散步會議上，身體會得到刺激，散步半小時相當於一英里或一．五英里的運動量，腦袋也會更活躍。此外，散步會議可讓你獨處、保有隱私（這看似不符我們的直覺想法），這對在開放式空間工作的員工更顯重要。走在街上，遠離隔牆有耳，遠離同事，讓你不受外界打擾。有些人覺得散步開會，更容易開誠布公，討論私人或敏感話題，一部分是因為戶外環境讓人放鬆，不同於傳統一對一的辦公室會議，容易讓人不安與緊張。散步會議也區隔了員工之間的差異性，有些員工需要仰賴電腦簡報或是正襟危坐在辦公室，才覺得像開會，但有些員工真的是「靠腳思考」（think on their feet，譯註：原意是思考敏捷、反應快）。

對高階主管而言，散步會議有眾多實質的好處。領英執行長傑夫．韋納（Jeff Weiner）指出，散步會議「可斷絕讓人分心的事物，所以花時間在這上面更值得、更有成效。」一如其他執行長，韋納將上班時間切割得非常零碎：數十年前，電子郵件普及前，管理專家估計，執行長處理一個問題通常只能花兩、三分鐘，然後就得切換到下一個問題。

所幸散步會議打破了這個現象，替每個問題多爭取到幾分鐘的注意力。散步會議也提供機會，讓你施展魅力或激烈地討價還價。賈伯斯非常擅長利用散步聊天收攏心有不甘的合作對象；據說和祖克柏（Mark Zuckerberg）一起散步的人士包括高薪聘來的員工，以及臉書有意購併的新創公司創辦人。

一九三八年霍華德．弗洛里（Howard Florey）與恩斯特．柴恩（Ernst Chain）的散步會議，也許稱得上史上之最；會中，兩人決定合作開發抗生素盤尼西林。第一次世界大戰，許多軍人被機關槍、砲彈、氯氣所傷，但因為缺乏藥物，導致傷口嚴重感染。一九二〇年代，科學家已經發現，細菌如同化武庫，可以彼此以毒攻毒。一九二八年，亞歷山大．弗萊明（Alexander Fleming）發現青黴菌可以殺死致病的細菌。弗洛里與柴恩想知道，這種抗菌成分能否以人工方式合成，用以治療被細菌感染的傷口。弗洛里的恩師查爾斯．謝林頓（Charles Sherrington）建議弗洛里要住得夠遠，才能在往返住家與實驗室的路上「充分運動身體，提振精神」。弗洛里和柴恩走路回家時會穿過牛津大學公園，兩人一路上會腦力激盪，替研究專案尋找靈感。弗洛里與柴恩一九三九年開始研究盤尼西林，一九四一年左右，證實了它對人體的療效，二戰期間英、美等同盟國政府開始大規模生產此藥。二戰近尾聲時，盤尼西林拯救了戰場上數萬條人命，功不可沒，弗洛里與柴恩也因此摘下一九四五年諾貝爾生理／醫學獎桂冠。這也是戰後第一個頒發的諾貝爾獎項。

不少人認真地散步，降低抑制作用，釋放創意。諾貝爾經濟學獎得主赫伯特．西蒙（Herbert Simon，譯註：漢名為司馬賀）每天從家裡走一英里路到卡內基美隆大學的辦公室，他的女兒凱瑟琳（Katherine）說，這是他的「思考時間」。詹姆斯．華生與弗朗西斯．克里克（Francis Crick）合作研究DNA結構期間，習慣在午飯後到劍橋校園散步，聊聊早上的進度以及下一步該怎麼做。一九七〇年代末，丹尼爾．康納曼（Daniel Kahneman）、阿摩司．特沃斯基（Amos Tversky）、理察．塞勒（Richard Thaler）三人受聘為史丹福大學的訪問學者，他們喜歡走一大段路，爬到俯瞰行為科學高等研究中心的山丘上，互相激盪想法，最後這些想法成為行為經濟學的基礎。俄羅斯作曲家柴可夫斯基(2)早上散完步才開始工作，下午再出門散步兩小時。他的弟弟說：「他散步時多半在作曲，構思主題，摸索架構，草草記下主旋律的音符。」貝多芬下午會花很長的時間在維也納附近的森林散步，據說他那首〈田園交響曲〉就是在森林散步時獲得了靈感。美國作曲家林－曼努爾．米蘭達（Lin-Manuel Miranda）週日上午帶著狗在公園一邊散步，一邊為之前在家完成的音樂劇《漢密爾頓》（*Hamilton*）曲譜來個即興式填詞。

對物理學家而言，散步能釐清思緒，又不用完全擺脫難解的問題。尤金．維格納核子與粒子理論貢獻卓著，為他摘下諾貝爾物理獎殊榮。經常有人看到他在普林斯頓大學校園散步。他說：「我在室內待上幾小時，腦筋就沒電不運轉了。」但是一到室外散步，「思緒立刻開始奔馳，自然而然圍繞我深思的問題打轉。想法泉湧，不請自來，過沒多久，最好的解答從一團混亂中浮現。我發現自己能做什麼、應該做什麼，以及必須放掉什麼。」英國理論物理學家保羅・狄拉克（Paul Dirac）二十六歲受聘擔任劍橋大學的盧卡斯數學講座教授（Lucasian Professor of Mathematics，牛頓、查爾斯・巴貝奇〔Charles Babbage〕、霍金都曾擔任過），習慣在週日出門散步一整天。散步時，「我不會刻意去想工作。」他說：「我發現這時候最容易冒出新的想法。」

散步能放鬆並且有效轉移思緒的想法，受惠於建築師與神經科學家珍妮・羅伊（Jenny Roe）主持的研究，進一步推廣了散步的好處。她觀察愛丁堡散步人士的腦波圖，將腦波儀的電極貼片（EEGs）貼在他們頭上，記錄他們散步時的腦波活動。結果發現，她可以從腦波判讀受訪者什麼時候在公園和綠地散步，什麼時候走在擁擠忙碌的商業區：因為從車水馬龍的大街轉入公園時，他們的思緒比較平靜，情緒起伏較小，但他們並未完全放空。自然風景會占去我們若干注意力，但是還不到要我們全神貫注的程度：適當轉移我們意識層的注意力，讓潛意識不受干擾做它想做的事。

有時候散步不僅能鬆綁抑制力，給予創意思維更大的空間，也能讓一些深層的洞見從下意識浮到意識層。美國遺傳學先驅芭芭拉・麥克林托克（Barbara McClintock）列出紅黴菌完整的染色體，這個重大突破是她在史丹福大學附近長時間散步完成的，她在散步的路途上「非常認真、深至下意識層地思考」。當她突然想到答案——其他基因遺傳學專家二十年來一直找不到的答案，「開心地跳了起來，迫不及待衝回實驗室。我知道自己找到解決之鑰了。」十九世紀愛爾蘭數學家威廉．哈密頓（William Rowan Hamilton）在橋上與妻子一起散步時，悟出了奠定他地位的四元代數理論。他說，沿著都柏林皇家運河散步時，「一股潛伏的思潮不斷在腦海流竄，突然迸出一道火花。」法國數學家龐加萊說明自己發現富克斯函數（Fuchsian functions）的經過。他說期間有一系列「阿–哈」的時刻，包括搭公車、站在卡昂（Caen）海邊的峭壁、漫步於巴黎街上。

維爾納．海森堡在一九二七年深夜走在哥本哈根街上時，想到「測不準原理」（Uncertainty Principle）。在此之前，海森堡一直和自己擬的一個等式交戰，這個等式可以精準預測粒子動量，但算不準粒子的位置。他在大眾公園（Fælled Park）散步時，突然靈光一閃：說不定數學算式或模式沒有問題，說不定測不準是因為粒子的屬性使然？匈牙利發明家厄爾諾．魯比克（Ernö Rubik）沿著多瑙河散步時，想到一個關鍵性的設計，催生魔術方塊的誕生。魯比克當時任教於布達佩斯的應用藝術學院，希望魔術方塊的每一面能沿著三個軸線翻轉，要做到這點，顯然得縮小每個方塊，但他不知如何將二十六個方塊固定在一起，以免方塊翻轉時散開。時序進入春天，有天他沿著多瑙河散步，「看著河水流過碎石」，碎石下的激流給了他靈感，想到可用懸臂將小方塊的邊與角像卡榫一樣卡在一起。

想法與洞見無預警地冒出來，為一些重大發現增添了戲劇性，但是進一步深究後會發現，這些例子都符合沃拉斯的的公式與模式：準備、醞釀、豁朗。麥克林托克早在史丹福頓悟出關鍵答案的前幾年，就已和紅黴菌打交道，並已在實驗室卯足勁工作了一週。魯比克在多瑙河散步想出解藥時，已花了三個月苦思，家裡還堆了數百個魔術方塊的實驗品。龐加萊經歷了一開始走錯路、苦心研究數個月卻走進死胡同等難關，才得出富克斯函數。海森堡在哥本哈根的公園散步冒出突破性想法時，鑽研測不準原理已近兩年。哈密頓晚年表示，四元論問題「已糾纏我至少十五年」。上述哪個重大發現與突破不是經過長時間的準備、醞釀，最後才在靈光乍現的時刻無預警地浮出檯面？

邊走路邊工作的實驗

許多人反對散步有助刺激創意的說法。他們認為散步的人這麼多，就機率而言，當然可以找到在散步時頓悟或靈光乍現的例子。貝多芬、達爾文每天花很長的時間散步，魯比克、麥克林托克在散步時獲得突破，但這些實例不代表散步與洞見之間存在必然的關係。畢竟也有人宣稱在洗澡時突然找到解決難題的答案。

史丹福大學博士後研究員瑪麗麗・歐佩卓（Marily Oppezzo）說：「一位指導委員真的問我：『妳怎麼沒有考慮洗澡？』」我老實告訴委員會：「我可能通不過科學研究與倫理審查委員會（IRB）那關，他們不會准許我研究受訪者洗澡時在想什麼。」歐佩卓與教育系教授丹尼爾・施瓦茨（Daniel Schwartz），在二〇一四年共同發表了一篇廣被引用的論文，討論散步對創意的影響，這篇論文剛好也是兩人在校園散步時想到的點子。他們發現有許多零星的例子證明散步能刺激創意，只是迄無一人嘗試整理並提出量化數據，也沒有人釐清到底是不是散步本身刺激了創意，還是因為走出辦公室、受到自然界洗禮等其他因素激發了創意。

歐佩卓與施瓦茨設計了四個實驗，使用標準心理測驗工具評量創意，而且可在受訪者散步時評量。在第一個實驗裡，學生接受兩種測驗，一個是基爾福（J. P. Guilford）的「替代功能測驗」（AUT），評量學生的創意性發散思維，以及「複合遠距聯想測驗」（Compound Remote Associates Test, CRA），評量學生的聚焦思維。AUT測驗中，受訪者得在指定的時間內，針對一個常見物品想出各種不同的功能，研究員會記錄受訪者想到的功能種類，並評量其可行性。舉例而言，被問到筷子有哪些替代性功能時，答案可能包括充當iPad的支撐架、當紙鎮壓著書頁等等。這些答案在可行性的部分可拿高分，但是充當太空船，雖然充滿想像力，在可行性上不會得高分。在CRA測驗裡，受訪者會拿到三個單字（例如**生意**、**打電話**、**圖表**；或是**乳酪**、**學校**、**松樹**），然後必須想出和三個字有交集的第四個字（給大家一分鐘，想想這兩題的答案）。作答速度可評量學生有多擅長聯想到不太可能的答案，這正是創意的特徵之一。對了，剛剛的答案分別是**紙卡**（card）與**木板**（board，譯註：亦有董事會之意）。歐佩卓與施瓦茨選擇這兩種測驗，是因為它們各有要凸顯的創意面向：第一種測驗採開放式的答案，作答者須具備想像力；第二種測驗要求提出具體的解決方案。

歐佩卓與施瓦茨要求學生先做AUT測驗，再做CRA測驗（若先做CRA，表現不佳的話，會影響後續測驗的表現）。一開始，學生坐在普通的室內作答，然後全部站在健走機上，設定好適合自己的速度，再次接受AUT與CRA測驗（當然題目也換了）。務必讓學生自己設定速度，而非統一大家的速度。歐佩卓解釋道：「若強迫大家速度一致，不得用自己習慣的步調，會影響受試者的注意力，進而降低在某些工作與活動上的表現。」

結果非常顯著。在AUT測驗，八一%學生在健走機上的表現優於坐著作答，但進行CRA測驗時，僅二三%學生在健走機上的表現優於坐著作答。其實，他們從坐著作答轉為走路作答後，CRA的平均成績甚至稍稍下滑。許多研究也顯示，需要聚精會神、注意細節的工作，若一邊散步一邊做，會影響表現成效。歐佩卓說：「大家無須在健走機上工作，也不用換張可邊健走邊辦公的桌子，因為可能只有兩、三種特殊思維模式的人適合這種作業方式。」

有沒有可能多練習幾次，測驗的分數就會提高？有沒有可能分數提高並非因為散步之故呢？在第二個實驗，歐佩卓與施瓦茨打亂順序。讓一些學生先站在健走機完成AUT測驗，才坐下回答（走–坐組）。還有一些學生先坐著作答，再站在健走機上（坐–走組）。第三組學生全部坐著作答，徹底排除運動這個影響因子（坐–坐組）。

結果，運動與創意再次出現顯著的關係。坐–坐組的第二次測驗成績低於第一次測驗，顯示練習不會改善表現，反而有反效果。在坐–走組，一開始的成績和坐–坐組不相上下；不過等他們移到健走機上，成績立刻飆高。真正讓人感興趣的是走–坐組的表現。相較於坐–坐組與坐–走組，走–坐組的第一次測驗成績顯示其創意明顯高於前兩組。在〇至十五分的量表上，他們可得十二分，而坐–坐組僅得四分。等走–坐組坐下，創意表現雖會下降一些（約九分），但第二次的測驗表現不輸坐–走組。換言之，走路一開始便對創意有顯著的影響，影響力之強，就連後來學生坐下回答都繼續存在。

歐佩卓與施瓦茨走到戶外進行第三個實驗。對一些使命必達、不輕言放棄的主管而言，也許喜歡有張能讓他們邊健走、邊做事的辦公桌（儘管健走機暗喻在原地打轉，似乎更像諧星卓別林，而非企業集團的執行長查爾斯．科赫〔Charles Koch，譯註：科氏工業集團執行長〕）。但我們多數人泰半對此視而不見，繞著它匆匆而過。這次歐佩卓與施瓦茨又召集了一批學生（所幸舊金山灣區不乏大學生），將他們分成四組：坐（室內）－坐（室內）組、坐（室內）－走（室外）組、走（室外）－坐（室內）組、走（室外）－走（室外）組。這次坐－走組在AUT的表現上，新意與創意顯著增加，平均分數從四分勁揚到十分。走－坐組一開始出現十分，後來略微下降到九分，一如第二次的實驗結果。走－走組的表現從八分微升到九分。

至於坐－坐組呢？分數介於四至五分。

在最後的第四個實驗，歐佩卓與施瓦茨再次將學生分成四組：一組在室內坐答（內坐組）、一組在室內的健走機上作答（內走組）、一組在校園走路（外走組）、一組坐在輪椅上被人推著走在同一所校園（外坐組）。每一組都接受名為「符號等值測驗」（Symbolic Equivalence Test, SET），受試者得針對一句陳述句（例如風吹葉）想出可能的隱喻或類似影像，這個測驗的發明者法蘭克·巴隆（Frank Barron）自己的等值聯想是「百姓看到大軍壓境慌亂而逃」、「手帕在烘乾機裡活蹦亂跳」。

再一次，走路組的分數優於坐下組。但有趣的是，室內健走機這組的分數和室外走路組的分數差不多，顯示走在室外，心曠神怡的風景有助於心情放鬆。提升創意的假說，不足以解釋為什麼內走組看著空蕩蕩的牆壁，在SET的表現和外走組差不多，也不足以解釋何以內走組的表現優於外坐組。

歐佩卓坦言：「出乎我們意料之外，空蕩蕩、沒有家具的房間，還有室外工地的噪音，竟然也有好處。」她說：「房間放了桌子與健走機之後，幾乎沒剩什麼空間，而且沒有窗戶，因此它的效益才讓我們詫異。」跟我們多數人一樣，兩位研究員之前以為，環境對於刺激創意有其重要性，所以應該待在舒適宜人的環境，而非空心磚隔出的小房間。這也是歐佩卓與指導教授何以選擇邊散步、邊交換意見的作業方式。

不過實驗發現，外走組在發散思維（譯註：亦稱輻射思維）的測驗分數高於外坐組，外走組的分數更遠高於內坐組，但是外走組的分數並未高於內走組。

換言之，待在戶外與刺激創意無關，走路本身才是讓人更能發揮創意的主因。為什麼走路有這樣的好處？沒有人有絕對中肯的答案。歐佩卓說：「可能是心情使然，抑或是走路只需花費夠用的注意力，讓腦子浮出看似無關的聯想與可能。」她接著說，也可能是走路「會讓更多想法冒出來」。

若你依舊懷疑創意人士真的會刻意將散步融入創意的生活裡，不妨想想許多靠創意維生的人士時時刻刻攜帶筆記本去散步。柴可夫斯基的許多樂章始於他在森林漫步時匆匆寫下的音符，等回到家再進一步推敲琢磨。貝多芬花很多時間散步，散步時會帶著紙筆。這兩位音樂大師邊散步、邊作曲，想到一個點子的大概輪廓，安心地將它收進筆記本，然後讓心思再次馳騁。同樣地，生理學家漢斯·謝耶也帶著筆記本外出散步，讓心思遠離旁枝末節、煩瑣雜事等「資訊污染」，轉而思索更嚴肅的課題，不過得在「我能承受的範圍內」。愛爾蘭數學家威廉・哈密頓散步時會攜帶「袖珍筆記本」，匆匆寫下想到的點子。林–曼努爾・米蘭達週日早上散步時也會帶著筆記本，邊走邊為《漢密爾頓》音樂劇填詞。美國導演比利・懷德（Billy Wilder）隨身帶著黑色筆記本，寫下想到的對白、角色、劇情，有些內容十年後成功登上電影銀幕。例如他執導的《公寓春光》（*The Apartment*），一開始的雛形始於他在十多年前看了英國導演大衛・連（David Lean）的電影《相見恨晚》（*Brief Encounter*）後匆匆寫下的雜想。西班牙名廚及分子料理之父費蘭・阿德里亞（Ferran Adrià）說：「我一定隨身攜帶鉛筆，鉛筆已是我的一部分。」就連在自己的餐廳鬥牛犬（El Bulli，他在餐廳站立的時間居多），「我總是不停地寫——做筆記、匆匆寫下想法。」

就算不帶筆記本，他們也會想出類似做筆記的辦法。英國政治哲學家湯瑪斯・霍布斯（Thomas Hobbes）散步會帶著手杖，手杖的握把裝了一個墨水匣，他想到什麼，就拿筆蘸墨水寫在釘在木板上的紙上。德國偉大的數學家大衛・希爾伯特（David Hilbert）散步時會將想法寫下來，但他完全不用筆記本：他在花園裝了一個有棚子遮風擋雨的黑板，他和助理在花園散步或整理花床時，想到什麼就把想法寫在黑板上。

走路也能成就大事

歐佩卓與施瓦茨在史丹福的實驗，以及珍妮．羅伊在愛丁堡的研究，兩者都顯示散步刺激創意的想法禁得起科學的驗證。散步對最需要全神貫注的剖析式思考不會有顯著好處，而走路與創意之間的關係也仍有很大的研究與學習空間，不過這麼多哲學家、作曲家、作家、畫家，加上近來求新求變的企業高階主管（抑或他們只是重視養生），悉數讓散步在他們的創意生活裡扮演要角，絕對有十足的理由。散步看似不像需要動腦的活動，多數時候是純實用或純休閒，但是我們可以學著善用散步與走路，提升我們的思考能力。

有關散步與思考的故事多半出自練習並實踐多年的人，但這些例子也阻擋我們認清一件事實：我們其實可以駕馭散步的好處。一些例子顯示（一如其他形態的用心休息），靠走路刺激創意是可以培養與累積的技能。芭芭拉．麥克林托克的經歷顯示，我們可以經由學習駕馭思維。她告訴她的傳記作家，她小時候便發現自己可以專心做某件事，全心投入至渾然忘我的程度，甚至忘記自己叫什麼名字。念研究所期間，她學會將自己注意力超強的「特異功能」應用在科學研究上，並慢慢覺知到潛意識什麼時候在運作，幫忙解決問題。她透露，在史丹福期間的散步，是她第一次意識到自己已能駕馭思緒。紅黴菌的插曲讓她理解自己可以善用散步啟動潛意識，「讓潛意識服務科學，協助找到重大突破。」麥克林托克說，之前都是零星而不連貫地讓潛意識代勞，但是到了史丹福之後，她「只要有需要，可隨時召喚潛意識」。之前她在紐約冷泉港（Cold Spring Harbor）實驗室工作多年，她聰穎、表現傑出，負責艱澀棘手的專案。她也花很多時間散步，一邊走路，一邊想辦法處理難題。麥克林托克一邊散步，一邊駕馭直覺的能力，讓她找到「跳躍基因」這個遺傳學上的革命性突破；跳躍基因是DNA的一小段序列，能從DNA染色體裡的一個部分轉移到另一部分，這項發現讓她在一九八三年摘下諾貝爾生理／醫學獎殊榮。一如齊克果，麥克林托克靠雙腳走出一流的思想。

6 小睡片刻

我常常午睡。通常午飯後就昏昏然，躺在沙發上夢周公。三十分鐘後，神清氣爽。一覺醒來，身體不會懶洋洋，神智也完全清醒。

——村上春樹

培養午睡的技能

倫敦有個不太像博物館的博物館，位於財政部的地下室，介於唐寧街十號的首相官邸與國會大廈之間。這間邱吉爾博物館，是二次大戰期間時任首相的邱吉爾和內閣部長、軍事將領的地下辦公室。裡面隔出數個小房間，充當辦公室、宿舍、餐廳，供首相及其幕僚、內閣首長、將領使用。這些小房間隱身在可防彈、厚達五英尺、強化鋼筋水泥的天花板之下。在二戰期間，多達數百人在此工作，包括行政職員、祕書、將領、部長。而今這些空間，被邱吉爾留下的豐功偉業與回憶占滿。展出的照片與史料，記錄他起伏的政治生涯、他過人的精力捍衛了英國及帝國、他滔滔雄辯的口才與寫作本領、戰爭期間每天的作息，以及他結合政治機會主義、務實主義、理想主義的特色。但是有關他工作作息的描述非常簡短，只在導覽的尾聲提了一下：他每天有午睡的習慣。

邱吉爾本人認為，中午必須午睡才能維持頭腦清晰、恢復體力、提振精神。一戰期間，他已養成午睡的習慣[1]，當時他入閣擔任海軍第一大臣。當了首相之後，就連德國納粹轟炸倫敦期間，他也堅持午睡，午餐後回到他在地下辦公室專屬的臥室，換衣上床休息一至兩個小時。除非剛好碰上德國戰機轟炸，否則睡醒後他會前往唐寧街十號洗個澡，換上乾淨衣服，才返回工作崗位。邱吉爾的貼身男僕法蘭克・索耶（Frank Sawyers）透露：「這是邱吉爾每日例行活動裡絕不能變更的規矩之一[2]，他絕不錯過午休。」

午睡讓他保持精力，而他不管外面轟炸、照睡不誤的冷靜態度，也激勵了閣員與軍官。在國會殿堂無聊的辯論過程中打瞌睡是一回事，在炸彈逼近眼前依舊照睡不誤，顯示邱吉爾對部屬非常有信心，也代表他深信黑暗的日子終會過去。邱吉爾不是盟軍裡唯一一位固定午休的領導人。喬治・馬歇爾（George Marshall）勸艾森豪每天抽時間固定午休。在世界的另一頭，太平洋司令部為了配合麥克阿瑟將軍的午休時間，重新調整活動時間表。他的傳記作家威廉・曼徹斯特（William Manchester）表示，自麥克阿瑟擔任西點軍校校長以來，下午睡個覺是每天固定的作息之一，「鮮少改變。」（反之，希特勒在人生巔峰期，作息非常不正常。盟軍在一九四四至四五年逼近德國時，他可以一連幾天不眠不休，靠安非他命、古柯鹼及其他藥物提神。）

邱吉爾是許多領導人仿效的模範，至少兩位美國總統受他激勵，也養成午休習慣。美國歷史學家小亞瑟．史列辛格（Arthur Schlesinger Jr.）透露，甘迺迪總統對「邱吉爾以一流口才盛讚午睡的好處，留下深刻印象」。所以甘迺迪當選聯邦參議員之後，也學邱吉爾在國會放一張吊床。後來入主白宮，甘迺迪通常在午餐之後午睡四十五分鐘。和邱吉爾一樣，他不會睡在辦公室，而是到自己的臥室，換上睡衣，躺在床上休息。甘迺迪的接班人詹森（Lyndon Johnson）總統，也會從一天忙碌的行程中抽出時間午睡及沐浴。（躺下來休息不僅是因為舒服，根據中國睡眠科學實驗室所做的研究發現，睡姿會影響熟睡、疲勞、情緒、警覺的程度，而躺著午睡會比坐著午睡更能達到休息的成效。）

政治人物也許不需要創意，但國家有難時，身為一國的領導人，或是肩負複雜作戰計畫的將領，或是在瞬息萬變的產業擔任執行長，這些人都需要具備和藝術家一樣的彈性，以及洞悉問題的觀察力。戰時帶領人民打仗，穩住幅員廣大的帝國，以免因外力威脅及殖民地的獨立運動而分崩離析，和羅斯福與史達林談判磋商，並且擺平矛盾對立的要求，這些在在逼著邱吉爾展現過人的創意。因此保留時間午睡是邱吉爾「不容討價還價的習慣」，這一點毫不令人意外。創意人往往會視自己的精神狀態，隨時調整，讓身心合拍；一如頂尖運動選手會根據自己的身體狀況與體能，絕不勉強，以免受傷。因此，需要長時間工作的創意人，或是從事的工作挑戰性高、需要想像力與靈活應變能力的人士發現，午睡能幫助恢復抖擻的精神。睡眠專家發現，就連短時間的午休都能有效地替神智充電。午睡甚至能催生新的想法。這些睡眠專家的研究顯示，人不妨計算午睡的時間，看看睡多久最能達到睡眠提供的創意能量，以及怎麼睡才能確實恢復體力，並觀察清明的神智與潛意識之間的交流。換言之，午睡已是一種技能。

午睡施展的魔法

對許多創意人而言，午睡是每天的作息之一。美國小說家雷．布萊伯利一九四九年創作《火星紀事》（*The Martian Chronicles*）時，租用父母的車庫充當辦公室，辦公室距離自家很近，騎腳踏車一下子就到。他早上待在辦公室，每天下午兩點返家午睡，睡醒後再回辦公室，工作到晚上。英國作家托爾金（J. R. R. Tolkien）也一樣，早上教完書就會回家吃午飯並午睡，下午再返回辦公室。（回家吃午飯的習慣原本很頻繁，後來因為往返太花時間，愈來愈難維持。）美國小說家強納森．法蘭岑（Jonathan Franzen）撰寫《修正》

（*The Corrections*）時，發現了午睡的好處。在此之前，他才剛戒菸，少了在精神不濟時靠抽菸休息一下的習慣，改以在中午「舒服睡個飽覺」取代。時間不必長，大約二十分鐘，就「恢復抖擻的精神，直接回到書桌前伏案書寫」。那幾週「是我寫作狀態最好的時期之一」。他後來說：「也是直到那時候，才覺得自己是個作家。」日本作家村上春樹有睡能量覺（power naps）的習慣，而且睡得「很凶」。他寫道：「通常午飯後就昏昏然，躺在沙發上就睡了。」三十分鐘後，「一覺醒來，身體不會懶洋洋，神智完全清醒。」科幻小說家威廉．吉布森（William Gibson）也會在午飯後小睡一下。他說：「午睡對我的生活是必需品。」他午睡時不會想寫作的事，但他的確感謝「那種與睡眠相鄰的狀態，神智逐漸甦醒的感覺」。德國作家湯馬斯．曼完成早上四小時全神貫注的寫作後，下午會小睡一個小時，然後處理信件或撰寫短篇文章。史蒂芬．金將工作日簡單分成三個時段：早上寫作，下午「午睡與處理信件」，晚上是自由活動時間。

就連知名的工作狂，也會在百忙中每天抽出一點時間午睡。巴西建築師奧斯卡．尼邁耶（Oscar Niemeyer）儘管已經九十多歲，每天待在里約熱內盧的工作室時間不少於十小時，他習慣在午餐後躺下來小睡。法蘭克．洛伊．萊特與路易斯．康（Louis Kahn）這兩位建築師是業界有名的工作狂，但兩人下午都會午睡，躺在硬實的床墊上，以免睡過頭。美國科學家愛迪生（Thomas Edison）習慣長時間待在實驗室，這點在科學界眾所周知（一部分是因為他逢人就說自己多賣命），但是他有個過人之處，能在很短的時間內入睡，睡得又深又飽，一、兩個小時後醒來，精神也恢復得差不多了。愛迪生的私人祕書艾佛瑞德．泰特（Alfred Tate）形容找時間小睡一下是愛迪生的「祕密武器」。他直言：「愛迪生在睡眠上的天分不輸他發明的天分。」亨利．福特有次造訪愛迪生的實驗室，意外發現愛迪生竟然在睡覺，無法接待他。福特告訴愛迪生的助理：「我以為愛迪生先生很少睡覺。」他的助理答道：「哦，他是睡得不多，但常常小睡一下。」

對一些人而言，下午小寐可以拉長一天的工作時數。邱吉爾下午午睡與淋浴的習慣也許吹毛求疵了些，但是他的貼身男僕索耶表示：「抽離工作崗位、徹底休息的習慣讓他把兩天當一天使用——他的工作量的確是一般人的兩倍，也把傳統一天工作八小時當成十六小時使用。」詹森總統下午會睡個長覺，因此一天「分成兩班制」：早上六點上班，凌晨二點結束。建築師萊特也勸學生下午「絕對要小寐一下」，因為午睡「可以將工作日一分為二，有助於恢復創造力」。

午睡不僅讓人恢復體力，還能提升創意

午睡為什麼對我們有利？最明顯的好處是提升警覺性、消除疲勞。小睡個二十分鐘能

恢復專注力，替疲憊的身體注入能量。但是規律性午睡還有其他好處，這裡指的是養成午睡習慣，而非一次性的午睡。

每天午睡可以提升記憶力。大腦會利用晚上好好睡一覺修復記憶力，同樣也會利用午睡強化剛剛學到的東西。神經科學專家莎拉．梅德尼克（Sara Mednick）發現，白天小睡一個小時或一個小時以上（足以讓人做夢的程度），有助於提升記憶力與感知學習（perceptual tasks）。她發表於二〇〇三年的研究，要求受試者在早上學習如何分辨紋理（texture discrimination task, TDT）。若你曾經到過眼科檢查眼睛，你可能會接受周邊視力測試：專心盯著大螢幕中心的亮光，若看到中心以外的區域出現亮光就按鈕。梅德尼克的測試和這有些類似。受試者會在視野內看到好幾條水平線，中間擺著字母L或T。在左下角，一些水平線會不定期地變化為斜線，受試者一旦看到變化（不管線線相連，形成橫線或垂直線），都必須示意，並告知中央不動的目標物是什麼（這麼做是希望受試者不會一直盯著左下角）。測試雖然簡單，但我們人腦就是為了這類視覺辨別（visual discrimination）而設計的，很快就能駕輕就熟。

測試之後，受試者被分成三組。其中一組完全不午睡，繼續像平常一樣生活與作息。另外兩組下午分別睡一小時跟九十分鐘。然後每一位受試者在傍晚再接受一次測試。沒有午睡的那一組，第二次的表現不如第一次。梅德尼克發現，至於午睡過的受試者，有三分之一的人兩次成績差不多，不過另外三分之二的人，第二次測試的表現大幅超越第一次。

因此午睡可以協助大腦恢復組型辨識能力（pattern recognition）。但是為什麼午睡的受試者會出現兩種不同的結果？不只是因為午睡時間有別：小睡九十分鐘的志願者幾乎都在高成就組，而睡一小時的受試者，表現則有高有低。梅德尼克分析他們午睡時的EEG腦波圖，發現了答案。入睡後，會經歷九十至一百一十分鐘的週期，依序是淺眠、深層的慢波睡眠、快速動眼期（REM）睡眠三個階段。在快速動眼期，雙眼會快速轉動，腦波再次加快，也比較容易做夢。慢波睡眠與快速動眼期之間的長短與平衡，會隨著何時睡著及疲憊程度而改變。有些人午睡時會進入慢波睡眠，有人則是慢波睡眠與快速動眼期睡眠兩個階段都會經歷。慢波睡眠志願者在早上與傍晚各一次的測試表現差不多，而經歷慢波睡眠與快速動眼期睡眠的志願者，第二次測試的成績都在高成就組。最後，梅德尼克要求志願者在隔天早上以及兩天後再度接受測試。經過一晚的休息，每個志願者的成績都提高了，但是有午睡的志願者成績上升的幅度遠高於沒有午睡的志願者。

其他研究員發現，儘管只是短時間小睡一下，也能提升記憶力。德國杜塞道夫大學的研究員拉爾（Olaf Lahl）讓兩組學生看一張單字表，兩分鐘看完三十個單字，然後要求他們盡己所能，能背多少單字就背多少。其中一組在測試前可以午睡最多一小時，另一組則完全不能午睡。結果發現，午睡過的學生記住的單字遠多於沒有午睡的學生。在第二項實驗裡，一組學生不得睡覺，必須一直保持清醒；第二組學生則可以愛睡多久就睡多久（平均睡眠時間是二十五分鐘）；第三組學生睡五分鐘之後會被叫醒。拉爾發現，儘管只是小瞇五分鐘，記憶力都會顯著提升；雖然不如睡更久的那一組，但結果依舊有統計上的顯著差異。

午睡的好處不僅限於人類：老鼠的認知能力也因為午睡而提高。倫敦大學學院的神經科學家雨果・斯皮爾斯（Hugo Spiers）與佛瑞雅・歐拉夫斯多提爾（Freyja Ólafsdóttir）主持的研究，發現了午睡的這個好處。他們將電極導線植入老鼠的腦袋，然後將老鼠放在T型的簡單走道裡，T字短臂的兩端掛著食物，老鼠沿著T字長臂上下跑動時，可以看到橫臂上的食物，知道要去哪兒才拿得到食物，可惜路被堵住了。位置細胞（place cells）是一組具有特殊功能的腦細胞，可以儲存資訊，包括你去過哪些地方，也能當導航員，帶你去你想去的地方。老鼠休息時，腦子的位置細胞特別活躍，因為記住橫臂上掛著食物的位置細胞亮燈了；記住長臂上沒有食物的位置細胞卻未亮燈。老鼠的大腦似乎能「播放」地圖，顯示通往食物的路徑，牢記食物在哪兒的新資訊，並想像未來該怎麼善用。

午睡同樣能協助員工少犯一些錯誤，避免不當行為。芝加哥大學研究生珍妮佛・高德施米德（Jennifer Goldschmied）研究發現，午睡能提高情緒管控與自控的能力。她測量志願者的受挫容忍度，給他們一張紙、一支鉛筆、一組圖案。受試者必須複製圖案到紙上，但不得讓鉛筆離開紙張，也不准把圖案放在紙張下依樣描摹。他們並不知道，其中一半的圖案若不打破上述任何一個規定，根本無法複製。他們以為測驗的目的是測量他們的視覺敏銳度，或是解決問題的能力，但高德施米德真正的用意是想知道他們在放棄前，會花多少時間克服難關。結果發現，志願者完成這項挫折承受力測試（Frustration Tolerance Task）之前若有小睡，相較於沒有小睡的對照組，不太會放棄、較不衝動，也較能應付挫折。另外，美國心理學及行為經濟學教授丹・艾瑞利（Dan Ariely）與克里斯多福・巴恩斯（Christopher Barnes）所做的研究發現，長期身心疲勞會降低一個人的自制力與決策能力，相較於有充分休息的同事，他們更容易一時衝動而作弊。

二十分鐘的能量覺能讓你睡出活力，提升警覺性並恢復清明神智。但是睡眠研究員梅德尼克認為，留意自己於一天中何時小寐，根據自己的睡眠週期、活力與注意力的高低消長，安排較長的時間打盹（這些都會遵循所謂的亞晝夜節律〔ultradian rhythm〕，意指短於二十四小時的節律與週期，體力、注意力等可能在一天之內重複上升、下降）。梅德尼克表示，若多留意這些變化，可以提升午睡或小寐的效力，睡出體力與精神，提振創造力，加強記憶力。

梅德尼克率先以科學方法測量小睡的好處。她在一九九〇年代末就讀哈佛研究所期間，睡眠科學家已經研發一套完整的工具，用於研究夜間睡眠與睡眠剝奪（sleep deprivation，譯註：又譯睡眠不足）對記憶力、警覺性、感知能力的影響。梅德尼克借用其中一些工具，研究午睡（小寐）的效能。在她之前，小寐的研究多半針對輪班工作及睡眠不足，沒有人注意小寐對於生活壓力大、工作要求高、但作息較規律的人有何影響，例如他們的認知表現或警覺性。研究結果出乎她的意料，發現六十或九十分鐘的小睡對於提升認知的功效不輸睡飽八小時。（但這並不是在鼓勵大家捨棄晚上睡覺，改以午睡取代。午睡的功效並非如此。）此外她發現，記錄自己午睡的週期（循環）會影響淺眠、快速動眼期睡眠、慢波睡眠的分配與平衡，也會影響你從午睡中獲得哪種好處。

睡眠專家長期觀察到人之所以需要睡眠，是因為兩件事驅動：睡眠壓力（sleep pressure）與身體內部時鐘（二十四小時為週期的晝夜節律）。睡眠壓力讓身體產生想睡覺的需求，正常情況下，到了晚上會讓我們昏昏欲睡。隔天早上，神清氣爽地醒來，睡眠壓力會降到最低，隨著白天將盡，又慢慢升高，直到晚上升至最高點。晝夜節律會影響警覺性。正常情況下，早上八點與晚上八點這兩個時間點，警覺性最高。下午一、二點警覺性稍降，然後開始上升，直到晚上七、八點左右才止住。

晝夜節律與睡眠壓力的週期各自獨立作業。正常情況下，兩者會同步：上床睡覺時，晝夜節律明顯減弱，下降到最低，睡眠壓力卻升到最高；一覺醒來時，晝夜節律再次升高，睡眠壓力則下降。但可能因為時差、值夜班、不固定的工作時間，打亂了晝夜節律與睡眠壓力的同步現象。

晝夜節律與睡眠壓力這兩個週期，會決定哪一種睡眠適合你。睡眠壓力升高時，身體需要的是短波睡眠。這也是為什麼晚上睡覺時，第一階段多半是深沉、恢復體力的短波睡眠。隨著夜更深，睡眠壓力降低，對短波睡眠的需求也隨之下降。到了三更半夜，晝夜節律降到最低點，然後又開始往上爬；這時睡眠會進入快速動眼期。醒來時，腦部會清醒活躍個幾小時。

梅德尼克發現，善用睡眠壓力、晝夜節律、睡眠形態之間的關係，可為自己量身訂做一套適合自己需求的午睡模式。早上睡醒後約六小時，體內的晝夜節律逐漸下降，人開始想打瞌睡，尤其是忙了一個早上以及吃了午飯後。在下午一點左右，來個二十分鐘的能量覺，足以讓你恢復精力，不再懶洋洋、昏沉沉：若午睡時間短，醒來時依舊相當警醒，可以快速回到工作崗位。若延長到一個小時，晝夜節律與睡眠壓力會讓午睡的快速動眼睡眠與短波睡眠差不多一樣長。反之，若午睡提早一小時（在早上睡醒後約過五小時），午睡的週期又會不一樣，會有更長的快速動眼睡眠與較短的慢波睡眠。這類午睡會稍微提升人的創意：你可能會做夢，讓潛意識參與最近手邊在忙的工作。若將午睡時間延後一小時（早上起床後約七小時），身體會需要更多的休息，一小時的午睡會出現較長時間的慢波睡眠，用意是讓身體恢復體力，而非提升創造力。

每個人的午睡並無顯著或戲劇性的差異：沒有一段午睡從頭到尾只有一種睡眠階段，也沒有人睡個午覺就神奇地變成像愛因斯坦之類的天才（值得注意的是，愛因斯坦的確有午睡的習慣）。大家也別忘了，實驗室有關記憶力、認知能力、創造力等研究，和現實世界的創造力與工作存在著落差。我們鮮少有人在工作時被要求只要記住幾串數字序列或是幾張圖，也不會要求你對膠帶另外想出幾種罕見奇特的用途。但是就如同歐佩卓研究走路能啟發創意與靈感，梅德尼克研究小睡的好處，指出歷史上為什麼有這麼多全心投入於工作、競爭力強的人士，會在下午中斷手邊的工作小寐休息一下，以及午睡為什麼對他們有好處。不管是政治人物還是詩人，只要是創造力強、工作效率高的人，會和農場工人與技工一樣有午睡的習慣。他們偏好在午飯後小睡，這時的午睡，快速動眼睡眠與慢波睡眠持續的時間差不多。當然，每一種午睡都有好處：創意工作需要腦力與體力，因此恢復體力的小睡和刺激創意的小睡一樣有用。總之，睡覺絕非浪費時間。

超現實主義者在半夢半醒時尋找靈感

雖然很多有活力、有創造力的人士發現午睡能替身心充電，僅有少數人善用午睡提升洞悉力。這些人比較少見，但值得我們探索他們的午睡方式，以及他們如何從中獲益。

美國作家愛倫坡（Edgar Allan Poe）[3]宣稱他的文學實驗不斷精進，靠的是在進入夢鄉前稍事停留，克制倦意，不讓自己「縱身跳入夢鄉」，保持「身心都在最佳健康狀態」，此時「清醒世界與夢境合而為一」。法國詩人安德烈・布勒東（André Breton）是超現實主義的創始人，一九一九年生涯出現了突破，這期間他「完全獨處，瞌睡蟲一步步逼近」，開始冒出「多少還算完整的句子，心（mind）感覺到這些句子存在，但自己找不到為這些句子預作準備與努力的痕跡（就算巨細靡遺地分析，也找不到蛛絲馬跡）」。科幻小說作家威廉・吉布森說：「午睡對我而言有其必要。求的不是做夢，而是快睡著的狀態，這時心思還是醒著的。」這些作家學習如何在半睡半醒的假眠狀態（hypnagogic state）逗留。

但是最熱中、也最有系統善用午睡催生創造力的藝術家，是西班牙畫家達利（Salvador Dalí），他在一九四八年出版《魔術藝能的五十個祕密》（*Fifty Secrets of Magic Craftsmanship*），書中公開他創作的祕訣。書中很多的建議之超現實，一如各位的預期。音樂巨擘貝多芬早上會不厭其煩地數出六十顆咖啡豆，磨成粉後煮出一杯咖啡，但是和達利的作法一比，簡直是小巫見大巫。達利將鱸魚眼睛浸在茴香裡烹調，從中擷取靈感。根據他的觀察，「用合適的氣壓設備」對魚眼「逐漸加壓，有助於浸在顏色裡做夢」，這個觀察的確讓人有些毛骨悚然。相形之下，他對於該怎麼午睡，以及該如何善用午睡刺激創造力提出的建言，反而更為實用。做夢是潛意識在混沌狀態下的產物，但達利發現可以有系統地駕馭夢境。一如其他創意人士，達利刺激靈感的方式非常講究條理與秩序。

達利主張，只有在畫家睡著時才真的在作畫，尤其是新作品開工的前幾個夜晚特別重要。他呼籲讀者切勿以為睡覺是「不活動、不關心」，實情剛好相反。他說：「就是在睡覺時，你會不知不覺地深入靈魂，解決複雜、難捉摸的技術問題，這些問題在意識清醒時，你絕對解決不了。」反而是在夢裡（亦即睡眠中），「工作的核心部分已經完成。」套用沃拉斯的術語，準備階段與醞釀階段發生在藝術家醞釀與準備一件新作品時，這時畫家主要是素描打草稿或盯著畫布。豁朗階段發生在藝術家做夢時，但靈感鎖在藝術家做夢時的心境裡。

關鍵就在於藝術家得想辦法把這些靈感釋放出來，顯現在畫布上，亦即怎麼樣讓清醒的意識攜著潛意識完成的作品。超現實主義者從佛洛伊德理論得知，一個人可以透過訓練，重新想起夢境的片段。他們有各種方法接觸無意識層的活動。達利與夢裡畫作（潛意識層畫出的作品，只等著被發現）對話的方式名為「帶著鑰匙進入夢鄉」。

睡眠時間其實很短。他建議：「午睡必須少於一分鐘，或少於十五秒。」理由有二。睡太久會讓你成為「睡奴」，接下來一整個下午都昏昏欲睡，無法專心工作；再者，勞力工因為「體力操勞過度」，習慣長時間午睡，但藝術家不可如此。短短小瞇一下足以讓夢境的靈感浮現，又不會長到讓你忘了這些靈感。站在「睡夢與清醒之間那條緊繃的隱形線上」，若能維持平衡，可讓你進入一種狀態，既能接觸潛意識的創意，又能發揮意識層的記憶力。

為了做到這點，達利勸讀者小睡時坐在實木扶手椅上（最好是西班牙式），雙手攤在椅子兩側，手掌向上。左手的大拇指與食指捏著一把重鑰匙，「讓自己漸漸進入靜謐的午睡國度，靈魂恍若喝了一口茴香酒，在宛如方糖的身體裡升騰。」

當你開始打盹，手會放鬆，鑰匙掉落地面，落地聲（最好掉在地板上的金屬盤裡）會讓你在數秒內醒來，而幾秒前在夢裡出現的一些畫面，不用費神就記得住，因為你並未熟睡，意識仍保持在夠清醒的狀態，能輕易記住這些畫面。

只有幾分鐘的半夢半醒狀態（快睡著時被驚醒，素描或寫下鑰匙掉落地面前幾秒在心裡浮出的畫面，然後恢復剛剛的坐姿，一手拿著鑰匙），足以讓人觸及靈感的寶庫，並恢復精力，讓下午的工作順利進行。（午睡讓達利獲益匪淺，他偏好豐盛的午餐，並佐以香檳。）

研究達利的專家伯納德．尤沃爾（Bernard Ewell）說，達利會在這個狀態「飄浮」一陣子，此時「他的想像力大爆發，冒出各種圖像與畫面，並呈現在他的作品裡，讓人看了非常著迷、有共鳴，卻又難以解釋」。

這到底是怎麼回事？心理學家稱介於清醒與睡眠之間的狀態是半夢半醒（hypnagogic，

希臘文 hupnos 意思是睡眠，agōgos 是準備進入），類似快速動眼期睡眠。加拿大蒙特婁大學的心理學家蜜雪兒・卡爾（Michelle Carr）解釋，不管是快速動眼期睡眠，還是半夢半醒狀態，「心如流水，一直流動，而且能發揮高度聯想力」，能夠更輕易「以全新方式，將八竿子打不著的想法拼湊在一塊」。阻止意識層接觸潛意識活動與潛意識想法的抑制能力，受到壓抑。你尚未完全穿過意識與潛意識之間敞開的大門，還停留在意識層這邊，所以會讓潛意識生出的靈感與意象溜走。手中鑰匙掉落地面之前的那幾秒，心靈（意識）進入一個狀態，照達利的說法，那是「釋夢辯證學的本質」（the essence of the dialectics of the dream）。

我們也應該注意，從達利潛意識冒出的意象與畫面並非完全自發。達利的作品因為宛如夢境而出名，甚至帶有詭奇的幻覺，因此我們很容易認為達利會匆匆忙忙跑到畫布前，將突然冒出、無預警夢見的靈感畫在畫布上。其實不然。達利利用半夢半醒的狀態接觸儲存畫面的資料庫，這個資料庫的畫面是他為下一件作品預作準備，思考要用什麼辦法解決下一幅作品「複雜而棘手的技術問題」時，由夢中覺知（dreaming mind）催生出來的。

愛倫坡也是善用半夢半醒狀態的專家。他在一八四五年形容自己怎麼善用半夢半醒狀態之前，已經當了大半輩子的作家、詩人、文評與編輯。安德烈・布勒東在寫作初期便開始與半夢半醒打交道，不過直到一次世界大戰期間在醫院的神經內科工作後，才應用佛洛伊德理論治療走不出砲彈陰影的士兵，同時一邊寫詩，半夢半醒狀態絕非偶然或隨機發生。根據沃拉斯的定義，這三個人半夢半醒的靈感與畫面都出現在準備期之後。

善用午覺時的半夢半醒狀態，開發自己的潛意識，以及接觸潛意識時想到的靈感，的確很誘人。想要嘗試卻沒有像藝術家一樣的工作室怎麼辦？加拿大蒙特婁大學的心理學家托雷・尼爾森（Tore Nielsen）建議，在自己桌前稍加修改也行。他建議一種名為「直立式午睡法」（Upright Napping Procedure），當你覺得昏昏欲睡，不要抗拒睏意；不妨閉上雙眼，放鬆身心，讓自己慢慢進入睡眠狀態。因為想睡，身體會不由自主地擺動，所以能避免睡太久，讓你及時清醒過來，寫下方才睡著時覺知或感應到的東西。

這方法沒有達利的方式來得古怪，也比較適用於辦公室：畢竟你的同事可能受不了重物不斷跌倒在地發出的沉重聲響。不過達利提醒他的讀者，睡出靈感可不會自然發生。他提醒大家：「要達到畫家睡眠的境界，必須經過長時間訓練。」做夢帶你進入不受規範、充滿創意的潛意識層，但是做夢要做到像藝術家一樣的境界，可是一門需要花時間學習的技能。

沒什麼事不能等午睡起來再說

當今許多社會並不重視午睡，認為午睡是幼稚園小朋友才做的事，不屬於成年人，至少不屬於領導人與嚴肅的菁英。全球化之後，社會與經濟已不受地理與時間限制，變成二十四小時全年無休的作業形態，我們愈來愈需要（或被迫）不停地工作，習慣忽視體內的生理時鐘。身體哀求我們休息，我們卻置若罔聞，繼續往前衝刺，但這是錯的，因為午睡能有效恢復精力與專注力。我們甚至可以藉由學習，讓午睡符合我們的需求，提升自己的創造力，改善身體健康，或是探索遊走於清醒與睡夢之間的靈感與想法。邱吉爾在國家最絕望的時刻，國家的命運與文明吉凶難卜、岌岌可危之際，還是抽出時間午睡。若我們夠睿智，不妨自問日子與工作真的有那麼急迫，等不及我們午睡起來之後再說嗎？

7 暫停

最好的方式不外乎見好就收。進行順暢又知道下一步會發生什麼事，這時一定要停下來。若每天都這麼做……你絕不會卡關。寫得順時務必停下，別再掛念或擔心，這些留待隔天動筆時再傷腦筋，這麼一來，可讓潛意識一直保持在工作狀態。但你若一動念，思索或擔心寫作的事，你會扼殺靈感，開始動筆時，腦袋已倦，文思已枯。

——海明威

休息時，如何讓潛意識繼續工作

一種違反直覺卻有效的用心休息模式，就是掐準時間停下手邊的工作：這時你知道下一步要做什麼，但刻意留到隔天才做。海明威是刻意停工的忠實擁護者，許多其他知名作家也採納他的建言，「知道下一步會發生什麼事，這時一定要停下來。」手邊有個正在進行的專案，當你知道下一階段該做什麼，或是還剩一些精力時，記得及時打住，這樣隔天開工會比較容易進入狀況。因為有所準備，步調就會從容穩健，長時間下來，產能自然提升。暫時停止似乎也能稍稍活化一下潛意識，當你忙著其他事情時，讓潛意識代勞剛剛未完的工作。

編劇艾倫・伯恩斯（Allan Burns）說：「我的公式是，我搶手故我退出。」他的作品包括電影喜劇《怪胎一族》（*The Munsters*）、情境喜劇《瑪麗・泰勒・摩爾秀》（*The Mary Tyler Moore Show*）。此外，他從事廣告業時，打響了上校香脆穀片（Cap'n Crunch）的知名度。《廣告狂人》（*Mad Men*）的節目執行製作馬修・維納（Matthew Weiner）說，當伯恩斯「忙著某件事，而且做得相當順手，又〔知道〕接下來會怎麼走時」，他會喊停，這麼一來「他明天返回工作崗位時，可以立刻進入狀況」。許多作家也會在這樣的關鍵時刻喊停，如此隔天動筆時文思依舊活躍。英國作家羅爾德・達爾（Roald Dahl）每次都刻意地不寫完，剩一些明天再繼續，這樣隔天早上「絕不會面對空白的一頁」。印度裔英國作家薩爾曼・魯西迪（Salman Rushdie）說：「當天收筆時，一定會有腹案，知道隔天早上從哪裡開始。」祕魯詩人作家略薩「一定會留個幾行不寫完」，明天一早再繼續，這幾行彷彿是「暖身操」。就連劍橋大學數學教授李特爾伍德都發現，「儘管本能上希望能一鼓作氣，今日事今日畢」，不過更可取的作法是「做到一半就打住」，因為隔天重溫「前一天剩下的後半段工作」，會比從零開始輕鬆一些。

刻意做到一半就打住，長期下來一定會提升你的效率與產能。許多作家在一開始的寫作生涯裡，多半深信靈感降臨時要一氣呵成，才能成就曠世鉅作，結果發現，若能安步當車、不疾不徐，反而能提升寫作的質與量。科幻小說家尼爾．史蒂芬森（Neal Stephenson）原本認為，好的作家應該一天到晚不停地寫，但他花了兩、三年時間，只寫出「一堆粗劣、缺乏連貫性、無法集結成冊的東西」。之後，他發揮自制力與紀律，學習在靈感湧現時停筆，這樣「隔天早上緩衝區已有存貨，等著被寫出來」，他很快完成了知名小說《黃道帶》（*Zodiac*）。作為初入行的年輕作家，約翰．麥克菲（John McPhee）會在打字機前一直工作到三更半夜，但他漸漸明白，這反而讓他得不償失，不僅浪費了隔天寶貴的一天，也拖累全盤的寫作效率。「如果我忙著推敲一個句子，我很興奮有了靈感，一切都很順。這時我會離開書桌，起身回家。」面對一個複雜又棘手的計畫，必須找到適合自己的速度與節奏，對作家而言是如此，對長跑健將也不例外。日本作家村上春樹（他本身也是馬拉松跑者）表示，創意型工作猶如馬拉松，而非短跑。他說，不管是跑步還是寫作，「一旦你設定速度，其他就會水到渠成。問題是要讓飛輪的轉速達到自己設定的速度，需要極大的專注力與努力。」身為一個作家，最可靠的作法是「覺得自己還可以繼續寫下去的時候，務必要停筆，每天都如此，絕不例外。只要這麼做，隔天的寫作會出奇地順利」。對史蒂芬森、麥克菲、村上而言，長時間專注於寫作不是問題；難的是將潛在的破壞力轉化成可持續的創作能量。

海明威建議作家在句子寫到一半時，結束一天的寫作。他之所以這麼主張，還有另一個理由：若半路喊停，「可讓潛意識一直保持在工作狀態。但你若一動念，思索或擔心寫作的事，你會扼殺靈感，開始動筆時，腦袋已倦，文思已枯。」海明威憑直覺知道，若他能讓潛意識無拘無束、隨時隨地登場發揮，長期下來，他會寫出更好的作品。他還知道，若他能用只是半成品的點子誘哄潛意識，潛意識的表現會更佳。英國作家約翰·勒卡雷成為專職作家後，「他會抱著一個不錯的想法去睡覺，醒來後，想法已成熟或更周全。」

科學家發現大腦存在預設模式網絡（DMN）與神遊，這些發現顯示海明威的直覺是對的，他的潛意識可以不用靠他，繼續作業。的確，沃拉斯率先提出醞釀在構思創意的過程中扮演重要的角色。自此之後，心理學家努力瞭解何以休息與中途喊停反而有助於催生洞悉力。不論是研究創意人士的回憶錄，或是評估休息是否影響輻射思維的測驗成績，結果發現，休息能持續並穩定地刺激創意思維。長期以來，箇中原因一直讓人難以捉摸，而今這兩個互為矛盾的現象，龐加萊一言以蔽之：「可以這麼說，動腦的工作之所以更有成果，係因中途被打斷，讓心思與覺知得以休息，恢復活力與生氣。」不過他接著說：「但更可靠的說法應該是，潛意識在休息期間發揮了功能。」有些心理學家繼沃拉斯之後主張，休息讓潛意識有了上陣發揮的機會。其他心理學家則主張，休息僅是提供大腦機會，恢復若干之前耗竭的精力，就像運動員會休息喘口氣，兩者是一樣的道理。但是有關腦部休息狀態與預設模式網絡的研究陸續出爐後，挑戰了休息是為了恢復精力的模型。僅僅是放空發呆，腦袋消耗的能量只比你專注於棘手的工作時少了五到一〇%。

這結果顯示，休息之所以能刺激創意，很可能是因為休息時潛意識更加活躍之故。雪梨大學心智中心的研究團隊進行了一系列實驗，進一步探究這個現象。其中一個實驗裡，九十名學生得盡可能想出一張紙有哪些新奇的用途。一組學生連續作答四分鐘，中間毫無休息。第二組學生有兩分鐘作答，然後進行另一組類似的測驗，繼而（出乎他們意料）再花兩分鐘作答紙張可以有哪些用途。第三組學生有兩分鐘作答，再進行另一組完全不同的測驗，時間是五分鐘，最後再花兩分鐘回答紙的用途。

三組學生都在前兩分鐘想出約十四種用途，後兩分鐘想出的答案變少。這並不令人意外；有趣的是，第一組與第二組在後兩分鐘的作答平均給了七個答案，但第三組（亦即中間插了一個約五分鐘完全不同的測驗）的表現優於前兩組，在後兩分鐘的作答平均給了十種用途。這個實驗顯示，「事情做到一半打住，改做完全不一樣的事，反而有利於刺激想法。至於事情做到一半打住，改而從事類似的事，或一直處理手邊的工作不間斷，效率都沒有前者高。」輻射思維測驗的分數之所以升高，不是因為受試者的腦子經過休息得以重新充電，而是因為他們的注意力轉移到另一樣截然不同的事物上。這樣的實驗結果，讓大家對肌肉理論充滿不解與困惑。

研究員接下來想問，創造力強的人受惠於暫停的程度是否高於一般人？若醞釀期是創意過程的關鍵點之一，那麼暫停一下、撥出一些時間給醞釀期，相較於其他人，創造力強的人可能從暫停得到更大的激勵與刺激。研究員首先讓受試者花兩分鐘接受輻射思維測驗，然後花五分鐘做數學題，再花兩分鐘做輻射思維測驗。這次，半數的受試者知道，他們會接受兩次輻射思維測驗。另外半數的受試者並不知情，因此獲悉要再測驗一次時會感到意外。這讓研究員可以比較知道／不知道接下來要做什麼，對受試者潛意識保持活動狀態的影響程度。至於這次會登場兩次的輻射測驗，則是要受試者發揮聯想力，找出磚塊的新奇用途。（數學題目有些難度，足以讓受試者的心思與意識不會念念不忘輻射思維測驗，並告知受試者表現好壞會依據數學測驗結果，以此為誘因，讓他們專注於數學題。）

研究員分析結果，比較了暫停前後的測驗分數，發現大家第二次測驗的成績悉數提高，顯示每個人都受惠於短暫的暫停。這替研究員打了一劑強心針：他們原本就預期看到這樣的結果，一如其他研究員數十年來的立場。但是他們也發現，被告知數學題之後會有第二次測驗的「已知」受試者，第二次的測驗成績遠高於「未知」暫停之後實驗仍會繼續的受試者。讓受試者預知有第二次測驗，等於讓他們的潛意識提前暖身。

該研究也發現一個更有趣的現象：已知組的受試者聯想出來的創意答案遠多於未知組，而且受惠於暫停的程度也高於其他受試者。換言之，相較於創意低的受試者，創造力高的人在暫停期間，其潛意識更努力地工作。這意味著相較於一般人，「創造力強的人更能善用無意識的過程」，「預知接下來要做什麼時，無意識過程被活化的程度最高。」

雪梨大學研究團隊的研究顯示，何以海明威的辦法行得通，以及何以按時間表操課可以剷除洞悉力與靈感浮現的障礙，何以（誠如畢卡索所言）靈感必須看到你在工作才會出現。在句子寫到一半時喊停，可讓人在重回寫作崗位時，更輕鬆地找回寫作節奏：只消打出簡單幾行對話，而非從零開始構思陌生的新場景，讓海明威順利展開早上的寫作。句子已在心裡反覆咀嚼，等於讓人處於「已知」情況：你明白隔天要重拾未完成的句子，完成後再繼續下一步。不管你知情與否，你一部分的心思已接手繼續寫下面的句子、下一個段落，考慮或捨棄一千種劇情轉折，而這些都在你的意識之外運作。同時間，腦子也做著其他各式各樣的工作，不管你知曉與否，它就是這麼作業。我們的腦子會記憶、考慮有哪些替代路徑，老是掛念著未來會怎樣，但我們只是偶爾知道有這回事。（在我們神遊東想西想或努力鑽研教科書時，卻滿腦子想著上次度假的事。）試著創造條件讓自己「已知」，會讓腦子處於較高的警戒狀態，知道隔天早上我們會重拾未完成的作業，等於間接告知腦子最好別休息，繼續賣力工作。

在恰當的時間停下來

英國作家艾德．史密斯（Ed Smith，曾是職業板球選手）將作家身分與之前職業運動選手的生涯做了類比。史密斯在運動生涯達到巔峰時，每天苦練四小時（分成兩階段，一次兩小時，一如柏林音樂學院小提琴學生的練習時間表），他自知何時該停止。作為運動員，他寫道：「在恰當的時間停止練習，代表一種高度自制力，重要性絲毫不輸『花時間練習』，以及『全力以赴』。」同理也適用於創意型工作。我們認為，不眠不休地努力才能提高表現，相信忙個不停的人完成的工作量一定更多。這也是何以今天的職場推崇過勞（overwork），就算過勞適得其反，讓產能不升反降，但大家還是視一天僅工作四小時是「讓人看不起的偷懶行為」，儘管四小時的產能優於過勞。

事實上，你一口氣衝刺到終點，表現也不會出色；若能在關鍵的重要時刻喊停，隔天再繼續，反而比較可能交出漂亮的成績。學習在適當的時刻暫停，有助於培養穩定、持之以恆的工作態度，既不會犧牲創意，也不會把自己逼到走極端。早上杜絕外界一切的打擾，以免自己分心；安排固定的作息時間，這樣才有空間與時間認真工作與充分休息；善用走路與午間小憩恢復體力，激發有創意的觀察力；在適當的時刻喊停，要做到這點，必須瞭解自己的工作性質與要求；學習觀察自己的體力與注意力；承認專注力與神遊可以互為夥伴，協助一個人打造創意事業與創意生活。

8 睡眠

若睡眠無法發揮某種重要功能，是進化歷程中最大的錯誤。
——艾倫・雷希夏芬（Allan Rechtschaffen）

沉睡時，大腦忙著修復並排毒

睡眠是原始的刻意休息。長期以來，我們視睡眠為有段時間心思停止活動，身體熄火關機。但是一九三〇年代以來，睡眠專家把電極片貼在睡著人士的頭皮上，測量他們的非自主性運動，甚至阻止他們做夢，評量這對他們心理狀態的影響。結果發現，不同於我們的想像（或實際經歷），睡眠並非被動的階段。人睡著時，腦部忙著整理記憶、修補身體受損的部分、做夢，多半時候我們並未意識到或察覺到這些活動，但只要我們活著一天，這可是每天進行的常態，人要活命，也得仰賴睡眠。睡眠被剝奪會立刻影響你的專注力，無法在高壓下做出正確判斷，也會影響創造力。睡眠若長期被剝奪，會影響心理健康與身體狀態。基於人花大量時間在睡眠上，可以合理推斷，透過進化，大量活動慢慢被擠進睡眠時間。

睡眠完全是自然活動。植物與細菌依循晝夜節律，會在一天當中某些時段較活躍，某些時段較不活躍。就連生命不到二十四小時的生物，如藍綠藻也會依循一部分的晝夜節律。長在溫帶區的植物，冬天會暫停活動，藉此避寒並儲存能量，但植物與細菌不會睡覺，倒是昆蟲會睡覺。一些睡眠專家最近研究了黑腹果蠅的基因突變，果蠅是一百多年來遺傳學研究的主角。（不過請大家牢記，地球上有數百萬種物種，科學家至今只替其中一小部分命名〔根據二〇一一年的統計數據，八百七十萬物種中，僅一百二十萬被命名〕，至於被認真研究的物種更是少之又少，而有被研究睡眠模式的物種，更只占其中的幾分之幾。）

所有的哺乳類都有睡眠，但睡眠方式差異頗大。整體而言，食肉動物睡得比雜食動物多，雜食動物又睡得比食草動物多。在食草動物中，睡眠時間因為體積而異：大象每晚需四小時睡眠，而犰狳一天要睡二十小時。睡眠模式也是天差地別：老鼠習慣少量多次，但靈長類傾向一次一覺到底。睡眠對有些物種重要到足以進化出令人印象深刻的睡眠術，以免一睡陷自己於險境。生活在大海的鯨豚必須定時浮出海面呼吸，他們靠半邊腦睡覺：亦即半邊腦沉睡、半邊腦保持清醒，既可以持續移動與浮出水面呼吸，又可以因應外界威脅。

（兩棲動物海狗在海裡時，屬於半邊腦睡覺；到了陸地，就恢復雙邊腦入睡。）同為靈長類，人類在睡眠時間的量尺上屬於低段班。夜行靈長類的睡眠時間遠高於人類：以三道紋夜猴為例，一天睡十七個小時，是一般人的兩倍多。但是恆河猴一天睡九至十四小時，狒狒九至十一小時，黑猩猩約十小時。反觀人類，平均一天約七小時，但我們人類睡得更沉、更有效率。

飽眠一夜，將自己從白天的活動中抽離，切斷與正規現實的連結。說來矛盾，睡著時，我們的大腦並未真正停工。實際上，我們充分利用晚上睡眠，讓自己一覺醒來精神飽滿，卻不知這時大腦最為忙碌。白天身體多半忙著打理生活，將精力花在肌肉活動與心智功能上。入睡時，身體進入維修模式，專心儲存能量、修補或替換受損細胞、刺激生長。大腦則負責排除毒素，處理這一天的各種經歷，接手清醒時刻心裡念茲在茲的問題。這麼多工作並非平均分配在夜間的各個睡眠階段，而是集中於我們最熟睡的時段。

大家感覺晚上睡覺是一覺到天明，中間不會被打斷，但實際上，睡著時，人腦會經歷五個階段，腦波也會隨著階段而異。第一階段睡得最淺（類似在課堂上打盹，很容易入睡也很容易醒），之後進入第二階段。睡了約十五分鐘，腦波出現變化：一陣陣小而密集的活動，是睡眠前兩個階段的特色（又名紡錘波與棘波），接下來是頻率較慢的德爾他波（delta wave），代表睡眠進入第三階段的慢波睡眠，也是晚上的第一次深眠期。史丹福大學教授威廉・狄曼（William Dement）花了數十年分析EEG腦波圖，形容睡眠第一、第二階段的腦波猶如拍上岸的浪花，而第三階段的腦波是速度較慢的大洋湧浪（ocean swells）。過了幾分鐘，第一與第二階段的紡錘波徹底消失，德爾他波變深，我們進入最深的熟睡期，也就是第四階段睡眠週期，或稱慢波睡眠。最後進入第五階段的快速動眼睡眠，這時我們會移動四肢，在床上翻來覆去，快速移動眼球。我們並不清楚自己做了這些動作，但是這反映了腦部活動趨於活躍。我們多半是在快速動眼睡眠階段做夢。

若每天的生活依據工作與休息的週期而定，那麼我們的人生會因為勤奮工作與用心休息而得到改善，優質睡眠必須結合大腦較活躍的快速動眼睡眠及較為被動的慢波睡眠。就是在這些睡眠階段，腦部會成長，同時修復受損細胞，深化記憶力，並且做夢。

進入睡眠的第四階段，身體會釋放成長荷爾蒙，又名促生長激素（growth hormone-releasing hormone, GHRH），可從細胞層面加速修復瘀青與傷口，對抗感染。促生長激素會加速細胞修復，刺激替補細胞生長，而且刺激小孩與青少年生長所需的新細胞增生。促生長激素也會誘發睡意。正在快速發育的青少年之所以需要大量睡眠，原因之一是促生長激素高於父母與祖父母。實驗證明，促生長激素可協助受睡眠障礙之苦的人改善睡眠品質。相反地，睡眠不足會阻礙細胞修復與成長。證據顯示，長期睡眠被剝奪會阻礙成長。

拜深眠階段分泌的促生長激素之賜，身體會成長，腦部活動則變得複雜，這是因為快速動眼睡眠期間腦部出現的生化過程。少突膠質前體細胞（Oligodendrocyte precursor cells，OPC）會分泌髓磷脂，這種髓磷脂會包覆保護神經軸突，是維持神經功能正常運作的關鍵（嬰兒與小孩大腦裡OPC分泌的髓磷脂，可以解釋何以他們會做出聰明事；而青少年前額葉皮質的髓磷脂分泌不足，足以解釋他們為何會做蠢事情）。一個人睡著時，OPC會忙著分泌髓磷脂，若睡眠進入快速動眼階段，OPC會加碼分泌更多的髓磷脂。大腦清醒時，OPC則會分泌其他有用的化學物質：紐約州羅徹斯特大學醫學中心的教授梅肯．內德嘉（Maiken Nedergaard）主持的研究發現，我們的大腦不是「清醒而覺知，就是睡著並清掃」，但是兩者無法同時並進。

梅肯．內德嘉的實驗室研究人如何靠睡眠讓身體排毒。一如身體其他部位，大腦工作時也會製造垃圾與廢棄物。在二〇一三年，內德嘉的研究小組發現老鼠大腦是如何處理這些毒素。腦部漂浮在猶如緩衝墊的腦脊液裡，一如地球的大片區域被海水包覆。我們早知道腦脊液有海綿一般的防震作用，避免腦部受到外力直接撞擊。內德嘉與她的研究小組主張，腦脊液說不定還具備其他功能。

首先，他們將示蹤劑注入老鼠的腦脊液，觀察老鼠清醒時與睡著時，腦脊液的循環狀況。結果發現老鼠清醒時，腦脊液幾乎不動；一旦睡著，腦脊液就非常忙碌。他們發現示蹤劑（腦脊液）在大腦的移動路徑，正是包覆腦血管的管道（有點類似電纜溝裡的管線）。

但為什麼腦脊液在老鼠睡著時才開始流動？我們思考腦部構造時，主要集中於神經元、突觸、腦細胞、負責心智活動的傳導與連結等，但其實大腦有一大部分由另一類細胞構成：神經膠質細胞。神經膠質細胞過去被視為可提供支撐的鷹架，或是阻斷電位傳導的絕緣體，可以固定神經元，保護它們不致受傷。但最近的研究顯示，它們對腦部的管理有更積極的角色與功能（內德嘉的實驗室就叫神經膠質細胞疾病與治療部門）。儘管神經元與突觸忙於記憶與認知的活動，神經膠質細胞則負責管理腦內的化學物質與神經訊號傳導，並將大腦的軸突包覆在髓磷脂裡，髓磷脂可協助加速電訊號傳導。若說神經元與突觸是大腦的創意工作者，神經膠質細胞就是很酷的辦公室，裡面不是白板就是小廚房，似乎能神奇地迸出能量飲料與蛋白質能量棒。

內德嘉與她的研究團隊之前還發現，神經膠質細胞也會協助修復腦傷。神經膠質細胞中有一種名為星形膠質細胞，會累積在受損的區域，指揮血液及養分的流向，清除廢棄物，阻止細菌入侵，以及刺激神經元重建。星形膠質細胞也是在睡眠期間工作：內德嘉研究小組測量鼠腦內神經膠質細胞的數量時，發現老鼠入睡後，神經膠質細胞會縮小，管道因而增大，讓腦脊液有更多空間移動。（什麼訊號讓神經膠質細胞知道，該開始工作了？答案是正腎上腺素，該激素能讓人保持警醒，也會讓淋巴系統膨脹。老鼠睡著時，正腎上腺素會下降，神經膠質細胞也跟著萎縮。）

最後，研究小組測量神經膠質細胞清除乙型類澱粉蛋白的能力。乙型類澱粉蛋白累積量偏高，是判定阿茲海默氏症的標記之一。在一九九〇年代初期，哈佛醫學院腦神經科專家丹尼斯．薩爾科（Dennis Selkoe）主張，乙型類澱粉蛋白累積，會影響大腦的正常功能。若用謹慎的科學語言敘述，「乙型類澱粉蛋白漸漸沉積在負責記憶與心智活動的腦區，這是造成阿茲海默氏症最早期症狀的沉積物。」如果這項理論成立，那麼協助身體清除乙型類澱粉蛋白，說不定能降低罹患阿茲海默氏症的機率（儘管乙型類澱粉蛋白早已被發現，且是廣為人知的現象，但是它沉積在腦部為何會誘發阿茲海默氏症，相關細節至今依舊是個謎）。內德嘉團隊將加了示蹤劑的乙型類澱粉蛋白注入老鼠腦部，發現老鼠睡著時，腦部的排毒速度是清醒時的兩倍。

睡眠被剝奪，可能提早失智

同時，我們也可從睡眠被剝奪造成的影響，得知睡眠的重要性。軍方廣泛研究睡眠被剝奪可能的衝擊，包括對周遭狀況的覺察能力、決策能力、瞭解與遵從命令的能力。自古以來，戰士為了任務與同袍，甘願犧牲睡眠與舒適，此舉一向被視為是男子氣概與克己無私的表現。在現代軍隊裡，將領與指揮官承認，睡眠被剝奪一如傷亡，在開戰期間無可避免，但若能輔以訓練、紀律、奮戰精神、咖啡或「提神丸」（go pills），戰士依舊可以每天只睡兩、三個小時，然後繼續在沙場衝鋒陷陣。不過最近的實例顯示，在當今擁擠、高科技掛帥、步調飛快的戰場上，睡眠絕非貪求安逸，而是必要之舉。

睡眠專家從二〇〇三年美軍展開「伊拉克自由行動」的頭幾天，清楚獲悉睡眠被剝奪對於作戰整備造成的衝擊。伊拉克戰事開打之初，科學家觀察陸軍在戰場如何推進複雜的軍事作業、如何克服隨著睡眠被剝奪而來的壓力，以及面對敵軍時如何將傷亡降到最低。地面軍事行動開打的第一週，許多士兵與陸戰隊每天只能睡兩、三個小時，幾天之後，疲勞的影響紛紛浮上檯面：悍馬裝甲運兵車與布雷德利（Bradley）戰車的駕駛在作業時打瞌睡；空軍官兵因為二十四小時出勤突擊而壓力緊繃；哨兵要和瞌睡蟲奮戰，保持清醒守護基地；雷達作業員與槍手努力分辨誰是敵、誰是友。

在伊拉克與阿富汗服役的飛行員也面臨睡眠不足的類似問題。由美國密蘇里州懷特曼空軍基地派出的B-2轟炸機，在伊拉克上空巡邏期間，飛行員長達三十六小時不得闔眼[1]；轟炸阿富汗塔利班（Taliban）在山區的巢穴與據點時，飛行員也長達四十四小時不得休息。完成任務後，這些戰機往南飛，前往印度洋迪亞哥加西亞島（Diego Garcia）的美國軍事基地。在那裡，他們可以著陸、加油，然後返回美國，回程又要再花三十小時。在二〇〇四年，德州蘭多夫（Randolph）空軍基地針對飛行員與領航員做了一項調查，F-15

戰鬥機武器系統官（WSO）瑪麗・梅爾菲（Mary Melfi）發現，睡眠被剝奪與無意間睡著（unintentional sleep）「是美國空軍駕駛艙內常見的現象」，因為任務時間過長，時間表安排不當，晝夜節律被打亂。官兵表示，疲勞已經影響他們對周遭狀況的覺察力，減緩他們的反應速度，造成作業程序出錯以及健忘。許多受訪者透露曾在夜晚執勤或長途飛行時在空中打盹，也會在長時間任務接近尾聲時，努力趕走瞌睡蟲。

其實，伊拉克戰爭的第一週，美英聯軍裡六四%的傷亡肇因於意外或隊友誤傷，而疲勞是造成這些傷亡的主因。（反觀在越戰期間，八一%的傷亡發生在兩軍對戰，而非疾病、意外或其他原因；在韓戰與二戰期間，士兵戰死於沙場的比例分別是九一%與七二%。）

另外一組研究，衡量輪班對於醫護人員的工作表現與心智能力的影響。上晚班的缺點早已得到大量文獻印證，但是若說醫護人員在晚上變成一群訓練有素的「殭屍」，也過於誇張。二〇一四年一份針對丹麥外科醫師的調查發現，夜班雖然影響這些外科醫師的晝夜節律（生理時鐘），但他們已知道如何彌補睡眠不足這種工作常態，而資深的內科醫師也知道如何管理隨著輪班而來的挑戰，讓自己的工作表現優於實習醫師。二〇一五年，一項研究比較了美國醫院的病患在白天與晚上做剖腹探查術（exploratory laparotomy）的死亡率，結果發現並無明顯差異。剖腹探查術是由醫師在病患腹部劃下一道切口，檢查腹腔內器官。不過剖腹手術是相當安全而熟悉的手術，外科醫師應該都有十足的把握才是，至於複雜的緊急手術是否也能應付自如，該研究並無明確的結論。但二〇〇八年一項針對紐西蘭麻醉科實習醫生與麻醉師的研究發現，受訪者連續值夜班兩、三週之後，或是在平常職務之外多了二十四小時候召，心理動作警覺性的表現會下降。不只如此，在真實世界裡，若一晚少睡一個小時，心理動作警覺性的下降幅度大於在睡眠實驗室的受試者，顯示實驗室研究可能低估了睡眠損失造成的衝擊。在真實世界裡，做決策、接送小孩、設法過正常生活，都比以往來得更有壓力，突顯缺乏睡眠造成的影響有多大。沙烏地阿拉伯、台灣、美國也做了類似研究，他們都不約而同發現，睡眠品質下降，壓力隨之升高，心智表現也跟著下降。

睡眠被剝奪不僅影響反應能力、決策品質、學習能力，也會影響身體健康。睡眠被剝奪，會降低身體對抗疾病與感染的免疫力。輪夜班會打亂睡眠模式與生理時鐘，出現睡眠被剝奪的現象。規範身體晝夜節律的正常訊號包括日出、日落、溫度冷熱。若白天睡覺，夜晚暴露在人造燈光下工作，會打亂這樣的節奏。需要輪班的員工較可能罹患潰瘍、心血管疾病、乳癌。就連一連數月或數年固定上夜班，睡眠時間多半會變少（每晚約少一小時），長期睡眠時間不足，久而久之，有較高機會罹患高血壓、肥胖、糖尿病等疾病。

科學家也發現睡眠被剝奪與失智之間的關聯性。快速動眼睡眠行為失調（RSD），指的是睡著時會不自覺將夢境表現出來（有時甚至損毀財物、傷害自己、攻擊配偶，可見

RSD的夢境多半充滿暴力）。這種現象可能是帕金森氏症患者出現幻覺與失智的先兆，也是多重系統退化或路易氏體失智症（Dementia with Lewy-Bodies）的前兆。在阿茲海默氏症患者身上，可看到睡眠障礙與認知缺損、功能障礙之間存在密切的關聯性：阿茲海默氏症初期階段，睡眠還算正常，但隨著病情惡化，病患的記憶力與認知功能跟著下降，容易在晚上睡到一半時醒來，第四階段的深眠期與快速動眼睡眠時間也都變少。目前還不是百分之百清楚，睡眠品質下降是否會加速失智，抑或是失智影響睡眠品質，還是兩者（失智與睡眠品質）有其他共同的深層原因。但研究員可以確定的是，改善睡眠至少能減緩認知惡化的速度，而且已有若干證據顯示，人到了中年若睡眠品質好，等於先為晚年買了防失智的保險。當然，睡眠品質不佳會影響任一年齡層的認知能力，但是睡眠被打斷或快速動眼睡眠行為失調，可能與失智有關，再次說明了健康的腦子會利用快速動眼睡眠，做一些讓腦子保持在良好狀態的事情。

文獻顯示，睡眠被剝奪造成的損失之大，就連在業界不停衝鋒陷陣的企業也努力試行辦法，協助員工改善休息品質，遠離睡眠不足造成的最壞影響。對於輪班職員而言，研究發現，計畫式小寐可以減緩（但無法消除或解決）輪班與夜班工作根深柢固的問題。二〇〇六年對巴西一間醫院的夜班護士所做的調查發現，在值班時間小寐一下，能舒緩值班整晚的壓力（若夜班護士還肩負其他額外工作，那麼小寐更形重要），並且改善他們下班後恢復的速度，亦即讓心思迅速抽離工作，提高休息品質。

同樣地，美國軍方慢慢意識到睡眠被剝奪，不再是光靠意志力就能克服的問題，所以開始慢慢接受「策略式小寐」，以因應官兵的疲勞現象。（當然，小睡必須有「策略性」，才能與三歲幼兒躺在教室小墊子上睡午覺有所區隔。）在夜間出任務之前先來段「預防型」小睡（prophylactic nap），其效用不輸「不停地猛灌咖啡因，一次一百五十毫克」（用普通話說，就是一次喝下三百六十毫升的咖啡）。出任務期間，「作業性」小睡（operational nap）可暫時恢復認知與反應能力。整體而言，執行飛行任務時，晚一點小睡恢復精神的效果優於早一點小睡，但也不可太晚小睡，以免睡不飽、腦袋昏沉（又名睡遲鈍〔sleep inertia〕）威脅降落的表現。保持清醒的時數也會影響小睡的休息成效，以及多久可以甩掉仍想繼續睡的昏沉狀態。

在地下碉堡小寐，或是在駕駛艙裡坐著打盹，都無法取代一整晚的好眠，不過就連打盹一下，都有恢復體力的神效。在一九九〇年代初，美國航太總署艾姆斯（Ames）研究中心的科學家馬克．羅斯金德（Mark Rosekind），研究了一群專飛跨太平洋國際航線的波音七四七機組人員，希望找出策略性小眠對他們的影響與成效。跨太平洋航班對民航機機師而言，是飛行距離最長的航線之一：從舊金山直飛東京需十一個小時，從洛杉磯直飛香港或雪梨則長達十五小時。更慘的是，從西岸起飛的航班多半是半夜或凌晨兩點開動，所以機組人員必須在三更半夜工作，隔天飛機才降落，等於是連續保持清醒十八小時。落地後，生理時鐘告訴他們現在是吃晚飯時間，影響所及，在飛下一個航班之前，他們根本無法睡個好覺。

羅斯金德希望知道策略性小睡對機組人員的警覺性和工作表現有何影響，因此他讓一組飛行員整晚不睡、一直工作，另一組飛行員有四十分鐘的時間小寐。兩組飛行員都在起飛、值勤、降落時接受了評估。結果羅斯金德發現，沒有休息的那組機師「在夜間航班上的工作表現不如日間航班，在飛行接近尾聲時的表現不如一開始，在多個飛行航段之後，工作表現也會下降」。反觀有休息的機師，表現較穩定一致，不會因為日間航班或夜間航班而有顯著的優劣之別。

兩組最讓人印象深刻的差異在於進場與著陸時的表現。這個階段最能考驗機師的技術，也是飛行最危險的時刻。飛行員必須放下起落架，讓飛機減速，進入正確的飛行路徑與跑道。同時，他們得清楚掌握環境條件，包括氣流、上升氣流、下衝氣流、雨、雪等，並衡量這些對於進場與降落會有何影響。機師也必須密切注意周遭環境，畢竟機場附近上空的擁擠程度遠大於三萬五千英尺的高空。而這些都是機師精神可能已經不濟以及出現時差時，要面面俱到的重點。美國航太總署研究員分析了一百二十件「與生理嗜睡程度有關的小意外」：換言之，飛行途中一路工作、沒有小睡休息的機師，在最後進場準備降落時，要放起落架、放襟翼讓飛機減速（但不可減速過度）、和塔台通話時，得努力和瞌睡蟲奮戰才能保持清醒，因為他們在進場準備降落時，身體嗜睡程度驟增了二十二倍。反觀有小睡的機師則可保持完全清醒。

若你身強體健，勝過戰鬥機飛行員與太空人，小睡對你的確是多此一舉，否則其他人倒是值得把小寐排入每日的作息表。

連做夢都在醞釀創意、解決問題

睡眠能讓腦子自我修復。大腦也會利用睡眠期間處理、消化一天的經歷，強化對新技能的記憶。我們睡著時，腦部會重新整理一天的訊息，將訊息從短期記憶區移到長期記憶區。視覺工作、感情滿載的經歷、程序性記憶（諸如騎腳踏車這類難以用文字敘述的技能），會在快速動眼睡眠期間強化，而陳述性記憶（能用文字敘述的事實）會在慢波睡眠期間鞏固。

一九九〇年代初期，以色列科學家研究快速動眼睡眠對記憶的重要性。他們讓兩組受試者接受視覺辨別測驗，然後讓他們去睡覺，隔天再次衡量他們接受視覺辨別測驗的表現。有好幾個晚上，研究員改變了受試者的睡眠模式：有些人只要進入快速動眼期，就會被叫醒；其他人則繼續睡到自然醒。結果發現，睡了幾天正常覺的受試者，視覺辨別測驗的表現有所改善；反觀快速動眼睡眠被打斷的受試者，表現毫無改善。其他實驗則發現，失眠會影響腦部深化與鞏固記憶的能力。

我們也會做夢。有些夢境生動鮮明、歷歷在目、詭異而超脫現實，讓人念念不忘；不過多數的夢還是非常務實，不是重播過去的事件簿，就是重溫糾纏不清的問題。神經科學專家基蘭．法克斯（Kieran Fox）主張：「做夢可被解讀為清醒時刻『強化版』的神遊。」做夢與清醒時刻的神遊，兩者的主觀經歷類似，活化的腦區有一部分也重疊。睡眠時，大腦會固化記憶、評估表現，這也許能解釋何以一些人能夠夢到白天的工作與學習。但也有一些夢提供了解決問題的靈感，例如德國有機化學家弗里德里希．凱庫勒（Friedrich August Kekulé）夢到蛇舞才受到啟發，想出苯這個化合物的結構。英國詩人柯勒律治（Samuel Taylor Coleridge）做夢後寫出傳世詩作〈忽必烈汗〉（Kubla Kahn）。保羅．麥卡尼（Paul McCartney）透露，名曲〈昨日〉（Yesterday）是他做夢夢到的。但是對多數科學家、作家、藝術家而言，睡眠與做夢對他們的靈感與創意生活扮演的角色，並沒有這麼直接。舉例而言，美國理論物理學家漢斯．貝特（Hans Bethe）會和同仁討論隔天的工作，為自己的睡眠意識（sleeping mind）預作準備。諾貝爾化學獎得主萊納斯．鮑林（Linus Pauling）習慣「躺在床上思考一些專業問題，等著睡著時」，進入問題解決程序。這可能花上數週或數月，但最後解決辦法會「突然迸入意識」。美國化學家葛蘭・希柏格（Glenn Seaborg）發現了十個新元素，上床睡覺時還會想著一個未解決的問題，往往「半夜或隔天早上醒來時，已有了清楚、客觀、新穎的想法」。對於貝特、鮑林、希柏格而言，問題的解決辦法不見得在夢境中出現，但是睡眠與做夢的確有助於打開禁錮想法的牢籠，讓人在清醒時刻接近或觸及這些想法。就連運動員都透露，他們會藉由駕馭夢境走出困境：高爾夫名將班恩・霍根（Ben Hogan）和傑克・尼克勞斯（Jack Nicklaus）[2]不約而同表示，他們靠做夢改善了揮桿技巧。

靠入睡做夢催生靈感或是加速找到問題解方，這些洞悉力並非憑空而降，而是依循沃拉斯四階段的創新模式：其中的準備期與醞釀期包含一晚或數晚的好眠，睡著後出現釐清千絲萬縷的夢境，或是早上醒來時突然頓悟。

另一個值得注意的重點是，儘管像鮑林等人看重意識在我們睡著時仍持續堅守工作崗位，但他們不會期待睡著時一定會得到靈感與啟示。反之，他們把睡著時的意識與清醒時的意識視為夥伴，認定兩者可以彼此互補。他們將睡眠視為動態的休息。

短而深的睡眠，讓人類更聰明、合群

在一九〇六年，美國實證心理學家約瑟夫・賈斯楚（Joseph Jastrow）在著作《下意識》（*The Subconscious*）裡提及：「無所事事時東想西想，重要性不輸心無旁騖地投入心力，兩者都能締造有成效的生產；一如波浪有波峰有波谷，不論高低，都會讓波浪往前推進。」睡眠專家與神經科學家的研究，證實了賈斯楚百年前的觀察。睡眠對於維持腦部的生理健康以及腦細胞的新生極為重要，對於深化記憶以及處理學到的新技能也很關鍵，還會影響各種經歷與遭遇的詮釋品質。睡眠偶爾會激發新的見解，有助於保持專心的狀態，拉蒙・卡哈爾稱之為「腦極化現象」。

更廣泛地說，人類睡眠的獨特性可能帶動了人類社會的興起，以及智慧與文化的發展。靈長類動物學家早已注意到人類睡眠時間低於其他靈長類動物，近期在實驗室所做的睡眠研究發現，其他靈長類的慢波睡眠與快速動眼睡眠，時間均比人類短（這兩個睡眠階段對於鞏固記憶與做夢特別重要）。進化生物學家大衛・山森（David Samson）與查爾斯・努恩（Charles Nunn）主張，短而深的睡眠讓人類更聰明、更合群。睡眠時間短，讓人類祖先較少暴露於夜間的各種危險與天敵之中，也讓人類在白天有更多的時間採集食物，照顧幼兒，發展新技能，和親友分享知識。慢波睡眠與快速動眼睡眠的時間較長，用意是協助人類從每晚的睡眠中受益更多。一晚睡七小時，足以鞏固記憶、恢復身體精神、修補受損的細胞、清除腦部毒素。相較於其他動物，人類白天清醒的時間較長，加上晚上睡得更深更熟，讓「人類祖先增進了認知能力」。為了睡得安心、安全，人類發揮創意，發明了床鋪、遮風避雨的房舍、可受控制的火勢、更大的社群等。

因此，睡眠不僅有助於保持健康、分析理解各種經歷與遭遇、鞏固記憶，以及催生新的想法，人類也深受獨特的睡眠模式左右。清醒與入睡時刻共同提高了學習能力與工作表現。不管是身為個人還是人類的一分子，我們的睡眠特性強化了記憶力與創造力。

第二部分

保持創造力

做事做到一半，最理想的休息是找另一件事來做，直到累了熟睡為止。積極善用閒暇時間，有助於你拓展知識，成為更有效率的專家，生活得更開心，成為更有用的公民，也能幫助你更瞭解外在世界，讓你更聰慧多謀。

——**懷爾德．潘菲爾德**（Wilder Penfield），

〈**善用閒暇**〉（*The Use of Idleness*）

9 復原

偉人的首要特質是休息時也帶霸氣，焦慮、不安、發愁是軟弱的象徵。

——英國十九世紀歷史學家希利（J. R. Seeley）

暫時抽離，才能工作下去

一九四二年六月，艾森豪將軍奉命駐歐，擔任美軍駐歐洲戰區的總司令。他是備受敬重的思想家，在一九四〇至四一年間，是軍銜晉升最快的高階將領。派駐歐洲後，他需要運籌帷幄，指揮盟軍登陸北非、和英國盟軍合作、回應邱吉爾要求美軍加快行動的呼籲。艾森豪抵達倫敦時，歐洲已開戰了近兩年。艾森豪也發現，整個盟軍亟需重整並提振活力。八月初，根據艾森豪的助理哈利．布契爾（Harry Butcher）透露，艾森豪「每天工作十五至十八小時」，此外「因為苦思問題，常常整晚未眠」。艾森豪要求布契爾幫他找一個「『隱身處』，遠離倫敦多切斯特飯店（the Dorchester）四牆豎起的圍籠」。這飯店的套房是他和助理在倫敦的下榻處。

布契爾在倫敦到處覓屋，找到了一間「樸實的小農舍」，名為電報農舍（Telegraph Cottage）(1)，「坐落在十英畝的林地上，遠離倫敦」。那年夏、秋，艾森豪忙著籌畫登陸北非的「火炬行動」，只要有機會，就逃到電報農舍小憩。在這鄉下，他打高爾夫球、閱讀西部牛仔小說、玩橋牌，並在附近的里奇蒙公園騎馬，忘掉戰事，盡情享受田園生活。一名助理負責烹調簡單的美式料理，而吃膩英式晚餐的艾森豪樂見這樣的改變。在這裡，嚴禁談公事。除了艾森豪幕僚，鮮少人知道電報農舍的位置，也不曾造訪。艾森豪的司機凱伊．薩莫斯比（Kay Summersby）透露：「若說有什麼救了他，不至於精神崩潰，那肯定是電報農舍功不可沒，在這裡他才得以重生。」

遠離工作（社會學家稱之為抽離，將工作徹底趕出心思，轉而關注其他事物），對於消除工作疲累、恢復身心狀態極為重要。抽離與休息對於從事高壓又充滿不確定性工作的人，尤其重要，譬如看護、執法等需要極大的專注力與情緒管控的工作。抽離與休息對於熱愛工作的人而言，同樣重要。這些人是完美主義者，對工作充滿熱情。有些人非要把工作做到最好、挑不出一絲毛病的程度，才肯下班，離開辦公室，這種人更是需要找時間休息，恢復體力與精神。人若是筋疲力盡，容易情緒疲勞、工作表現下降、決策與判斷力失準、同理心下降、出錯率升高。對企業與組織而言，疲累會造成產能下降、工作環境氣氛差且壓力大、員工離職率偏高。往往公司裡最有才幹、高價值的員工，最可能被操得油盡燈枯。

艾森豪後來成為二戰最偉大的戰將，是大家公認的英明統帥，也是美國信心與美國精神的表率。他在一九四二年，以職業軍官的身分擔任美軍在歐洲戰區的司令，這也是他執掌的第一個重大司令職，肩負艱巨的任務與風險。他一開始就體認到，領導人必須養精蓄銳，認真為休息製造空間，這作法透露他的確堪當領導人。艾森豪的隱身處突顯了，人必須從挑戰重重、極耗心思的工作中抽離，才能恢復元氣與熱情。

身心復原的四大關鍵

專家對於治療疲倦與氣竭有兩派看法。十九世紀，有一些醫師建議病患在醫護人員的監督下「靜養」（rest cure）治療神經衰弱，期間病患得臥在病榻上數週（有時病房暗不見天日），吃得也很清淡。有些專家則主張病患應該靠呼吸新鮮空氣、積極運動、回歸原始生活，治療現代工業文明帶來的各種壓力所造成的神經衰弱。（不出所料，前者建議似乎是針對女性，後者則針對男性。）在現代美國，我們往往認為，恢復精神與體力的最佳辦法是放個長假，因為我們原本滿滿的元氣與腦力已被工作耗盡，所以可利用遠離工作與辦公室的這段時間，重新充電。照此理論，休假時間愈長愈好。

這也是何以我們多半捨得花錢與時間去度個長假。（二〇一三年，美國人平均花費四五八〇美元帶全家人去度假；二〇一五年，有錢人大手筆花費一萬三千美元於休閒旅遊。）但是我們捨不得度假也是同樣一個理由：很多人一想到離開工作或辦公室兩、三週，就覺得匪夷所思。加上回來可能要面對堆積如山的工作，以及快爆掉的電子郵件信箱，寧願一動不如一靜。這個問題似乎愈來愈嚴重：根據美國旅遊協會調查，二〇〇〇年，勞工平均請假二十一天度假，但是該數字在二〇一三年已降為十六天。

不過，不度假也是員工一大損失。美國員工每年因此損失近五百二十四億美元（約台幣一．五七兆）應得的福利，而其長期的健康福利也受到損害。佛雷明罕心臟研究（Framingham Heart Study）發現，二十年追蹤研究下來，不常度假的女性罹患心臟病的風險高於定期度假者。另外一個九年期的研究，以一．二萬名男性冠狀動脈心臟病高風險群為受訪對象，結果發現每年度假的人心臟病發的機率及整體死亡率，都低於不去度假的人士。二〇一五年的研究發現，定期休息度假的勞工，七一％表示滿意目前的工作，而犧牲度假的員工中，僅一七％滿意現有工作。

員工犧牲度假或沒休完年假，也讓公司蒙受損失。牛津經濟研究院（Oxford

Economics）二〇一五年的研究顯示，未休完的假折算現金後，會讓公司的財務報表增加二千二百四十億美元的支出。更嚴重的是，員工更容易「燃燒殆盡」（burnout），不但出現對工作的情緒疲乏，也覺得自己根本無法完全勝任工作的要求。這類對工作倦怠的員工會與工作產生疏離感，降低對同仁與顧客的同理心，覺得自己的工作對自身或世界沒有價值，導致婚姻與家庭關係出問題，憂鬱症纏身，健康亮紅燈，甚至自殺率也偏高（尤以之前勇往直前、職涯導向的員工為最）。

有一些專業需要具備情緒穩定、精準判斷力、能忍受高壓等條件，這些職業產生的過勞現象與身心耗弱造成的影響，已有廣泛的研究。結果發現，過勞的執法人員容易發脾氣，碰上難題立即出現挑釁或攻擊性質的反應，也容易出錯。這些皆不利於巡邏作業及整個警界：一項研究顯示，員警死於工作相關的壓力，比例高於值勤時殉職。明尼蘇達州梅約診所（Mayo Clinic）的醫師泰特・夏納費爾特（Tait Shanafelt）研究美國醫師過勞的程度，以及對醫師的影響。結果這份在二〇〇八至二〇一〇年所做的調查(2)發現，四〇%的外科醫師覺得自己過勞，三〇%覺得沮喪與憂鬱，而覺得過勞的受訪者，在前三個月「出現重大醫療疏失」的機率也較高。杜克大學神學院「神職人員健康倡議」在二〇一四年的研究調查發現，有二五%衛理公會全職神職人員情緒耗弱、失去自我感（depersonalization）、成就感降低（過勞的三大症狀），影響所及便是健康惡化，肥胖、高血壓、憂鬱、焦慮都高於平均值。（其實工作狂〔workaholic〕一詞始於針對傳道人的一份研究。）

上述研究悉數顯示，就算工作過度與延遲休假可帶來短期效益，但短期效益不敵出錯、產能下降、員工離職率偏高、職涯生命短暫等造成的長期損失。疲憊的員工無法有一流的表現、主動求表現的欲望降低、憤世嫉俗，甚至可能故意搞破壞。過勞也可能影響雇主最倚賴、最不堪失去的員工，這些人對公司與工作最用心、最有經驗，技術水平也最高。

對作家、科學家、實業家而言，延遲休假也意味著錯失尋求創意突破的機會。林－曼努爾・米蘭達在墨西哥度假期間，閱讀朗・契諾（Ron Chernow）替開國元勳亞歷山大・漢密爾頓（Alexander Hamilton）所寫的傳記，心生靈感，創作出音樂劇《漢密爾頓》。在此之前，他為另一齣音樂劇《身在高地》（*In the Heights*）忙了七年，他後來透露：「我腦袋一停下來休息，《漢密爾頓》就立刻鑽進腦子。」普林斯頓物理學家萊曼・史匹哲（Lyman Spitzer）一九五一年在科羅拉多州亞斯本（Aspen）滑雪時，想出核融合反應爐的設計圖。程式設計師也常在度假時突然冒出靈感：凱文・斯特羅姆（Kevin Systrom）二〇一〇年在墨西哥度假時，想出可分享照片的軟體Instagram。拉法・索托（Rafa Soto）在巴西海灘度假時，醞釀了極簡風格的文字輸入軟體OmmWriter。實際上，二〇一四年的一項調查顯示，每五個新創公司實業家，就有一個是在度假時想到創業點子。

由於耗弱與過勞的代價不菲，因此有必要研究一下，什麼樣的暫停與休息可以提供身心最大化的復原效果。過去二十年來，德國社會學家莎賓娜・索能塔格（Sabine Sonnentag）一直鑽研這個問題。她認為，情緒能量對員工的重要性，一如體力對運動員的重要性。身為運動員，不管你多熱愛某項運動，到了某個點，就是得停下來休息。與她合作的人士不乏研究所學生（後來都在自己的專業有不俗的表現），研究重點是哪些機會可以替身體及情緒重新充電，以及這些機會如何影響員工的健康、對工作的滿意度、產能及韌性。她和同仁研究了醫務輔助人員、文書職員、軟體工程師、公務員、工廠作業員、顧問、老師、自雇者。她使用多種量表，測量休假以及從工作中抽離出來，對工作表現有何影響，包括週末休息對週間體力的影響；度假對於幾個月後的心情與工作滿意度有何影響；充分休息後，體力和專注力在上午與下午有何差異。

數十年下來，索能塔格的研究結果非常一致，不會因為產業別而有所差異。她發現，員工若把握機會讓心思抽離工作，直接關機，或將精力與體力用在工作以外的地方，不僅能提高產能，態度更謙和有禮，與同事互動更佳，更能應付工作上的挑戰，工作時也更專注。在一項研究中，索能塔格與同仁研究了一百二十位軟體工程師與網頁設計師，非工作時間的休息品質及恢復體力的狀況，到底與工作時全神貫注進入心流狀態（flow state）之間有何關聯性。研究人員預期會出現符合晝夜節律（生理時鐘）的U型分布圖：雙峰出現在早上與稍晚的下午，這時段體力與精神最飽滿，想睡的壓力也偏低；波谷出現在中午，這時精神與體力都下降，睡眠壓力也上升。獲得充分休息的程式設計師，的確在午飯之後，心流狀態會下降。前一晚未充分休息的程式設計師則不符合這個模式：他們的心流狀態一開始就偏低，然後每下愈況。

索能塔格與同事認為，四個條件會影響休息品質與復原程度：放鬆、掌控力、熟練的經驗、將心思抽離工作。想像這四個條件猶如維生素，休息若具備這四個條件，相當於吃了營養均衡的三餐；否則就只是吃進一堆卡路里，光有熱量，營養素少之又少。

放鬆是四個條件中最直接也最容易瞭解的部分：特徵是所做的事與從事的活動讓人心情愉快，要求也不高，或是根據索能塔格與同仁夏洛特．費里茲（Charlotte Fritz）的定義，「進入低活性、正向情感上升的狀態。」根據這個定義，放鬆不見得百分之百被動：只要心情有別於工作，或是不要求自己自覺地付出努力。

掌控力與熟練的經驗則顯得有趣些。在復原的脈絡下，掌控力意味著有權力決定自己如何安排時間、體力和注意力。有些人無權掌控工作時發生的狀況，時間表也充斥家務與家庭責任；對這些人而言，掌控自己的時間形同解放，極具復原效果。索能塔格有個研究以德國醫院與精神病院的醫護人員為研究對象，她發現，員工有權掌控自己的時間與注意力，比較不需要在一天的尾聲充電。反之，無權掌控自己時間的人，壓力更大，工時更長，較無法自主每天的作息或工作優先順序，也更需要休養生息。

熟練的經驗指的是讓人全心投入、精通擅長且又有趣的活動。這些活動與工作往往充滿挑戰，但是引人入勝，教人廢寢忘食，若做得不錯，會覺得獲益匪淺。（這些不僅提升你的度假品質，也讓你的人生更有意義：心理學家米哈伊．齊克森米哈伊發現，習慣從困難、但有回報的活動中尋找心流經驗的人，過得更開心，更滿意於現狀，不像追求物質享樂的人。）若工作充滿不確定性，那麼熟練的經驗在休息時更顯重要。二戰期間，布萊切利園（Bletchley Park）聚集了解密好手，以破解敵國密碼，期間西洋棋是非常受歡迎的休閒娛樂。解密組的主管曾是英國西洋棋隊的國手，深信西洋棋的思路與技巧很適合用於破解密碼，所以網羅其他隊友加入。不過西洋棋的功效不只如此，它還是能幫助解密員休養生息的活動與經驗，輕鬆讓人投入其中並放鬆身心。一些解密員曾是名列前茅的西洋棋高手，下西洋棋給了他們發揮熟練經驗的機會。再者，西洋棋的特色是明確而不含糊：從棋盤、規矩、棋步，乃至對手，全都明擺在檯面上，不像密碼世界混沌幽暗，讓人捉摸不透。

心理抽離（psychological detachment）對休養生息的重要性，是以色列社會學家達麗亞．艾茲恩（Dalia Etzion）、多夫．伊登（Dov Eden）、葉艾爾．拉皮多特（Yael Lapidot）率先在一九九八年提出。他們三人研究了以色列員工在完成每年義務役前後的工作表現。在以色列，除非特殊狀況，否則所有成人，不論男女，高中畢業後都得服兵役，役期結束後轉入後備役，每年都得回部隊報到，服幾週的後備役。拉皮多特訪問這些服完後備役、重返工作崗位的人士，希望知道他們對工作的投入程度，以及工作時的幹勁與體力。結果這些受訪者表示，工作壓力與疲累感相較於後備役之前大幅下降。這些結果類似結束度假、重返工作崗位的員工反應。

這個結果似乎不符合我們的直覺，但是其他國家的研究員也發現相同的現象。以美國空軍為對象的調查發現，派駐海外的空軍士兵表示，儘管海外服役壓力大，但是短期海外服役提供稍作休息的機會，因為可以遠離美國基地的固定作息與生活。（當然，突然或是動不動就被派駐海外，加上往返需要長途奔波，會讓家屬與家庭生活蒙受龐大壓力，抵消了海外部署的好處。）在二〇一一年，一項調查研究了加拿大陸軍後備部隊，結果發現服役有助於休養生息。儘管服役會對身心造成壓力與挑戰，後備役讓人暫時抽離民間工作的壓力，獲得休息。

所以抽離（與工作切斷關係的能力）很重要，會決定暫停工作時休養生息的成效，一如晚上與週末的重要性，不輸長時間度假。

艾茲恩接著研究商務旅客。她訪問了在高科技公司上班的員工，詢問他們出差前後與期間的工作狀況，結果發現出差後，他們的工作壓力及疲累感大幅下降。這個現象在女性員工身上更為明顯，因為對她們而言，出差意味著暫時遠離家務與育兒。後來相關的研究發現，就連靠旅行維生的人同樣出現抽離幫助復原的功效。索能塔格與伊娃．納特（Eva

Natter）以德國空服員為研究對象，空服員這行對體力是一大考驗，抗壓的要求也相當高。她們同樣發現，相較於勤務結束回到家，下榻在旅館更能讓他們放鬆、消除身心疲憊。澳洲麥凱瑞大學（Macquarie University）的心理學家班・瑟爾（Ben Searle）發現，民航客機機師若下榻在遠離機場的飯店，抽離工作的程度會提高。

放鬆、掌控力、熟練的經驗、抽離等四條件，能夠提升復原的成效。從事的活動雖然充滿挑戰，若能讓人全心投入，甚至暫時把和工作相關的心思趕出意識，可提高對工作的抽離感。這也足以解釋何以知名科學家往往也是活躍的音樂人(3)。在二十世紀，學養與氣度俱佳的物理學家－音樂人的組合，幾已成了既定的刻板印象：一個笑話這麼形容：將四位物理學家齊聚一室，可組成弦樂四重奏。到了今天，這個樂團可能變成重金屬樂團。例如，美國麥克阿瑟研究獎得主、有機化學家卡羅琳・貝爾托西（Carolyn Bertozzi）就讀大學期間，和後來創立「討伐體制樂團」（Rage Against the Machine）、「音魔樂團」（Audioslave）兩個重金屬樂團的吉他手湯姆・莫瑞洛（Tom Morello）同台演奏。理論物理學家與作家布萊恩・考克斯（Brian Cox）念研究所時，是流行樂團 D:Ream 的鍵盤手。布萊恩・梅（Brian May）是「皇后」樂團的首席吉他手，就讀倫敦帝國理工學院天文物理學研究所時，利用課餘時間登台表演（他在二〇〇七年終於完成博士論文）。電腦專家、受過古典樂正統訓練的男中音班・卡澤茲（Ben Kazez）表示，開發軟體與創作音樂有諸多雷同之處。他說：「若我在創作一首我喜歡的音樂作品，腦海會冒出非常多靈感與想法。」同理，「在開發應用軟體時也是如此。」（他替 iPhone 開發的應用軟體「航班追蹤程式」〔Flight Track〕開闢了即時航班資訊軟體市場。）音樂表演與成立新創公司，都需要能力強、天分高的出色人士擔綱，也要和時間賽跑，趕在截止日期前交出成績。你可能覺得，兩者之間的相似性會讓音樂在復原的效果上打折扣，但是創作或演奏音樂，都需要全心投入、集中精神、組織能力、與他人合作，也要把工作所需的精力與技巧挪一些出來發揮在截然不同的領域。從這些特性看來，演奏音樂同樣有助於消除工作帶來的疲累與耗損。

抽離時，需要遠離與工作相關的插曲或干擾。把呼叫器留在抽屜裡或是遠離手機，能幫助自己放鬆或專心從事自由活動。這也是何以員工在非工作時間還隨身攜帶手機或其他通訊設備，或是在度假時一直和辦公室保持聯繫，其面臨的壓力高於其他人，也容易出現家庭與工作的衝突。心理上和工作切割也同樣重要。研究隨傳員工的腎上腺皮質固醇（cortisol，譯註又稱可體松或壓力荷爾蒙）的分泌量，發現他們上班或待命時，壓力與警覺性的差異微乎其微。同理，下了班還擔心著工作，復原的程度低於懂得放下的員工。上了一星期的班，你可能感情透支，比較會讓負面想法盤據在心頭，或是老想著即將接手的專案，以及為了因應緊急突發狀況而被擱置的工作。操勞了好一陣子沒休息，比較不容易從工作中抽離，而心力交瘁、體力不繼，思緒的反應也會變慢，猶如汽車無法換檔——但這正是最需要思緒換檔的時候。

艾茲恩、伊登、拉皮多特三人合作研究以色列後備軍人，發現他們結束幾週的後備役返回工作崗位後，心情大好，但他們也注意到另一個現象：過了一個月，效果消失，受訪者又回到服後備役之前的狀態（一樣開心或一樣痛苦）。其他心理學家之後也發現，就連放鬆去度假也有類似的遞減效果：度假的效益無法維持太久。他們評量員工度假前後的心情、體力、投入工作的狀況與開心程度。過了數週或數月，心理學家發現，度假為心情加分的效果大概只能維持三至四週。之後，員工快樂的心情以及對工作的滿意度就會恢復到度假前的水準。一篇文章一語點破：「快樂來得快，去得也快。」（對完美主義者與工作狂而言，遞減速度會更快。）

這又衍生出另一個問題：度假期間何時會達到最開心的程度？心理學家訪問受試者，想知道他們度假時的心情，結果發現度假的前幾天，受試者的開心指數快速攀升，在第八天達到巔峰，接著不是持平，就是緩慢下降。我們往往把一年一次的長假視為消除工作壓力的最佳方式，然而儘管長假有其好處（像是讓你遠離住家，有更多時間認識度假地的文化），但長假不見得會讓人更開心。

這些結果進一步驗證了一個觀念：心智能量（mental energy）會隨時間重新充電，並不是靠一些外在的活動。研究也發現，我們應該重新評估暫停（休息）的角色與度假的節奏。規律而果斷地抽離工作，晚上與週末斷然地切斷和辦公室的聯繫，從事放鬆、全神貫注、挑戰體力的活動，換言之從事積極的休息（active rest），不僅能恢復心智能量，也能提升做事效率、提高產能、加強專注力。與其將度假視為年度大事，必須完全與工作脫節，其實可以每隔幾個月就規畫一次短天期、但更頻繁的假期[4]，反而更能達到復原與休養生息之效。芬蘭坦佩雷大學（University of Tampere）的心理學教授與研究度假的專家潔西卡・德・布魯姆（Jessica de Bloom）表示，度假猶如睡眠：必須定期而規律，才能受益。

善用暫停讓身心復原，更能強化創意

艾森豪在「電報農舍」休息度假，可視為復原理論的範本。這解釋何以農舍對他如此重要，協助他擺脫第一個司令職帶來的壓力，讓他充分休養生息，達到復原之效。在那裡，艾森豪得以發揮打橋牌的功力（他可是橋牌高手），或是放鬆地讀小說、打高爾夫球。（布契爾笑稱：「艾克〔艾森豪小名〕的高爾夫成績是軍事機密。」此話透露，對艾森豪而言，打高爾夫球是放鬆，而非需要精通的能力。）農舍生活也給了艾森豪發揮世人罕有的時間掌控力。（他有時會接管廚房，張羅自己的早餐，無視助理畫下的界線——他這個老闆只負責洗碗。）

更重要的是，電報農舍的所在位置能幫助艾森豪恢復工作耗掉的元氣。布契爾說，要不是農舍旁的「高爾夫球場上有炸彈炸出的坑洞」，否則這裡「平靜到根本感覺不到戰爭的氣氛」。抵達倫敦履新時，艾森豪很快發現，多切斯特飯店根本提供不了遠離工作的機會，因為英國多位高官及軍方將領也下榻在此，部分是看在這是一棟現代化建物的分上，加上該飯店以防彈與防火設計而出名。反觀電報農舍則非常隱祕，艾森豪與工作人員也努力讓這裡保持低調隱私。除了幾位親信，艾森豪從未對外透露農舍的地址，也不招待賓客，更不會在附近的高爾夫球場上和盟國官員交涉。他不會把工作帶到這裡，布契爾與艾森豪的參謀長華特．史密斯（Walter Bedell Smith）也會避談公事。艾森豪在這裡養了一隻愛犬，取名塔雷克（Telek，根據電報農舍的縮寫命名），農舍生活讓艾森豪暫時擺脫戰爭，稍作喘息，讓他保持在最佳狀態，恢復工作壓力消耗的元氣與體力。

電報農舍的例子提醒我們，居高位的人也需要撥出時間復原身心。我們老是忘了得在時間表裡安排休息時間，反而常告誡自己，哪有可能抽離工作，畢竟我們所處的時代呼籲大家必須對工作有熱情，將工作與生活的界線視為過時的工業時代產物。行動科技讓我們不分晝夜、二十四小時都和工作綁在一起。同時也因為公私的界線愈來愈模糊，讓我們有更多的彈性與選項決定如何安排自己的時間。但是這些不過是幻象，讓我們以為若一直保持工作狀態，才能實現人生的偉業，才叫作有效率地過生活。

但這其實錯了。休息、放下工作、完全將職場的憂心與壓力置於腦後，其好處現在有很多的文獻佐證，不容忽視，一如過勞的負面效應也是鐵證如山。有關度假與復原的文獻顯示，不論個人、工作表現或企業三方，都能受益於不在辦公室的下班時間與休假日。創造力一流、產能最高的員工，能夠從工作抽離，想辦法恢復精神與體力，返回工作崗位後精神飽滿。我們現在也明白，暫停工作不只是為了復原。要讓休假物超所值，必須從事放鬆、讓人發揮掌控力與熟練的技巧又能從工作生活抽離的活動。所以復原是積極而動態的過程，並非被動，我們可善加規畫復原的過程，從中得到最大的利益與好處。

創意工作者的日常生活顯示，他們利用一大早的時間，以及固定作息、走路、小憩、刻意暫停，來刺激每天的創意與靈感。若你更廣泛地觀察他們的生活，你會看到第二種模式：他們會善用復原的經驗與過程，讓創意長時間維持。他們多數也是認真的運動員：認為鍛鍊與運動讓他們暫時遠離工作，強化創意工作所需的體能基礎，以及保持腦子的健康與活力（這是科學家近期的發現）。與心靈深處的活動產生連結的深戲，例如有挑戰性的興趣，能讓人全神貫注，肯定自我的意義與價值，提供另一種重要的復原方式。最後，休假研究也給了創意工作者重新活化創意生活的機會，趁這段時間探索並培養新的興趣，做出改變生命的突破性進展。總而言之，這些都能幫助聰明、有偉大志向的人保持好奇心、積極參與的熱情及高產能，讓他們的創意生涯長久不墜。

10 運動

我希望……受過充分訓練的健壯體魄能和受過充分訓練的靈活頭腦，兩者齊頭並進。因爲兩者在高等教育各占一半比重，對男對女皆然。

——美國小說家威廉・詹姆斯

運動與學術成就相輔相成

一九五〇年代後期，美國加州大學洛杉磯分校的社會學教授伯妮絲・伊杜森（Bernice Eiduson）想知道，是什麼原因讓科學家有偉大與平凡之別。在她之前，不少心理學家設法摸索並探究是什麼特質成就了一些人的偉業，但他們一直沒找到這麼一樣東西——既不是某種獨有的人格特質，也不是「天才基因」或敏銳的認知能力。伊杜森認為，藉由觀察他們的職涯（觀察期達數十年之久）[1]，輔以訪談、定期讓受訪者接受測驗，也許能發現成為偉大科學家的祕訣，這些祕訣與特質無法透過一次性訪談或是短期研究就找到。加州大學洛杉磯分校、加州理工學院等校共四十位年輕及中年科學家同意接受伊杜森的訪談，談他們的人生與工作，並接受心理測驗，更重要的是長時間追蹤。他們都是出自頂尖名校的研究所，也是前途看好的研究員，加上年紀尚輕，後勢大有可為。

伊杜森追蹤研究這些人長達二十多年，這麼多年下來，四十位科學家踏上了不同的道路。有些人獲選進入聲譽卓著的國家科學院；或是平步青雲，成為執教名校的主任；有一人擔任總統的科學顧問；有四人獲得諾貝爾獎殊榮（其中萊納斯·鮑林還拿了兩次）。反觀其他人，則顯得沒沒無名。有些人奮鬥了幾年，繼續從事嚴肅的科學研究，但是最後無以為繼，轉而擔任行政人員，或是專心教書。

二十多年前，一群看似同質性頗高的成員，最後各奔前程，踏上殊途。站在社會學家的立場，非常樂見這樣的結果，但挑戰來了，得找出為什麼會如此。

伊杜森為受訪的科學家準備了心理背景小檔案，結果發現大家天差地別。他們的智力測驗顯示，他們並非各個天賦異稟。有些人格特質的確是優秀科學家的共通點：包括能忍受意外與不確定性、自制力高、視自己為叛逆的知識分子、公私界線分明，但這些並非罕見的特質。伊杜森一九八五年過世後，與她長期合作的同仁莫琳·伯恩斯坦（Maurine Bernstein）接手繼續研究，並邀請兒子羅伯特·史考特·魯特-伯恩斯坦（Robert Scott

Root-Bernstein）與統計學家海倫・嘉尼爾（Helen Garnier）加入。三人在訪談中增加了幾個問題，詢問受訪的科學家有無運動的習慣？是否會到戶外活動？也詢問他們的嗜好與藝術偏好，研究這些科學以外的活動如何彼此相連又相互競爭，瞭解他們如何管理時間，覺得時間壓力有多大。

研究員發現到一個有趣的現象。一流的科學家「有異於常人的實驗精神，動不動就嘗試運動與科學方面的實驗」，而且會選擇「從年輕到老都適合的跨齡運動」。說到洛杉磯，不外乎讓人聯想到永不停歇的都市建設與不斷外延的擴張計畫，但是實際上，洛杉磯四周被山丘與國家公園環抱，加上氣候溫和，一年四季都可從事戶外活動。頂尖科學家善用洛杉磯的地理優勢，打網球、游泳、爬山健行、滑雪。在南加州，還有多到不成比例的衝浪人口與帆船高手。也有不少科學家定期健走（絲毫不意外）。反觀他們成就普普的同仁則較少運動。其中一些人曾在中學或大學參加校隊，但是大學畢業後就放棄了，也沒有再接觸其他運動。

伯恩斯坦等三位研究員的發現之所以讓人意外，因為對一般人既有的看法提出了挑戰。當時的社會普遍認為，智識活動（腦子）與運動能力（四肢）無法兩全。「沉思的生活」（vita contemplative, life of the mind）這類的術語，不會讓人立刻聯想到四肢靈活的畫面，反而沿用了中世紀的想法，認為培養精進的心與靈，得否認身體。經濟學家把勞動分為「藍領」與「白領」、「知識工」與粗工、知識型產業與製造業，這種二分法莫不在告訴我們，工作可被涇渭分明地加以分類。在美國，積分（integrals）與均分（intervals）不能得而兼之，這觀念起因於美國民眾對於美國大學體育的刻板印象，以及一些過於看重體育的大學，對運動特長生學業成績不佳、達不到大學要求的現象睜一隻眼、閉一隻眼，同時也打消聰穎的運動生主修艱澀科系的意願。

儘管如此，一些專業運動員的確在學術交出亮眼的成績。在美國職業足壇出現過三位羅德學者（Rhodes Scholars）：拜倫・懷特（Byron "Whizzer" White），他在一九三〇年代曾效力匹茲堡的海盜隊與底特律的雄獅隊，後來被提名擔任最高法院大法官；另一人是派特・海登（Pat Haden），他在一九七〇年代加入洛杉磯公羊隊；第三人是麥倫・羅爾（Myron Rolle），他在二〇一〇至一二年分別為田納西泰坦隊與匹茲堡鋼人隊（前身是匹茲堡海盜隊）效力，然後進入醫學院就讀。這三位羅德學者之外，法蘭克・萊恩（Frank Ryan）在一九六〇年代是克利夫蘭布朗隊的球員，一九六五年畢業於萊斯大學研究所，取得數學博士學位。最近一位是約翰・厄舍爾（John Urschel），他在效力巴爾的摩烏鴉隊的第二年，發表了第一篇有關運算數學的論文，二〇一六年進入麻省理工學院就讀研究所，主修應用數學。在美國NBA職籃界，也出現過兩位羅德學者：比爾・布萊德利（Bill Bradley），他參加的國家代表隊在一九六四年奧運的籃球項目摘下金牌，後來他在紐約尼克隊待了十年，繼而轉往政壇發展。另一位是湯姆．麥克米倫（Tom McMillen），他曾是紐約尼克隊與亞特蘭大老鷹隊的球員。

上述是體育健將也是學霸的例子。反之，也有一些傑出科學家在體壇的表現讓人刮目相看。丹麥物理學家尼爾斯．波耳（Niels Bohr）與弟弟哈洛德（Harald，專精數學）都是丹麥名列前茅的足球員。哈洛德曾是國家代表隊的一員，為丹麥在一九〇八年奧運摘下一面銀牌。瑪麗．居禮（Marie Curie）一九〇三年獲得物理學獎殊榮，一九一一年又獨得化學獎的桂冠，她不僅在學術界地位崇隆，也熱愛騎腳踏車。她和丈夫皮爾（Pierre）騎單車踏上蜜月之旅。湯馬斯．柯提斯（Thomas Pelham Curtis）為美國奪下第一面奧運金牌（一八九六年一一〇公尺障礙賽），不僅是優秀的運動員，也是麻省理工學院電機系高材生，後來發明了烤麵包機及果汁機。羅傑．班尼斯特（Roger Bannister）一九五四年就讀醫學院期間，成為世上第一位在四分鐘內跑完一英里（約一．七公里）的長跑選手。他後來轉入杏壇，成為一流的神經科醫生。美國物理學家約翰．巴丁（John Bardeen）因發明電晶體，得到一九五六年諾貝爾物理學獎肯定，一九七二年因超導研究再次獲得諾貝爾殊榮。他大學時游泳、打水球，畢業後熱中打高爾夫球。劍橋大學生化專家弗雷德里克．桑格（Frederick Sanger）發明了排出蛋白質基因序列的辦法，一九五八年獲頒諾貝爾化學獎，一九八〇年再度獲獎，肯定他在DNA序列的傑出貢獻。他年輕時喜歡打橄欖球、足球、板球，成年後改打壁球。安妮特・薩爾敏（Annette Salmeen）在一九九六年亞特蘭大奧運的游泳項目為美國贏得一面金牌，後來她以羅德學者的身分在牛津大學研究神經科學。莎拉・蓋哈特（Sarah Gerhardt）是第一位挑戰舊金山灣區「小蠻牛」（Mavericks）衝浪點的女性，這裡能掀起全球最危險、最具挑戰的巨浪；與巨浪搏鬥的同時，她也完成了物理化學的博士學位。

學術與運動不能兩全的想法，也受到一個既有現象的挑戰：知識界非常看重運動，認為運動可輔佐學術發展。

這個想法在十九世紀一群劍橋「數學資優生」（wrangler，譯註：數學榮譽學位考試名列前茅者）身上最能體現。十九世紀的劍橋，學業成績主要由榮譽考試（Tripos）定奪。榮譽考試是每位大三學生必考，考期一週，猶如魔鬼週。考試很折磨人，共考九科，一週下來，愈考愈難，評分標準根據兩個條件：一是答題的品質，二是答題的題數。換言之，要符合準、快、耐操三個條件。考試成績優異等於搭上了大學獎學金與金飯碗的直達車，畢業後前途一片光明。

榮譽考試這套系統意在考驗學生，但也可能打擊學生，讓學生崩潰。有些人在考場不支倒地，必須由友人抬出場外（之後友人立馬趕回座位繼續奮戰）。就連一些後來成為科學界泰斗的人士也透露，在劍橋可是戰戰兢兢準備榮譽考試。威廉・湯姆森（William

Thomson）建立了絕對溫標，後來受封為凱爾文（Kelvin）男爵，當今的溫度計就叫凱氏溫度計。詹姆士・馬克斯威爾（James Clerk Maxwell）提出電磁學方程式，證明電力與磁力是同一個硬幣的兩面。前述兩人面對考試的壓力時，幾乎難以為繼。法蘭西斯・高爾頓（Francis Galton）是統計學家，也是努力推廣達爾文進化論的重要推手（他是達爾文的表弟），他準備榮譽考試時，因為過度緊張而精神崩潰。

為了避免步上和高爾頓一樣的命運，有野心與大志的學生會聘雇家教一對一接受輔導，有些人甚至準備整整兩年之久。在十九世紀初，由於劍橋榮譽考試的難度愈來愈高，家庭教師開始建議學生，考前不妨花點時間外出散步走路，將身心維持在最佳狀態。走路在劍橋一點都不稀奇，但是以考到高分為目標的學生，據歷史學家安得魯・沃維克（Andrew Warwick）說：「改寫了下午傳統的漫步、散步，讓散步升級為每日規律的健身計畫。」最有抱負的學生也最熱中運動，因為他們深信，「若要讓苦讀達到最大功效，或是要苦讀到底，不半途而廢，最好三不五時穿插一下休閒活動及娛樂。」沃維克發現，在十九世紀，幾乎「每個數學資優生……都有規律運動的習慣，藉此增強體力與耐力」。划船尤其受學生歡迎，因為這項運動鍛鍊學生在河上（進而延伸到考場上）「像機器人一樣，動作一致而規律」。他們不僅把運動視為「與苦讀相輔相成」，甚至「在工作、運動、睡眠等方面嘗試不同的方法與策略，直到發現最能提高產能的組合」。若你只是個想和大家一樣的平凡人，你絕不會像他們這樣自討苦吃，他們之所以勇於自我實驗，是因為他們想要出人頭地，與眾不同。

兼顧學業與體能鍛鍊是劍橋大學另一個沿襲至今的悠久傳統。劍橋有獨特而知名的導師制（tutors），在周詳規畫的路徑上一路鞭策學生向前，循序漸進指導他們克服重重難關，目標是從激烈競爭中脫穎而出。學生說，在完善的導師制下，導師猶如馬車夫（coachman），揮鞭策馬前進。久而久之，劍橋學生遂稱導師為「教練」（coach）。

另一個活躍於運動項目的科學泰斗，是牛津實驗室的神經科學專家查爾斯·謝林頓。這位現代神經科學之父發明了**突觸**（synapse）一詞，並在一九三二年獲頒諾貝爾生理／醫學獎。他指導的學生來自世界各地，進一步讓世人瞭解人腦的結構。他們將腦區分成幾個主要部位，加以命名，還畫出大腦圖，標示各腦區的所在位置，更發明了工具與儀器，追蹤大腦與肌肉之間移動的訊號，也將腦手術從不忍卒睹的恐怖片升級為外科的專門領域之一。其中的三個門徒後來獲頒諾貝爾獎。

謝林頓在倫敦的聖湯瑪斯醫院習醫，一八八五年畢業於劍橋大學。他身材矮小，但孔武有力，他參加橄欖球隊與划船隊，以狠厲見長。他獲獎時，諾貝爾的傳記資料指出，謝林頓年輕時是名運動健將，運動鍛鍊讓他養成「強健的體魄，能夠長時間伏案做研究」。

謝林頓後來在利物浦與牛津大學擔任教授，偏愛研究與體育雙全的學生，這也是何以他主持的實驗室是羅德學者的首選。懷爾德・潘菲爾德是最早到他的實驗室報到的羅德學者之一，他就讀普林斯頓大學期間曾是班長與足球校隊，他大學畢業後獲得羅德獎學金，但他把到牛津大學深造的資格延後一年到一九一四年，然後利用這一年在普大擔任足球隊教練。澳洲科學家霍華德・弗洛里在校期間參加網球、板球、足球等運動項目。儘管他童年生活優渥，但是在牛津，他「刻意讓自己看起來像是大家習慣的累犯模樣」。這是他回澳洲後對朋友透露的插曲。儘管外表邋遢，弗洛里沒多久就證明自己優異而傑出，謝林頓還勸他繼續到劍橋大學念博士。約翰・弗爾頓（John Farquhar Fulton）一九二三年初離開美國哈佛大學抵達牛津，沒多久就以實力證明自己是學術專家及寫作高手，短短兩年拿到了博士學位，讓謝林頓驚豔不已，稱他是「研究領域的藝術家」。謝林頓指導的最後一位羅德學者是澳洲研究員約翰・埃克爾斯（John Eccles），他在一九二三年抵達牛津，且已在澳洲墨爾本大學拿到醫學院學位，他也是田徑場上的常勝軍，獲獎無數。

謝林頓的另一名學生湯瑪斯・布朗（Thomas Graham Brown）之所以出名，不是因為神經生理學家的身分，而是成功征服勃朗峰東壁布蘭瓦山（Brenva）的第一人，謝林頓一開始對他其實是有些失望。布朗以登山人的身分成為第三種科學家／運動員團體的代表。二十世紀許多偉大科學家都是愛山人士：瑪麗・居禮與愛因斯坦曾一起在阿爾卑斯山健行。尼爾斯・波耳、漢斯・貝特、恩里科・費米（Enrico Fermi）、愛德華・泰勒（Edward

Teller）等物理學家，在學時都曾攀爬阿爾卑斯山，也曾在進行曼哈頓計畫（Manhattan Project）時，征服過美國洛斯阿洛莫斯（Los Alamos）實驗室附近的群山。對一些科學家而言，壯麗的山峰加上親炙自然的機會，讓登山名正言順的程度為其他運動所望塵莫及。麻省理工學院的物理學家維克托・魏斯科普夫（Victor Weisskopf）憶及自己一九二〇年代在維也納念中學期間，以知識分子自居的人多半熱中登山與滑雪，這些人認為「登山與滑雪不光只是運動而已」，因為登山「需要更崇高的心態——熱愛自然」。羅莎琳・富蘭克林（Rosalind Franklin）利用X光晶體繞攝學協助華森與克里克發現了DNA的雙螺旋結構。富蘭克林在十多歲時，和全家人一起到挪威攀登冰山，發現了登山之美。長大後，在巴黎做博士後研究，主修X光晶體繞攝學，閒暇時經常攀登法國與義大利境內的阿爾卑斯山，但已從單純的登山，升級為更高難度的專業登山者。後來她返回英國，在倫敦國王學院執教，這時她不論是在登山領域還是實驗室，都是自信滿滿[2]。南加州群山則吸引了德國天文學家魯道夫・閔可夫斯基（Rudolph Minkowski）與瑞士天文學家弗里茨・茲威基（Fritz Zwicky，他發明了**超新星**一詞）到加州理工學院任教。進入二十一世紀，登山一直是受物理學家偏愛的休閒活動。加州大學芭芭拉分校的物理學家史蒂夫・吉丁斯（Steve Giddings），是研究黑洞與量子重力學的專家，同時也熱中登山與攀冰。而哈佛大學弦理論（string theory）專家麗莎藍道爾（Lisa Randall）熱中登山並累積了輝煌成就，科羅拉多州有一座山就是以她的名字命名，叫麗莎藍道爾岩壁（Lisa Randall Wall），位於丹佛市郊，是一道高六十英尺的花崗岩壁。

運動能激發創意，減緩認知退化

諷刺的是，儘管謝林頓的學生悉數熱中於運動，卻沒有一個人研究運動對認知與腦部的影響。無論如何，過去數十年，這已經成為活躍的研究領域。一開始，研究員主要探索運動如何助人健康地老化，但近來的研究則顯示，人不論年紀、性別、運動能力，只要運動，都有助於增進腦力、提升智力、訓練耐力與心理韌性，而這些都是從事創意工作的必備條件。

研究顯示，健身有助於改善大腦結構以及健康，一如運動有助於改善心血管功能與肌力。二〇一五年，德國與芬蘭的研究比較了過重與肥胖受訪者健身前後的腦部掃描圖，結果發現受訪者經過三個月健身與減重計畫後，腦部的灰質與白質量大減。運動不僅能降低膽固醇，改善心血管彈性，還可以「引起大腦的結構性改變，讓大腦更有可塑性」。

科學家開始打造一種連接運動與腦部發展的獨有機制。更具體地說，他們專注於研究運動如何刺激或影響神經營養因子（neurotrophin）的分泌；神經營養因子是一種蛋白質，會影響神經元的形成與生長。多年來，科學家已經知道腦源性神經營養因子（brain-derived neurotrophic factor，簡稱BDNF）會影響新神經元的生長與重塑，但到底什麼原因會影響或刺激BDNF的分泌？二〇一三年，哈佛醫學院的研究員發現，老鼠體內的運動荷爾蒙（irisin）會刺激腦部分泌BDNF，而運動荷爾蒙會在訓練肌肉的肌耐力時被分泌出來。不久之後，波士頓大學一組研究員發現，身強體健的學生血液裡的BDNF分泌量較高。

跑步似乎特別能刺激神經細胞再生（neurogenesis）。科學家發現，老鼠在輪子上不停地跑動，腦部海馬體（hippocampus）的新神經元數量是久坐不動老鼠的兩倍。研究員也發現，運動的老鼠更能辨識東西的新舊，以及找出類似物品之間的差異。一項對照式研究顯示，在輪子上跑步的老鼠，神經新生的程度高於接受阻力訓練（扛重同時攀爬牆壁）及高強度間歇訓練（輪流快跑衝刺與走在轉輪上）的老鼠。

廣泛而言，運動對創意具有間接但正面的影響。自一九六〇年代以來，研究陸續發現，若體態與健康狀態俱佳，有氧運動對創意具有些微但直接的成效。例如二〇〇五年的一項研究顯示，身強體健的大學生做托蘭斯創造力測驗之前，先做三十分鐘的有氧運動，然後兩個鐘頭之後再接受一次測驗。結果發現，所有受試者的分數都高於未運動就測試的成績。不過平常沒有運動習慣的人，不會因為一次鍛鍊就得到同樣的創意刺激。二〇一三年，一組研究員發現，運動員運動後接受聚焦思維測試，分數會稍見改善，但非運動員運動後測試成績會下降。若你是沙發馬鈴薯，在腦力激盪測試前踩飛輪或跑十公里，你會筋疲力盡而非精神抖擻。

這些發現符合一些作家與科學家的親身經歷與心得。他們覺得劇烈運動在他們的創意生活中占有一席之地。村上春樹完成第二本小說後開始跑馬拉松，他說：「這才是我作為小說家的真正起點，雖然來遲了。」不過他不會一邊跑步，一邊思索小說情節。「跑步時，我到底在想什麼？我毫無頭緒。我放空腦袋地跑。」散步或是健行可以在當下刺激新的想法或靈感；長跑時，靈感與想法是事後才會浮現。此外，跑步也有助於將好的想法落實在作品裡。

有氧活動有多種好處。運動會增強心血管系統，改善循環，代表有更多血液輸送到腦部。全神貫注時，腦部需要氧氣，血糖也會升高，多氧或少氧就會決定你抓得到那個靈感，抑或只能感覺到靈感遙不可及。發動中的神經元耗掉的能量和跑馬拉松時腿部肌肉細胞耗掉的能量相當。此外，持續的有氧運動會刺激腦部製造更多的微細血管，而健康的腦血管可以加快腦部血液的循環與效率。二〇一二年的研究發現，隨著最大含氧量上升，記憶力也會跟著改善。（反之，比較運動與不運動的成人受訪者，發現沙發馬鈴薯在大腦執行功能的測驗中成績偏低；到了中年，腦部老化與記憶力下降的速度也較快。）

體耐力對創意型工作的重要性，不輸它對勞動型工作的重要性。我們往往低估了耗腦力工作所需的體力，尤其是得連續專心數小時的工作。誠如作家村上春樹所言，「寫書更像是做苦工，需要更多的體力，工作時間又長，辛苦程度超出多數人的想像。」他接受馬拉松訓練，藉此精進寫作所需的專注力與體力。日本幹細胞專家山中伸彌將這門專業比喻為馬拉松，他於二〇一二年參加東京馬拉松，以四小時又三分鐘完成路跑。同年他獲頒諾貝爾生理醫學獎，肯定他在誘導多功能幹細胞（iPS）的研究與貢獻。麻省理工學院的物理教授沃爾夫岡・克特勒（Wolfgang Ketterle）在二〇一一年獲頒諾貝爾物理學獎，肯定他在玻色–愛因斯坦凝聚（Bose–Einstein condensation）的重大貢獻。他參加了二〇一四年波士頓馬拉松，交出兩小時四十四分的成績。世界頂尖西洋棋手也上健身房密集健身，時間之多不輸他們花在棋盤上的時間。下西洋棋很花腦力，而今有了電腦協助精進棋藝，加上國際大賽的獎金高，選手必須比以前維持更長時間的專注力。世界頂尖棋手現在必須兼顧體力與腦力。一九九五年，印度西洋棋高手維斯瓦納坦・阿南德（Viswanathan Anand）為即將到來、共計二十一場的棋賽預作準備。他會在研究完棋譜之後，外出散步。二十年後，他的訓練計畫包括騎自行車、游泳一公里、長跑十公里。挪威棋手馬格努斯・卡爾森（Magnus Carlsen，西洋棋史上名列前茅的大師之一）每天花數小時在跑步機與重訓器材上。

規律運動也能助人釋放壓力，提高因應棘手工作需要的抗壓性。有項研究以自稱工作狂的人為研究對象，發現他們在下班時間若投入劇烈活動，開心指數高於那些從事被動休閒活動的人。泰特．夏納費爾特的研究以美國外科醫師過勞現象為題，結果發現規律的運動是提高生活品質的重要指標。相較於其他人，工作狂下了班離開辦公室後，更容易出現焦慮感，而運動能讓緊繃的神經放鬆，也能轉移心思。從事高壓工作的人，運動是協助身心復原的功臣之一。畢竟相較於改變婚姻狀態、家庭責任、薪資，報名參加飛輪課可是容易多了。

劇烈運動有助於重新訓練身體對壓力的反應。在健身房或是運動場，將自己暴露於可預期、漸進式的負荷量，回到壓力重重的真實世界，就比較有能力維持冷靜與清晰的頭腦。歐巴馬總統從政生涯一直嚴謹、規律地健身。他的私人助理雷吉．勒沃（Reggie Love）透露，歐巴馬每天健身是能夠「挺過冗長選戰、辛苦治國的關鍵」。艾蕾娜．卡根（Elena Kagan）成為最高法院大法官之後，開始練習拳擊。她只是最近加入運動行列的聯邦大法官之一，畢竟最高法院公務之重，需要過人的體力（其實她和另一位大法官露絲．拜德．金斯伯格〔Ruth Bader Ginsberg〕聘請了同一位私人教練）。英國數學家及電腦先驅艾倫．圖靈（Alan Turing）[3]靠跑步釋放工作壓力。他說，開發第一代電腦「壓力之大，唯有用力地跑步才能解壓，卸下心頭大石」。加州大學洛杉磯分校化學家與諾貝爾獎得主唐納德．克拉姆（Donald Cram）則熱中衝浪。他說，「被十公噸大浪猛水重擊」，這下情緒與身體都獲得了「大釋放」，「讓我能夠長時間靜坐不動。」

南非已故總統尼爾森．曼德拉（Nelson Mandela）在一九六二年至八八年被關在羅本島（Robben Island）監獄，繫獄期間他靠運動對抗種種壓力。關在羅本島的囚犯被迫從事苦役，得生產碎石或是在採石場工作。曼德拉實行相當於拳擊手的訓練計畫（跑步四十五分鐘，外加一百下伏地挺身和兩百下仰臥起坐），這讓他能主導自己的牢獄生活，對抗政府的掌控與摧毀，證明他能做自己的主人。更務實的一面，如他後來所寫的，「我一直相信運動不僅有益健康，也是靜心的關鍵。我若身體狀況佳，工作可以更有效率，思路會更清楚。」運動成了他自我修鍊的方式，既讓他受益，也成功刺激囚禁他的人，難怪他會說：「體能訓練成了我生活中不容改變的紀律。」他獲釋後，繼續每天早上例行的健身。

年輕時積極運動，成人後繼續保持運動習慣，對職涯與健康都有長期的好處。瑞典一份針對退伍軍人所做的研究發現，人十八歲時，心血管健康與智力測驗之間有正向關係，十年後與更高的學術成就有正向關係，三十年後，則和較高的薪資有正向關係。二〇一四年一份針對美國男性生活的研究發現，二戰前還在念中學且是運動健將的退伍軍人，戰後繼續工作賺錢、社經地位較高、進一步成為專業人士、坐上管理職的案例，遠超過中學時沒有運動習慣的退伍軍人。（他們也會花更多時間做志工、捐款給慈善單位。）其優勢不乏自我實現的成分，也是一般人對運動員的正面刻板印象，譬如認為運動員是天生領袖、更有自信、更懂得自重、更有膽識的雇主，傾向給曾是運動員的應徵者或員工更多開發與展示那些能力的機會，連帶也讓他們更有機會脫穎而出。

運動對職業女性職涯的影響更為強烈而明顯。二〇一四年，四百位女性主管受訪，提及她們的運動史。其中九七％女性主管（長字輩的位置，如執行長、財務長等）表示，在人生的某個階段曾參與體育活動或比賽，五二％在大學參加過體育活動，五三％至今仍有運動習慣。三分之二的受訪者說，她們偏愛運動健兒的應徵者（又是正向的刻板印象使然），而大概同樣比例的受訪者表示，之前的運動經驗是幫助她們出人頭地的原因之一。

不少大型研究顯示，體育活動也可以減緩認知退化。二〇一五年，倫敦國王學院的科學家發表了長達十年的研究，他們在一群雙胞胎姐妹身上找出體育活動與認知老化之間的關聯性。科學家希望知道基因、行為、環境等因素對老化、智力、成就的影響程度，目前大家對此尚無共識。這次研究比較了雙胞胎，所以排除了基因因素。研究員分別在一九九九年與二〇〇九年分兩次對三百二十四對雙胞胎姐妹進行心理、神經、健康、體適能等測驗，目的是希望瞭解有哪些因素會影響認知能力（用成組的測驗衡量記憶力與處理資訊的速度），以及全腦的結構。他們也用核磁共振掃描受訪者的腦部。研究發現，在一九九九年身強體健且動得多的雙胞胎，在二〇〇九年的認知測驗裡表現較佳，也有更好的全腦結構。而體育活動與強健體魄有「保護效果」，減緩與年紀有關的認知退化。

最近有另一項研究回顧了之前的一個測驗，評估身體活動對蘇格蘭老人認知狀態的影響。一九四七年夏天，社科人員對蘇格蘭十一歲的兒童進行智力測驗，幾乎每個十一歲小孩都接受了這項測驗。過了近六十年，愛丁堡研究員追蹤了其中一千名受訪者。撢掉一九四七年智力測驗（莫瑞教育學院測驗〔Moray House Test〕卷十二）蒙上的厚厚灰塵，這些人接受了另一組測驗，用意是評估他們的精神狀態、體力等等。兩年後，這些人（又名洛錫安一九三六年生〔Lothian Birth Cohort 1936〕）悉數接受了核磁共振掃描。這群受測者提供了大量而寶貴的資訊，有助於釐清哪些因素會影響老人家的腦部，因為研究員可把最新的測驗結果和六十年前十一歲的結果加以比較。其中一篇文章裡，研究員表示身體活動量和腦區之間的連結有正向關係，另外，身體活動量多寡也和腦部白質的量與密度有正向關係。

其他研究員則追蹤研究數萬名護士、英國公務員等團體數年或數十年，研究他們的健康與行為，結果一致發現身體活動與健康老化存在正向關係。許多這類的研究顯示，在四、五十歲時（正是家庭與工作兩頭燒的年紀，易於找藉口規避運動）仍勤於活動身體，得到的回報可維持數十年之久。中年運動可降低晚年罹患慢性病與失智的風險。不過你無須在四十歲時把自己變成運動員，只要保持運動，一樣能在晚年維持認知上與身體上的健康，這點可從歐嘉・柯黛格（Olga Kotelko）身上得到印證。柯黛格是加拿大運動員，在熟齡的田徑賽事上抱回數百個獎盃，享年九十四歲。科學家發現，她的運動菜單對腦部結構有顯著的影響：相較於同齡的其他人，柯黛格的大腦具有更明顯的白質完整性（白質完整性和推理、自我管控、計畫等能力相關），她的非等向性指標（fractional anisotropy，測量腦區的連結程度）也較高。因為她的腦部健康，所以認知與記憶力測驗的表現也較佳。更了不起的是，儘管她小時候在鄉下農村長大，但以教書為業，直到晚年才開始參加比賽：其實是七十七歲才接受田徑訓練。

這些研究足以解釋，何以一些科學家、作家、畫家、建築師有辦法在鬥志銷磨殆盡的數十年後保持生產力。法國建築師科比意（Le Corbusier）過世當天，手邊還忙著四個案子。他每天下午有游泳的習慣，過世當天照常游泳，不幸在泳池過世，享年七十七歲。七十二歲的達爾文，過世前幾週照樣在下午外出散步。謝林頓及其高徒在神經生理學的職涯不僅歷久不衰，而且極為出色。懷爾德．潘菲爾德成立了蒙特婁神經科學研究所（Montreal Institute of Neurology），率先倡議以外科手術治療癲癇，並利用電流刺激大腦的方式，領先繪出大腦皮質層的功能圖。霍華德．弗洛里一九三五年返回牛津，主持鄧恩病理學院（Dunn School of Pathology），和恩斯特．錢恩（Ernst Chain）一起合作開發出盤尼西林抗生素。約翰．埃克爾斯一直留在牛津，直到一九三七年才返回澳洲，繼續研究中樞神經系統的化學與電訊傳導，在一九六三年榮獲諾貝爾生理／醫學獎。三位專家都花了很長的時間在實驗室或研究室，其中潘菲爾德有時必須一連數日密切觀察術後病患的情況。埃克爾斯做實驗時，往往一做就是三十六小時不間斷。弗洛里研究盤尼西林初期，必須讓鄧恩病理學院維持二十四小時不打烊的狀態。儘管忙得不可開交，他們依舊勤於運動：找時間打網球，利用週末或放假時開船出海，整理家裡的大花園等等（弗洛里喜歡園藝，甚至有個玫瑰品種以他命名）。由於中年運動明顯影響老後的健康與認知活動，難怪有些學者直到八十多歲都還不斷發表文章。由此可知，社會普遍認為，年輕時縱有過人的天分但不會久長，這說法可成立也可不成立，端看個人的作法。

約翰．弗爾頓的例子有警世之效。不像其他人，他因應壓力的方式不是找時間休息，也不是運動，反而是貪杯靠酒精麻醉自己。四十歲左右，他已染上嚴重酒癮，屬於高功能酒鬼（high-functioning alcoholic, HFA），最後也因為酗酒，丟了研究室的工作與教職。他寫的文章偶爾仍會迸出過人的文采，但因為戒酒多年不成，一直擺脫不了宿醉狀態，在一九六〇年過世，年僅六十一歲。

積極活動身體，才能抗壓、維持創意

伊杜森與同仁的研究、劍橋數學資優生的例子、謝林頓及他的核心團隊、喜歡登山的科學家，以及其他熱愛運動的學者，在在提供大家一些寶貴的心得，讓我們知道如何平衡緊湊的時間表與創意的生活。維多利亞時期的鄉紳、自然主義者、小說家、作曲家、超現實畫家（這些人裡面不乏運動健將）都是成功的範本，但是他們每天的生活有時過於無拘無束，不適用於今日（在今日，要是你跟狄更斯一樣每天走路十英里，不可能一點成效都沒有），但是偏愛運動的科學家、醫師、政治人物，和我們倒是有明顯的交集與共通點。在當代，成功的科學家各個忙得不可開交。所謂最好的情況，不外乎寫寫申請獎金補助的提案、教授大學部課程、指導研究生、管理實驗室、協助管理系辦，若還有時間就做做研究。若你在企業的研發部門上班，或任職於新創公司，工作性質雖然不同，但責任義務一樣多得離譜。你愈出色，委員會、小組、大會、工作小組、審查等工作都會找上門，讓你應接不暇。

換句話說，成功的科學家猶如磁石，會吸引一堆讓人分心的雜務上門。被伊杜森研究的科學家們，生活之忙碌不輸外科醫師或律師。這些科學家的行事曆標記了一堆的截止日期，生活被一堆委員會壓得倍感沉重，時間被老闆瓜分得四分五裂（更別提還有小孩、家庭要照顧）。但是有人就是有辦法找出時間走出實驗室，定期地爬山、健行、衝浪、攀岩、打網球、跑步。他們打破了社會將他們與書呆子、手無縛雞之力的科學家畫上等號的刻板印象，也從運動中獲益匪淺。儘管用腦的專業工作不會直接用到肌肉的力量，對體力一樣是很大的負荷：連續幾小時保持專注力，從研究改做行政，從手術室轉戰到會議室，行政與開會同樣很耗體力。運動可以協助我們因應隨工作而來的壓力與沮喪感，也能延壽、維持健康、保持智識上的優勢，讓創造力持久不墜。

我們常把工作與休息視為對立的兩面，或是直到有閒才做運動，這可能讓我們淪為伊杜森研究對象裡的低成就者。拜運動之賜，伊杜森研究的明星級科學家，以及其他高成就團體，創意與生產力都能歷久不衰，長時間維持在高水平。有辦法讓身體保持活動的人，工作表現也一流，對此我們不該感到意外。我們應該認清，一些人能夠勝任一流的工作，是因為他們積極地在活動身體。

11 深戲

培養業餘嗜好與各種興趣，是公眾人物首重的課題。

——邱吉爾

將工作技能應用在業餘嗜好

「創客集會」（Maker Faire）是矽谷的年度盛事，將工程師、改裝高手、高科技專家、藝匠、科教人士等齊聚一堂，現場綜合了大型園遊會、麻省理工學院校務會議、群眾興奮觀看太空梭發射升空的場景與氣氛。別出心裁又帶復古蒸汽龐克風的自製服飾，或是開發者大會上慣見的套頭毛衣，是兩大標準穿著。與會者可以享用油炸小點、棉花糖；檢驗其他技客自行編程拼湊的基因體定序法；觀摩3D列印機無所不印的本事，從巧克力食品一路「印」到電路線圈。創客集會展示的成品結合了高科技開發的技藝與Arduino微控制器

（Arduino microcontrollers）。一組創客堅持在所有會動的東西上（不會動也幾乎裝了）加裝噴火器，因此那年的創客集會，主辦單位用了滿多的丙烷，這下石油輸出國家組織（OPEC）的會計師們應該會感到很窩心吧。若《瘋狂麥斯》（*Mad Max*）系列電影的世界也有像 Etsy 這樣為創客手工品成立的網站，盛況應該會和這差不多吧。

高十八英尺（約五．四公尺）、重一噸的機器人長頸鹿羅素（Russell）是二〇一六年創客集會最具人氣的「大人物」（包含字面和比喻的雙重意思）。小孩簇擁著他，為之著迷而興奮。長頸鹿的鼻子上有觸控式感應器，他會低頭讓孩子摸弄，然後亮燈、咂嘴打招呼、發出嗶嗶聲。小孩樂此不疲，一點也玩不膩。羅素的人氣歷久不衰，部分原因是他每次參加創客集會時都不一樣，他的主人林西．羅勒（Lindsay Lawlor）花了一整年改裝，改善觸控功能，讓這隻電子長頸鹿的應對與反應更加靈活。看到羅素出現在創客集會上，猶如見到了老朋友：老友相見，看看彼此變了多少，也是樂事之一。

一如動物會進化，羅素也不斷升級改良，就為了參加環境特殊的「火人祭」（Burning Man）。火人祭每年在內華達州的黑石沙漠（Black Rock，乾涸的巨大湖床）盛大登場，是藝術盛會，也是一些人的烏托邦或靜修所，更有人視之為狂歡派對。有一年，羅勒將自己打扮成斑馬參加火人祭，後來發現機器人長頸鹿才是和這盛會最相得益彰的造型，長頸鹿跟著藝術造型的腳踏車與汽車（這些車可是得到火人祭改造車管理部門的認證）一起進場，浩浩蕩蕩走在一望無際的沙漠裡。想要成功吸睛，最好能讓作品發光：許多藝術作品與前衛建築物入夜後閃閃發亮、絢爛奪目。在一望無際、單調無奇的大地上，要鶴立雞群、受人矚目，高度是重點。此外，只要讓自己夠高（例如騎在長頸鹿上），放眼所見也夠震撼了。

二〇〇四年底，羅勒開始打造他的長頸鹿。他下班後直接回家，進入車庫的工作室，整個晚上和長頸鹿為伍。週末，他在工作室一待就是八到十小時，焊接組件，測試馬達，修補傳動裝置。二〇〇五年火人祭登場之前幾週，「他每天早上三、四點就起床組裝長頸鹿。」

開發電動長頸鹿一開始只是羅勒業餘的興趣，後來這個重達一噸的「機器人」慢慢在羅勒的生命中扮演舉足輕重的角色。二〇〇五年之後，羅勒持續不斷改良，讓長頸鹿更逼真自然。他說：「不同於還原一九五七年出廠的雪佛蘭汽車」，該車款至少擁有理想的原車狀態可供參考，但是組裝長頸鹿更像「在帆布上沒完沒了地作畫，不斷地更改與增修」。在這一年的創客集會上，羅素的頭部與頸部多了燈泡與感應器，隔年的集會上，移動感應器進一步升級。每一年，羅素都會有些不同，變得互動性更強、更有趣。

電動長頸鹿的例子顯示，嗜好不僅僅是消遣娛樂而已。在天時地利人和的條件下，嗜好與身體活動可以成為人類學家與心理學家所謂的「深戲」，指的是可讓人心滿意足、受益匪淺的活動，此外也包含更多層次及個人的意義。玩樂、遊戲是我們人生最重要的活動之一，小孩與幼獸透過遊戲精進必要的技能：小孩學會合作，遵守規矩，擴大想像力，鍛鍊身心，以平常心看待失敗。玩樂的特徵是出於心甘情願，可滿足內在需求，讓身心全然投入，充滿想像力，所以往往能讓人心無旁騖，不費吹灰之力。即使遊戲挑戰體力或讓人不舒服，大家也不會覺得比工作來得辛苦。

深戲一詞經人類學家克利福德．格爾茨（Clifford Geertz）推廣而普及，他有篇文章探討峇里島鬥雞活動的深層意義。簡單的機率遊戲，如擲骰子、撲克牌三張猜一張（三公術）、簡單上手的電玩，都不算深戲。它們僅能短暫地讓人開心或轉移注意力，膚淺的遊戲不會傳授任何可應用於生活上的技能，也不會透露太多一個人的性格與特質。反觀深戲，不僅僅是玩樂而已。在峇里島，鬥雞可彰顯一個人的財富與社會地位，村子與村子之間的鬥雞競賽已成為重要儀式，在鬥雞場合以外，不容人與人之間以暴力或怒火相向。深戲若是有輸贏的比賽，就存在偏高的象徵性風險。若是與個人有關，能提供持久的好處與滿足感，這些是膚淺的遊戲所不能及的。

在創意生活裡，活動必須具備以下四個特質的其中一個，才稱得上是深戲。

首先，深戲必須引人入勝，挑戰玩家的能力，逼玩家面對問題並想出解決之道。一如所有復原的活動，投入或參與是出於心甘情願，所以輕易就被遊戲吸引，沉迷其中。透過遊戲，讓玩家有機會學習新的事物或進一步瞭解自己，這些都是工作或正職給不了的。

二，深戲提供玩家一個全新的領域，可應用發揮工作上的技能。若能開心地善加利用，大家樂於將這些技能應用於職場與休閒活動上，也就不稀奇了。的確，如果職場技能在遊戲時也派得上用場，滿足感自是不言而喻。

三，深戲給人的滿足感多少類似工作，但兩者間還是存在一些差異，畢竟遊戲與工作在媒介、規模、步調上都不同，所以深戲給人的回饋與收穫也略有不同。手機應用軟體「航班追蹤管理」的開發商班・卡澤茲表示，軟體開發與音樂表演有許多共通點，包括都需要和聰明人士合作、與觀眾互動、選擇詮釋與表演的方式。他的這番談話顯示，從兩個截然不同的領域可以找到類似的收穫與回報。習慣開放式問題的研究員，或是經常與不確定性打交道的領導人，選擇深戲時可能會偏好具有明確範圍、清楚疆界、明白的規定與獎勵的活動。對科學家與作家而言，一件專案或作品往往得勞心勞力數年之久，所以業餘的嗜好與活動最好是能在幾天內做完或看到成果，才能從中得到強烈的滿足感。與次原子或浩瀚宇宙為伍的科學家，可能偏好一般人能完成的挑戰。

最後，深戲提供連結，將玩家和過去串聯起來。這個連結可能建立在玩家與父母做過的事情，讓玩家想起小時候的家或是年輕時玩過的活動，亦即讓玩家和自己的過去產生交集與連結。

深戲的四個特徵分別是引人入勝、技巧可延伸應用在新領域、以不同方式得到類似的滿足感、與自己產生連結；四者結合起來，讓深戲成為從工作抽離的有效休息，可讓自己遠離工作的挫折，稍微喘息一下，也是讓身心復原的泉源。深戲之所以有價值，是因為回報具體而顯著，還可以挹注動能，驅策玩家朝始料未及的方向前進。

創意人不是因為高度的活動力與產能而投入深戲；他們之所以活躍又多產，是由於深戲之故。

技術與靈感的交會

一九二八年，諾曼·麥克林還是芝加哥大學研一學生時，花了一年時間和物理學家阿爾伯特·麥克森（Albert Michelson）成為撞球球友[1]，在學校的四方院俱樂部（Quadrangle Club）切磋球技。當時麥克森已是全美知名的科學家，在一九〇七年成為全美第一位拿到諾貝爾物理獎殊榮的學者。在此之前，他設計了一系列儀器測量光速，精準度之高前所未見。在一八八〇年代，他和同事愛德華·莫立（Edward Morley）合作，開始偉大而重要的實驗，後來這些實驗成為史上最重要的失敗實驗。物理學家一直認為，光波、無線電波、電磁輻射，會將「以太」作為傳播的介質，一如波浪的傳播介質是水。麥克森與莫立設計了一台干涉儀，將一道光束一分為二，讓兩道光呈九十度的直角方向前進，心想這樣應該會偵測到兩道光束在速度上的變化，因為一道光順著以太，另一道光逆著以太前進。但兩人並未發現任何光速的變化。由於他們設計的實驗堪稱周延、清楚，所以這項結果嚴重打擊了以太存在的理論，但也為愛因斯坦的廣泛相對論清除了障礙。

麥克森–莫立的實驗成了科學史的里程碑，但幾乎毀了麥克森。研究進行到一半，麥克森出現神經衰弱的症狀：因為連續數月工作過度，鑽研折磨腦細胞的精密儀器，加上經濟因素與個人問題，老闆又對他的研究不聞不問，在在讓他心力交瘁。他在療養院休養了三個月之後，重返工作崗位，更看重健康與精力，所以會刻意撥出時間休息。他學打網球，是全美數一數二精通上旋球的專家。教完書、結束實驗室工作，下午會出外散步。此外，他也重拾年輕時喜歡的活動。麥克森一八五〇年代生長於加州內華達山的一個採礦小鎮。麥克森的妻子回憶，當時正值淘金熱，小鎮吸引了「許多有教養的人士前來一圓發財夢，其中一人拉得一手好琴，成了小阿爾伯特的小提琴老師」。而後麥克森重拾音樂嗜好，每天早上都會拉琴，而且持之以恆到老。夏天，他會畫畫、駕船出海，這些都是他在美國海軍學院就讀時培養的休閒嗜好。

後來，他覺得自己上了年紀，無法繼續在網球場飛奔，所以改打撞球。為什麼是撞球？麥克林第一次看到麥克森打撞球，立刻想到一九〇〇年代初在蒙大拿州老家附近酒館看到的撞球男。麥克森的氣質完全與之重疊：「細瘦、端正、英俊」，身穿「硬領襯衣，留著俐落的八字鬍」。他的氣場與姿態和「撲克牌與撞球俱樂部」毫無違和感。

麥克森靠深戲維持體能、儲備心力，動手設計出讓外界匪夷所思的精密儀器，測量光的波長變化。他的選擇反映了他的教養與才幹，不難想像拉小提琴與打撞球讓他偶爾想起兒時在採礦城生活的點滴，也不難想像他遇見歐洲淘金客以及在酒館的畫面。不過麥克林形容，麥克森也是「世上最會手腳並用的科學家」。因為他自小成長與受教的環境，自然對「出現球桿、畫筆、弓弦，尤其是有縫的盒子和塗了銀的鏡子」等遊戲或活動深感興趣，也將這些遊戲玩出名堂。

繪畫也是邱吉爾的深戲。[2]邱吉爾在一九一五年開始拿畫筆，這時他已因加里波利（Gallipoli）一役慘遭滑鐵盧，辭去了海軍大臣一職，同時發現自己被冷凍（並非他這輩子最後一次），無權對他心目中的重大事件置喙或發揮影響力。期間他寫了一本小品《繪畫作為消遣》（*Painting as a Pastime*），解釋畫畫的魅力所在。他開宗明義點出，大忙人需要培養各種放鬆身心的方式，這些人本質上受不了無所事事。他說：「不要只是關掉照亮主要興趣與泛泛興趣的燈光，也要讓燈光轉而照亮可作為興趣的新領域。」所幸「心思疲憊的部分不僅可以靠休息養精蓄銳，還能善用心思的其他部位」。

邱吉爾覺得繪畫是極具價值的休閒活動，理由如下。繪畫需要百分之百的專注力，卻不難讓人進入專心的狀態。他說：「就我所知，除了繪畫，沒有其他活動，可讓人全神貫注卻不會累垮身體。」「不管當下碰到什麼煩惱，或是未來會面臨什麼威脅，只要開始作畫，完全沒有煩惱與威脅容身的空間。」繪畫的題材五花八門，用之不竭取之不盡；得不斷磨練技能；若活到老畫到老，繪畫的挑戰可持續一輩子。「每一步都可能讓你滿載而歸，更有甚者，在你眼前會出現一條不斷延伸、更上層樓、不斷精進的路。」

此外，繪畫的一些特質讓軍事與政治生涯更具吸引力。「打仗時，三軍統帥須具備兩個特質：精於運籌帷幄、維持精神奕奕。而這兩個條件也正是畫家所必備。」邱吉爾寫道：「繪畫猶如打仗，和畫布進行著你來我往、環環相扣的舌戰。繪畫這個命題，不管是被區分為少數幾個部分，還是被細分至多到數不清的部分，中心觀念大同小異，只有一個。」英國畫家透納（J. M. W. Turner）在大畫布上揮灑，「其作畫的品質與強度形同打仗，均已至登峰造極之境。」打仗與作畫之前，都需要仔細盤算與研究，謀定而後動，並且參考「過去偉大將領（與藝術家）在戰場（與畫廊）締造的豐功偉業」。

但邱吉爾也發現，繪畫到底不同於政治。他說：「繪畫是一大樂事，五顏六色讓人看了就開心，擠出繽紛的油彩，教人心動。」這種感官上的享受給生活添了些愉快的變化，不同於每天不停地看報告、回信、開會。

邱吉爾描述繪畫迷人的一面，完全是出於他個人的感受與想法，畢竟鮮少有畫家自比為指揮官或演說家。但邱吉爾點出一個重要之處：工作與深戲的關聯性因人而異。此外，關聯性也並非被動地等著被發掘。

駕船是另一種受歡迎的深戲。科學家與工程師認為深戲和工作一樣，得具備解決問題的能力與觀察力，只不過深戲的時程較短，更花心力，更需要體力衝刺。工業設計師傑克．凱利（Jack Kelley）發明了滑鼠墊，並參與建立一格一格的現代辦公室隔間，他在辦公室家具公司赫曼米勒（Herman Miller）擔任設計主任時，每到週末就在密西根湖駕船，「替思緒充電。」維多利亞時期的物理學家威廉．湯姆森提出熱力學與電磁學理論，改寫了十九世紀物理學。他整個夏天幾乎都待在遊艇「拉拉茹克號」（Lalla Rookh）上。他是傑出的水手，形容遊艇是「最安靜、也最適合工作的地點」，只要碰到難題，他就避居到遊艇上。

駕船也是美國生物物理學家布立頓．強斯（Britton Chance，譯註：又名錢百敦）的深戲。他著作等身，個人發表或和他人合寫的論文多達一千五百多篇，獲得兩百多項專利，還在一九五二年赫爾辛基奧運上為美國摘下一面帆船金牌。對強斯來說，駕船是家庭活動：他駕船的技術師承自父親，並親自指導自己的十一個小孩駕船出航。駕船也是他發揮技術天分的領域：他十多歲就發明了自動駕船系統，成年後又發明了降阻長鏈聚合物，可加在船前面的水道裡，增加帆船的速度，但這個添加物立刻被比賽單位列為禁用品。再者，駕船可以恢復腦力與精神。週末出航讓他暫時遠離一週六十小時的累人工作。他當時是賓州大學強森基金會（Johnson Foundation）的負責人，一位學生憶及有次開車，從費城前往新澤西州巴尼給灣（Barnegent Bay）時，對話「原本談的都是科學，後來幾乎繞著駕船打轉」。為一九五二年奧運集訓預作準備時，讓他有更長的時間休息。他後來表示，多年來以工作為重，那段集訓期間，「駕船完全凌駕在科學之上。」不過這不但沒有影響他的職涯，反而「有助於激勵我研究的動力。征服了海與風，這下我可以迎戰更大的挑戰，探索生化的未知世界」。

科學家在實驗室的研究有成，在登山領域的表現也是一流，這些人從事的深戲特別耗體力。許多人到山裡是為了度假，不願歷盡千辛萬苦征服崇山峻嶺，但是把登山視為深戲的科學家則認為，登山是不斷創新與締造紀錄的平台。他們鑽研登山的技巧，不畏艱難征服偏遠、陡峻的高山，意味著他們願意花可觀的時間與精力，在同仁可能嗤之以鼻、視為不務正業的活動上。為什麼值得他們做這樣的投資？因為征服大山不僅得吃更多的苦、更需要有面對未知的勇氣，這讓他們學會百分之百專注，讓他們深思登山與科學之間牢不可破的關聯性。

走路或健行可以心不在焉或神遊，但登山需要百分之百的專注。奧地利心理治療專家維克多．法蘭克說：「我只有在登山時，才能完全不想授課或寫書的事。」這位《意義的追尋》（*Man's Search for Meaning*）的作者說，他的人生繞著病患、授課、寫書打轉，「當我攀登山壁……我的腦袋除了登山，不會有任何思緒……我不能有任何雜念，也不能分心思考下一本書要寫什麼。」西雅圖的艾倫腦科學研究所（Allen Institute for Brain Science）負責人克里斯托夫・科赫（Christof Koch），是全球神經科學權威之一，他也有類似的經驗。他說：「你站在懸崖邊，站在前鋒打頭陣的位置，這時你對周遭可是百分之兩百地警覺。」他接著說：「這已幾近冥想，因為你全神貫注到和這個世界、周遭環境完全融為一體的程度。你必須保持高度的專注力，注意岩壁上每一個不起眼的不平點，所以你內在的聲音，一個老是說你不好、對你指指點點的聲音，完全靜默下來。」

成為登山菁英，須具備解決問題的技能，說實話，這一點和科學家沒兩樣。美國物理學家亨利・肯德爾（Henry Kendall）因為證明夸克存在，在一九九〇年獲頒諾貝爾物理獎。他將自己在實驗室的天分應用於登山（一九五〇年代，他常和史丹福的同好攜手征服山岳），發明了徒手攀岩的新爬法，強調只用雙手登頂，繩索只是安全輔具，並非用於支撐身體。數十年之後，他發明了用於攀冰的鐵栓（piton）。肯德爾率先攜帶可攜式相機登山，拍攝攻頂的過程。他在一九五〇年代末拍下他攀登優勝美地大山的過程，讓他與攝影大師羅伯特・卡帕（Robert Capa），以及拍攝優勝美地聞名於世的攝影師安塞爾・亞當斯（Ansel Adams）齊名。發表諾貝爾獎得獎感言時，肯德爾一方面將攝影與登山類比，另一方面也和物理學相比。他樂於探索「沒有人到過的地方」，不管是攻頂還是研究原子核。他說：「這世界美得不可思議，愈往物理的深處探索，也就是萬事萬物最內在的一點，愈覺得美。我們人類可見的宇宙也是美得不可思議，我喜歡觀察宇宙之美，同時探索那份美麗。這也是為什麼我喜歡拍照。」南科羅拉多大學數學系教授約翰．吉爾（John Gill）是室內攀岩運動的先驅，他讓攀岩與體操結合，多了動感與流暢感，並推廣一個觀念：在離地十英尺處，也可見到世界一流的精湛攀岩技術。他看到攀岩與數學之間緊密的交集。在這兩個領域，你一直在尋找「有趣的結果，最好是預期外的結果，憑藉的是優雅的方式、流暢平穩的姿態、出人意料的單純。」當你開始攀爬，「你站在一個全新領域的起點上，這領域不僅要力大（不管是體力還是智力），還要洞悉力，始能如虎添翼，猶如量子從一點飛躍到另一點。」最後，「你在兩個領域都會不斷獲得啟發與靈感。」(3)

對路易斯．雷查德（Louis Reichardt）而言，「登山彷彿在設計實驗」，「兩者雷同處在於，你根本不知道解決問題前，自己該具備什麼知識，所以只能一步一步按部就班，憑著自己最佳的判斷力，然後祈禱一切順利。」雷查德一九六〇年代就讀史丹福大學研究所期間，開始爬山，後來闖出名堂，成為全球知名的腦權威，專門研究神經營養因子及其他維持腦部運作的蛋白質。他同時也是「全球最權威、最厲害、最有毅力的登山家之一」。雷查德厲害之處在於他能替難攻頂的險峰闢出一條新路。一九七三年，他攀登尼泊爾的道拉吉里峰（Dhaulagiri，世界第七高峰），在七千八百公尺高的海拔待了超過三週，最後沒有靠氧氣瓶補充氧氣攻頂成功。一九八一年，他是第一批成功登上K2（世界第二高峰）的美國登山隊員之一。[4]兩年後，他遠征聖母峰，從東側路徑攻頂成功。（就連艾德蒙・希拉里〔Edmund Hillary〕都不敢這樣嘗試，稱「其他笨蛋可能想試試，但不包括我們在內」。）由於遠征喜馬拉雅山所需的準備時間有限，不太可能重複其他登山專家走過的路徑。「一如科學研究，你得嘗試新的路徑，而不是跟隨別人的腳步前進。」但是少了挑戰、少了失敗的可能性，不論是登山還是科學研究，都不會有收穫。

另一方面，艱辛費勁的登山，還是和科學有別。對肯德爾而言，登山的魅力是「欣賞山景時，感受到氣壯山河的大氣勢，這和瞇眼觀察顯微鏡下的世界，完全是天壤之別」。成功的登頂，過程迅速，態度果決。反觀物理實驗就不是這麼回事，不僅要花數年進行大膽、複雜的實驗計畫，才可能完成實驗或是得到資金贊助，就連結果都可能不是那麼清楚分明。登山所費時間較短，結果黑白分明：不是解決眼前各式各樣的問題，登頂成功，就是登頂失敗。就算登山路難走或標示不清容易讓人迷路，目標還是很明確。

最後，登山能培養一個人登高望遠的態度與胸襟，這在競爭激烈的科學界實屬少見。肯德爾的好友兼山友赫伯特・史泰布勒（Herbert de Staebler）說，像肯德爾這樣的登山人擁有「技術、體耐力、強度」，而且毅力也不俗：「自信不足以形容他那個層次的表現。」

和肯德爾同輩的作家尼克．克林奇（Nick Clinch）形容登山時，必須「肩負更多的責任感……責任之重超過任何一種學生作業或活動。」掌握「別人生死大權」，能培養一個人「成熟、負責任」，這是多數學生所欠缺的。誠如雷查德所言，登山教導了失望（如申請獎學金被拒）與絕望（如山友罹難）的差別。他說，實驗室裡的失敗，「後果絕沒有登山時發生的狀況來得嚴重。」

成為第二專長的深戲——玩出名堂

有些深戲會持續數十年，最後玩出名堂，成為第二專長，或是交出跌破大家眼鏡的鉅作。

神經學專家懷爾德．潘菲爾德在一九六〇年七十歲時，從蒙特婁神經科學研究所退休，自此把寫作當成第二事業。直到一九七六年過世前，他寫了兩本小說，四本非小說。其實他早在數十年前就開始醞釀，準備成為作家。他自一九〇九年成為普林斯頓大學新鮮人，直到一九四三年母親過世，持續給母親寫信，總計寫了一千多封信，內容包括研究、旅行、家庭生活。透過寫信，他養成了規律寫作的習慣。他的第一本小說其實是他母親起的頭，然後由他改寫完成。潘菲爾德從來沒有停止寫信給母親。儘管他的著作《心靈的奧祕》（*Mystery of the Mind*）[5]是一本非常技術性的書籍，就連這樣的書，也隱約是一本自傳：書裡提到心靈與腦部的關係，這是六十多年前他在普林斯頓就讀時第一次接觸到的問題，自此一直深思這個題目。該書獻給了他的恩師謝林頓。

在簡訊、電子郵件取代傳統信件的時代，我們很容易忘了以前人們花了多少時間與心思寫信給家人與好友，也忘了書信往來，數十年下來會積少成多，為一個人的人生與關係留下紀錄。書信屬於私人文件，所以會掩飾規律通信對作家的影響，諸如精進作家的專業才能，鼓勵他們養成寫作紀律，訓練他們的觀察力與反思能力，勇於嘗試不同風格的表達方式。這些解釋了何以一些受歡迎的作家年紀大了才成氣候。

英格蘭約克郡的獸醫詹姆士・艾菲德・懷特（James Alfred Wight）直到一九六〇年代初、快五十歲時，才開始寫小說。在此之前他筆耕多年，勤於寫信給住在蘇格蘭格拉斯哥（Glasgow）的父母。此外，將近十年之久，他晚上都在起居室寫作，和文字奮戰。（寫信加上每晚寫作，不難想像他為了成為作家花了數萬個小時練習。）因為投稿一再被拒，他將注意力轉向他最擅長的領域：動物、約克郡、鄉下醫師的生活。他的第一本短篇小說集《如果牠們會說話》（*If Only They Could Talk*）出版於一九七〇年，他用了詹姆士・赫利奧特（James Herriot，另譯吉米・哈利）當筆名。他的文學事業開始起飛，但他依舊不放棄練習，也不會向客戶推銷自己的書。他打趣般告訴兒子，一隻牛才不會介意你是不是名作家王爾德（不過他的母親倒是自稱是「詹姆士·赫利奧特的母親」）。

劇院經理伯蘭·史杜克（Bram Stoker）不僅要經營倫敦的萊塞姆劇院（Lyceum Theatre），還是劇院老闆、偉大的莎翁演員亨利·歐文（Henry Irving）的經紀人。史杜克在一八七八年加入萊塞姆劇院之前，在都柏林擔任公務員，兼職寫評論與文章。到了倫敦，他繼續寫作。一八九〇年左右，他嘗試寫小說，內容結合了中世紀歷史、哥德小說元素，以及維多利亞社會迷戀的超自然神祕現象。他還添加了一些細節及特色，靈感主要來自於他對倫敦舞台劇圈的觀察，以及歐文社交圈的人物，包括演員、作家、知名探險家、政治人物、警官。他利用夏天度假時完成部分章節，度假的地點包括濱海小鎮惠特比（Whitby，小說主要的場景之一），還有蘇格蘭的偏遠村落克魯登灣（Cruden Bay）。動筆之後，他整整寫了七年，直至一八九七年才出版了小說《德古拉》（*Dracula*）。

《哈比人》、《魔戒》的作者托爾金（John Ronald Reuel Tolkien）是深戲最佳範例，顯示深戲如何締造歷久不衰的偉大文學作品。托爾金是牛津教授，育有四子，也是傑出的學者。他的朋友圈中不乏名人。他是約翰·埃克爾斯長子的教父，與路易斯交好，兩人都是牛津文學性社團「淡墨會」（Inklings）的會員。不過從托爾金的傳記裡，很難看出他後來會成為二十世紀最偉大的奇幻小說家之一。托爾金的想像力潛伏得很深，多年來這功力一直沒有外露。受到母親的鼓勵，他自小著迷於文字的魅力。鮮少有小孩像他一樣，會形容自己被希臘文「表面的閃光」擄獲，還生動地形容希臘文「行雲流水……穿插難解之意」。他也欣賞火車轟隆轟隆經過臥室窗前，威爾斯地名出現在列車上的感覺。他還原建構了已沒落的古語，並發明字母，讓古語能用現代符號呈現。他十二歲時，母親過世，原本外向的他，對人生充滿了悲觀的想法。自此有三樣東西固著在他的心裡：母親、鄉村生活、鑽研語言。於是，他創造了新的語言，並想像說這些新語言的地點是什麼模樣，藉以緬懷母親。

他私藏自己所創的語言數十年。在牛津，他研究中世紀語言與語言學，自創以芬蘭語為本的新語言（後來改編成小說《魔戒》裡高等精靈所使用的語言）。托爾金也研究文字的筆法，希望進一步將古語文本解碼，並開發新字體。他開始用現代的語彙改寫古代的神話、史詩，情節主要從三顆精靈寶石（托爾金稱之為「西瑪里爾」〔Silmaril〕）出來。他結婚成家後，不改其志，繼續研究斯堪地那維亞史詩《貝武夫》的語言和中世紀英語的語文學，同時不斷增補自創的語言與神話。他也開始向小孩說故事。過了幾年，他著手寫下這些故事。偶爾他會從神話中汲取靈感，替精靈、巫師、地點命名，彙整成童書。《哈比人》就是在有機過程中慢慢成形，成為精彩的童書，中間穿插神話與語言學的細節，遣詞用字暗示世界黑暗、悲慘的一面。托爾金有關中土的故事不僅充滿奔放的想像力，說故事的技巧也非常高超，但《哈比人》和《魔戒》是他花了數十年，深耕語言、神話、說故事技巧等深戲所累積的結晶。

電動長頸鹿是另一個方向超出預期的深戲產物。林西．羅勒並非動畫或機器人領域的專家，他只是火災警報系統的工程師。進入社會後，工作幾乎不離火災警報系統。中學畢業後，他在營建業上班，發現「營建業鮮少有人懂電腦設備，要是懂電腦及軟體操作，等於是神級人物」。他發現安裝及維護電腦系統還滿有趣的：每棟建築物都不同，但都必須符合法律規定，所以沒有兩個案子會一模一樣。這份工作也很穩定。在經濟不景氣時，企業會對舊地毯、舊家具爭一隻眼閉一隻眼，但沒有人敢忽視防火系統。

換言之，這是個不錯的工作，畢竟防火警報系統是必備設施。但是他說：「你大概永遠用不到這些設施，它們隱藏在你絕不會發現的地方。高尚卻無趣。」理想上，這些系統最好不會被派上用場，所以沒有人注意到羅勒的存在。一流的警報系統「安靜無聲，直到真的發生緊急狀況」。所以你永遠不會知道你的工作表現有多好，也鮮少受到肯定。警報系統的工作讓羅勒有非常多「時間花在車上」，「這時就可以天馬行空，東想西想。」

電動長頸鹿讓羅勒有機會被人看見他的技術與手藝。不像警報器，這東西不僅有個性，也能和人互動。長頸鹿也應用了他小時候學到的技藝。一九七〇年代，羅勒住在聖地牙哥的洛馬岬（Point Loma）。他說：「我是獨生子，家裡並不富裕，所以我都自己做玩具。」他做了很多模型飛機，畫好圖形，切了幾塊薄木板，用膠水黏牢，變成超大的結構。

他跟祖父學會了修車、改裝沙灘越野車、靠除草機的動力驅動迷你腳踏車。他說：「我這輩子都和結構、框架打交道，這些需要大量的知識與悟性。」羅素這隻長頸鹿靠的就是那樣的知識。他說：「羅素的骨架和木製模型飛機的骨架一樣。」一個日本製的長頸鹿機器人玩具內建一個核心馬達，可以控制長頸鹿的四肢，這給了羅勒師法的原型，決定用在自己的長頸鹿上。長頸鹿的四肢務必長短一致，否則步伐會失去平衡，對馬達及骨架造成壓力。長頸鹿的其他部位，則可以「隨心所欲、不拘形式焊接而成」，就看羅勒自己的靈感和過去做模型的經驗而定。因此羅素是他的分身，呈現了他的個性，也是羅勒與過去連結的平台。

對話時，我發現羅勒稱自己的長頸鹿「他」，而非沒有生命的「它」，我問他從什麼時候開始把長頸鹿視為活物而非冷冰冰的機器。他說：「打從第一天開始。」羅素一直是「朋友、人，而非機器，也非藝術工程」。有時候，深戲會展開自己的生命。

深戲和工作都是整體生活的一部分

麥克森與麥克林常在四方院俱樂部打撞球。有次麥克森告訴麥克林：「撞球是不錯的休閒活動，但是不如繪畫；而繪畫作為休閒活動，不如音樂；音樂作為休閒活動，又不如物理。」對麥克森而言，儘管撞球、繪畫、音樂作為休閒活動「不如物理」，但三者都能替他的精神電池充電，讓他走出實驗室，以開心的方式發揮自己機敏的一面，同時又能與小時候的記憶，還有住在加州墨菲斯營地（Murphys Camp）的生活相連結。這些點滴具體化了深戲。不管深戲的形式為何，提供的挑戰與滿足感並不輸工作，只不過規模小，形式更直接。深戲提供我們機會開發更多技能，培養不同的生活觀點。至於選擇什麼活動作為深戲，往往因人而異，所以深戲的形式會反映一個人的深層興趣及家族史。深戲是用心休息的形式之一，也是創意人士生活中不可或缺的活動，可以讓殊途能夠同歸，形成一個連貫、統一的整體，而這樣的生活強調整體大於部分的總和。

大家形容深戲時使用的語言，提供了重要的線索，讓我們瞭解何以深戲有如此巨大的影響力，以及深戲為何這麼重要。登山絕非只對科學家有吸引力，對其他人毫無魅力。許多執行長、成功的醫師、律師、銀行家都是登山高手，形容攻頂成功有何收穫時，往往借用自己業界的隱喻。還有一些頂尖的登山高手，選擇以休旅車為家，錢賺夠了就踏上另一段旅程。一流的滑雪專家、衝浪高手也是這麼生活。不少科學家喜歡駕船出海，或是熱愛音樂與藝術，據他們形容，在很多重要面向上，這些活動與工作無異。

對多產的創意人士而言，他們往往透過工作以外的活動發揮興趣，而這些興趣與他們的工作和專業相輔相成，正好可以充當連結職場與休息的橋梁，久而久之，這些工作之外的活動便深化為深戲。對麥克森與其他創意人士而言，深戲並不會和工作衝突；麥克森藉由各種深戲，展現熱愛自然的一面，深信這些活動讓他有機會挑戰自我、發揮專注力與解決問題的能力。這些活動環環相扣，不該被視為浪費時間或只會分散注意力，反而應該被看作是他們生活裡極為重要的一部分。這也說明何以這些活動就算很花時間，也值得他們投入。

深戲之所以重要，是因為活動和工作之間有著諸多交集，例如都是一個人的興趣所在，也應用相同的技能。不過就算如此，深戲和工作之間其實也有非常清楚的界線。你可能覺得攀岩和科學研究一樣，但是你不可能一邊攀岩，一邊計算數學等式。許多人努力在工作與生活之間取得平衡，反而模糊了兩者的界線，導致公私不分，必須同時處理好幾件事。不過深戲無法多工作業，必須投入絕對的專注。

心理學家伊杜森與她的後輩研究了頂尖科學家後，發現他們有能力看見休息與休閒的關聯性，甚至認為休息與休閒是整體的一部分，缺一不可。魯特—伯恩斯坦指出，一流科學家一致認為，「找時間投入讓人放鬆的嗜好極為重要，這攸關他們科學研究的效率，連帶提升他們的職涯成就。」對他們而言，彈鋼琴或是繪畫，只是另一種手段與方式，「展現他們對自然的一種審美觀。」他們在實驗室、球場、攀岩場、演講廳的所作所為，因為共同的興趣及熱情而互相結合。反觀低成就者，完全不重視嗜好。他們「沒有培養任何嗜好，或是認為嗜好與工作無關」。伊杜森那些成就普普的同仁認為，只要攬下更多工作，即可改善工作表現，結果反而拖累他們的職業生涯。

最後，找出工作與休閒活動的深度關聯性，或是將休閒活動視為深戲，如此一來，創意人士可以一邊彈鋼琴、繪畫、健行，一邊深思問題。數學與藝術雖是不同領域，但追根究柢，都是欣賞自然之美的方式，而登山其實也是在向大自然致敬。將登山與實驗室研究視為解決問題的練習活動，久而久之，儘管你的意識現正專注於登山或拔營，依舊可以讓潛意識繼續活動，找出解決問題的辦法。

12 休假研究

我第一次請休假研究（sabbatical）有幾個原因：一來是想跳脱平日的例行公事，排解沉悶；二是心中隱隱期盼，也許在不同的時間框架下（time-frame），自己能發揮巧思，構思和以往不同的計畫。在我的想像裡，休假研究是一段充滿喜悦的時光。但我萬萬沒想到，休假研究竟就此改變了工作室的走向，還讓我生意興隆，日進斗金。

——史蒂芬．賽格邁斯特（Stefan Sagmeister）

稍退一步的哲學

每隔七年，奥地利設計師史蒂芬．賽格邁斯特便會放下手邊的工作，關閉工作室，休假研究一年。賽格邁斯特在一九九三年成立自己的設計工作室，在此之前，他曾分別任職於紐約和香港的廣告公司。與他合作過的對象，包括奧多比軟體公司（Adobe）、寶馬汽車（BMW）等大企業，紐約古根漢美術館（Guggenheim Museum）與現代藝術博物館（MoMA）、《紐約時報》，以及音樂界大咖路・瑞德（Lou Reed）、布萊恩・伊諾（Brian Eno）、滾石樂團（Rolling Stones）和饒舌傳奇Jay-Z。從賽格邁斯特一九九九年為底特律的課程所設計的宣傳海報，可一窺其強烈的風格。海報上，他露出上半身，將課程相關訊息刻在身上。賽格邁斯特其他的設計展品則以大尺寸、勞師動眾和匠心獨具著稱。他曾號召一百名志工，在一週內以二十五萬枚硬幣在阿姆斯特丹的廣場上排出一行字，內容是「執迷讓我的生活更糟，作品更好」（Obsessions make my life worse and my work better）。賽格邁斯特的另一件作品用了一萬根或黃或綠的香蕉。綠色香蕉排出「有自信，結果也好」（Self-confidence produces fine results）。但放久了，香蕉老了黑了，字跡也愈來愈模糊，終至無痕。

一九九九年，賽格邁斯特著手規畫了職業生涯中第一段休假研究。當時他的設計工作室營運狀況良好，但他隱隱擔憂自己的作品風格已有一成不變之跡象。意識到自己的作品愈來愈雷同之後，他開始通知客戶、推掉找上門的工作，毅然決然在二〇〇一年關閉工作室。當時賽格邁斯特做了最壞的打算：自己可能會失去優勢與原本的客戶群，甚至被整個設計界斥為明日黃花。結束了一年的休假研究，設計工作室重新開張後，這時的賽格邁斯特卻有滿腦子的巧思。經歷七年來不間斷的設計計畫及工作室管理工作，放完假的他更能體悟藝術設計的真諦。設計對他來說，不僅僅是個「活兒」或「事業」，更是願今生傾注心力回應的「召喚」（calling）。假期結束後，客戶也陸續回流。這段休假研究要說真有什麼不同，似乎為賽格邁斯特增添了一股神祕氣息。

不過這段長假到底對他的職業生涯有無助益呢？話說在二〇〇五年，他替「臉部特寫樂團」（Talking Heads）的專輯套組《一期一會》（*Once in Lifetime*）做視覺設計，為自己抱回一座葛萊美獎，也獲得國家設計大賞（National Design Award）殊榮。二〇〇八到二〇〇九年間他又休了一次假。回國後，以大衛．拜恩（David Byrne）和布萊恩．伊諾的專輯《所發生的一切今天都會發生》（*Everything That Happens Will Happen Today*）再度贏得了葛萊美獎的肯定。二〇一三年，他榮獲美國平面設計協會（American Institute of Graphic Artists）金獎。在另一次休假研究期間，賽格邁斯特腦海中逐漸構思出「快樂秀」（The Happy Show）展覽的雛形。該展覽結合了行為科學與藝術設計，探討「快樂」的概念，並推出許多實驗性作品。（這項展覽呈現了賽格邁斯特個人創意的大躍進。他本人曾表示：「在維也納，大多數的人頌揚傷感，流行悲秋傷春。而只要跟『快樂』扯上邊的事物，對維也納人來說，不是代表『愚蠢』就是『很美國』。」）

賽格邁斯特的休假研究年就像他本人的作品一般，一再登峰造極，將看似不可能的事情化為可能。能像他一樣對自己的創意、商業價值抱持如此信心，而且口袋夠深、給自己整整一年假期的人誠然少之又少，但賽格邁斯特的經驗告訴我們，就算是身處在競爭極其激烈、瞬息萬變的設計領域，來段休假研究，並利用假期整理思緒，投入沉思，不但可行，而且會有滿滿的收穫。誠如他所言：「多嘗試一些自己平常沒空嘗試的新鮮事。」

身兼藝術家與企業家身分的賽格邁斯特，並非唯一會固定休假做各種嘗試、以求突破技藝的成功人士。人稱分子廚藝之父的西班牙廚藝巨匠費蘭．阿德里亞，自己的餐廳「鬥牛犬」每年會停止營業六個月。在一九九〇年代，鬥牛犬吸引了世界各地富有冒險精神的老饕前來朝聖。要在鬥牛犬吃上一餐可說是難上加難：鬥牛犬一個晚上僅招待五十名客人（簡直跟餐廳員工人數一樣多），而且每一季只開放八千個名額。名額有限，鬥牛犬卻收到超過**百萬**人次的預定。阿德里亞說過，在鬥牛犬用餐，就像參加一場目眩神迷的戲劇饗宴。大家只要想像一下冰島歌手碧玉（Björk）在舞台上穿著亞歷山大．麥昆（Alexander McQueen）設計的各套戲服，詮釋所有角色的前衛劇，就不難理解何謂目眩神迷了。阿德里亞善於以泡沫（foam）和冷凍蒸氣（frozen vapor）替料理提味。此外，看似熟悉的菜餚，用料卻出乎顧客意料之外。例如，饕客眼前的義大利麵餃（ravioli）外皮用的是墨魚，而非熟悉的麵糰；吃進嘴裡的魚子醬其實不是「魚子」，而是蜂蜜浸泡過的哈密瓜果肉。阿德里亞還能利用「分子化」解構大家熟悉的菜餚：廚師用馬鈴薯泡沫、洋蔥泥與義大利甜品蛋白沙巴雍（sabayon）做成一道西班牙烘蛋，放入雪莉酒杯裡，送到餐桌上。除此之外，阿德里亞還能將橄欖油這種西班牙家家戶戶必備的油品化成薄片、捲成螺旋狀。細數鬥牛犬琳琅滿目的道道佳餚，自然有些是特別受顧客歡迎的招牌菜色，有些則是以新鮮感、開創性著稱。由日本馬鈴薯和豆皮製成的「消失的義大利麵餃」（the vanishing ravioli）便是饕客的最愛，而茶湯與蛤蜊的組合倒是以別開生面馳名。為了時時保有創作靈感，阿德里亞每年會花六個月，接觸各種新的料理材料，實驗不同的煮法，創作出一道又一道的新菜色（其實鬥牛犬還會開發新的刀具、餐盤與玻璃杯，甚至改變用餐方式，讓客人搞不清楚何時上菜、何時結束）。有些阿德里亞的弟子會出外闖蕩，自立門戶，模仿老師的作法，將休假研究排入餐廳營運的一部分。許多門徒日後也成為一流餐廳的大廚，久而久之，鬥牛犬聲名日盛，成為全球最負盛名的餐廳，直到二〇一一年阿德里亞宣布餐廳歇業，這位料理界傳奇專注於諮詢工作，並研究創新菜餚。

在二〇一四年接受西班牙媒體訪談時，賽格邁斯特說：「從商業的角度、甚至是從個人創作靈感的角度來說，休假研究都是我做過最好的決定。」從他的經驗，我們可以知道，就算身處高度競爭的設計領域，暫別日常工作且規畫良好的休假研究，能讓生活重新充電，對發掘創意靈感大有裨益。休假研究甚至能讓人突破現職的瓶頸。休假研究的好處可不僅是設計師獨享：科學家、作家、工程師，甚至軍中將領，也能受惠。

綜上所述，在人生道路上，有時我們得稍稍退後，才能真的領先；若欲迎頭趕上，須得緩緩腳步，以退為進。

休養生息，不代表競爭力下降

但私人企業跟非營利組織的主管，通常不太可能有機會暫別工作崗位半年，甚至一年。微軟創辦人比爾．蓋茲的休假研究每年僅為期七天，不過他的案例也顯示，規畫良好的休假對組織領導者也大有助益。退休前的蓋茲身兼微軟執行長與董事長，每年有一週的時間，他會暫離工作、暫別家人與朋友（基本上是暫別所有人，只帶一名不會吵他的廚師兼管家），待在華盛頓西部、將奧林匹克山脈的美景盡收眼底的濱湖別墅。這段時間，蓋茲可不是在讀什麼科幻小說或史賓諾沙的著作，讀的多半是高深的專業書和最新的科技書籍，還有一些是微軟產品計畫的提案。自一九八〇年代，這名科技界傳奇發現，若想獨步預見科技產業趨勢，找到提早布局投資或研發的新技術，並且嗅到產業的機會與危機，暫離公司一週，最能讓他達到以上目標。有時蓋茲會利用他的「思考週」（think week），深入研究某些特定的技術領域。舉例來說，二〇〇四年他利用大部分的假期研讀無線科技的相關文獻。在一九九五年，蓋茲於思考週領悟到網際網路對微軟公司未來發展的重要性，因此這一年的思考週廣為人知。其他的思考週也影響了微軟公司的政策，如開發瀏覽器、平板電腦和線上遊戲。

於是，蓋茲的思考週經驗影響了不少微軟及其他矽谷公司的管理階層，紛紛起而效尤。但並不是只有大公司的主管才會請休假研究：紐約新創公司「技能分享」（Skillshare）的執行長麥克・卡夏納庫恩（Michael Karnjanaprakorn）每兩年會請七天的休假研究。有些企業主則是選擇休更長的假：南加州的精釀啤酒先驅葛瑞格・科赫（Greg Koch）在擔任史東釀酒廠（Stone Brewing）的執行長十七年後，毅然決然請了六個月的休假研究。而南非企業家、奢華精品公司歷峰集團（Richemont，旗下擁有卡地亞、江詩丹頓、沙夫豪森萬國錶、萬寶龍等知名精品品牌）的創辦人約翰・魯伯特（Johann Rupert）則是休一年的假。許多企業的執行長紛紛發現，休假研究可讓人暫離平日紛紛擾擾的職場折衝，放下日日待決定的芝麻瑣事，還有每幾分鐘就得處理、讓人頭昏腦脹的大小事務。有了休假研究，主管能以更宏觀遠大的視野來審視整個企業的運作與產業脈動。除此之外，休假研究能增進員工對公司的滿意度，回到崗位後，員工更清楚自己的工作與未來，離職率也大為下降。

一些有遠見的非營利組織和基金會[1]，也開始支持休假研究。二〇〇九年，一份探討非營利組織的休假研究報告指出，請休假研究的員工當中，超過三分之一的人表示藉由休假，自己更能在生活與工作之間找到平衡，與家人的關係更為融洽，身體也更健康。七五％的人則表示自己「更能清楚瞭解組織現有的願景，或創造出全新的願景」，而八七％的人則覺得休完假、回到工作崗位後，對自己的工作更有信心了。值得玩味的則是，僅一三％的人表態放完長假後想換工作。對成立時間不長的小規模非營利機構而言，創辦人不在的這幾個月，董事會與職員剛好能藉此空檔，摸索出自己的辦事節奏與做事風格。這點倒是和一些企業的經驗很類似：主管請休假研究這段時間，屬下便有機會暫代執行長一職，員工之間也可代理彼此的業務，甚至趁此機會檢視既定的接班計畫是否可行。

而三星電子的案例也證實休假研究有助於企業組織的發展。一九九〇年，三星正積極拓展海外業務，當時開始推出「海外休假研究專案」，派出公司內部前景最為可期的主管到海外。每年有兩百名三星職員參加該專案：首先，大家得進一個為期三個月的訓練營，置身雙語環境，練習冥想，並學習當地文化風俗。第一階段的訓練營結束後，第二階段，所有學員會前往下一個國家（公司會從八十個國家中選出一個），在當地待六個月，像業餘的人類學家一般，深入當地文化、學習風土民情、結交朋友。第二階段完成後，每位員工需根據自己的設計，提出企業相關計畫，時間為期半年。在短短十年內，三星電子快速成長，名列全球知名企業榜，參加休假研究專案的學員厥功甚偉。當年許多學員如今已成為該公司在首爾與世界各地的資深高階主管。

三星推出休假研究的時間點，其實正是公司業運蒸蒸日上之際。但事實證明，組織若能給主管一段休假研究，這段看似無為的「休耕期」實可收意外之效，開發出新技術。以美國為例，美國在二戰期間的指揮將領多在一九二〇與三〇年代間成年。這段時期，美國軍力縮減，國內彌漫著孤立主義氣氛，而駐防在太平洋與菲律賓諸島的軍事基地生活步調緩慢，乍看之下，年輕將領出頭的機會少之又少。任何人看到這種承平氣象的軍隊，幾乎都會打賭將來若是開戰，只有在格爾尼卡（Guernica）打過仗的資深將領才能打勝仗，而不是這些在馬尼拉服役的軍官。但正是這個不被看好的世代出了許多良將奇才，帶領美國打贏二戰，備受後人稱道。但這些名將究竟是怎麼竄出頭的？誠如在二戰末期擔任美國駐德國占領區的軍事長官，後來晉升將軍的魯修斯．克萊（Lucius Clay）所言：「你所作所為的唯一回報是自我滿足感。」原本許多有抱負的年輕軍官對這個事實感到失望而無奈，有些人於是把時間耗在打高爾夫及玩橋牌。前面提到的名廚阿德里亞空閒時可不是打牌消磨時光，而是積極研發新菜色。在二戰前的戰間期，部分美軍將士騰出時間鑽研現代戰略理論、研讀經濟學、學習外語，並研究日本與德國日益壯大的軍隊。

二戰期間擔任美軍參謀長的喬治．馬歇爾（George C. Marshall）一開始是潘興（John J. Pershing）將軍的副手，後來轉任戰爭部門的計畫人員一職。駐華期間，馬歇爾利用職務之便，研究日本的政治與軍事擴張現象。一九二七至三二年間，馬歇爾擔任本寧堡（Fort

Benning）的陸軍步兵學校副司令，當時他便將步兵訓練與戰略現代化。再以艾森豪為例：一戰結束後，他在派駐巴拿馬期間飽讀歷代戰爭史冊，還與人合著《美國於歐洲戰場之概略》（*A Guide to American Battlefields in Europe*）一書；之後幾年，陸續待在華盛頓特區與菲律賓。艾森豪的參謀長華特·史密斯駐菲律賓期間，潛心研究游擊戰。喬治·巴頓（George Patton）早年曾派駐各地，擔任不同職位，也曾在美國陸軍戰爭學院待過一段時間。這段不打仗的時光，倒是讓巴頓有空潛心思考如何改良作戰模式，並且好好研究德軍擅長的坦克戰術。一九三〇年代駐於夏威夷期間，巴頓探究日本軍國主義的概念，以及日本皇軍在中國的一系列部署與戰役。魯修斯·克萊在華盛頓州待了四年，期間曾管理一些工務計畫，後來又和艾森豪、麥克阿瑟同遊菲律賓。除此之外，克萊曾有兩年來往美國各地，監督上百座大大小小機場的建造工程。約瑟夫·史迪威（Joseph Stilwell）曾三度遊歷中國，甚至還在北京擔任駐外武官一職。這些經歷讓史迪威的中文造詣愈佳，也讓他升遷順利，在二戰期間被拔擢為中國戰區參謀長（但史迪威本人可能有點後悔接這個位子），和中國戰區最高統帥蔣介石攜手作戰。

換句話說，相較於前輩們，這些將領在軍力縮減的承平時期，的確缺乏實地部署的機會與實戰經驗，但不致讓軍隊意志消沉。趁著戰間期，將領不僅可休養生息，還多了一些打仗時沒有的閒暇時間，可深入研究軍事相關的學問。除此之外，還有人能重新思索該如何打造現代化軍力，為建制更為專業的軍隊奠定基礎。承平時期的軍隊誠然少了歷史學家約西亞・邦亭三世（Josiah Bunting III）口中的「一看就忙進忙出的氛圍」，但良將懂得把握休戰的緩慢步調，「有空便多思考、多沉思、多記錄」。

在長假和旅程中醞釀靈感

對在學術領域奮鬥的人來說，休假研究也有舉足輕重、但常為人忽視的影響力。這裡所提的「休假研究」可不只包含人人稱羨的「教授休假研究」（有固定排程和計畫）；有些最具劃時代影響力的休假反而為期甚短。

舉例來說，道格拉思・恩格巴爾特（Douglas Engelbart）開發的線上群組系統（online collaborative systems），衍生出電腦滑鼠、圖形用戶介面等多種產品，乃電腦科技的先驅人物。二戰末期，恩格巴爾特在菲律賓擔任海軍無線電技術員，身困當地期間，卻讓他領悟到電腦科技的力量。戰爭末期他被留置在雷伊泰島（Leyte）上，整日百般無聊，無所事事，只能乾等軍方發布回鄉命令。一日，恩格巴爾特恰好在「一棟用竹竿茅草搭成的高腳屋」中，發現一間紅十字會圖書館。他在圖書館裡，碰巧讀到萬尼瓦爾・布希（Vannevar Bush）的一篇文章，驚為天人，大受啟發。文章內容探討了電子技術未來不僅能幫助研究者追蹤新研究，連結不同觀念的關聯性（或是布希所謂「將各種觀念的軌跡連起來」），還能管理如雨後春筍般冒出的大量科學資訊。身為無線電技術員，恩格巴爾特非常清楚：有了「螢幕」，使用者便能更加得心應手地處理、回應各種訊息（一九四五年很少人知道這一點）。當時的他預見了這項技術的嶄新契機：該技術不僅能擴充人類智能、管理訊息，還能讓人利用自身智能與電腦智能，聰明應對層出不窮的考驗與挑戰。這份信念成了恩格巴爾特數十年來的使命，引導他開發出各項電腦技術。這些技術如今多掌握於億萬富豪手中，形塑了我們對電腦的理解。

神經學先驅懷爾德．潘菲爾德則是藉由當外科醫生期間的兩次休假研究，早早踏入神經學研究的殿堂。當時的他一直想找出修復病患腦傷更好的療法，於是他以動物做試驗，解剖受傷動物的腦部，觀察損傷是如何影響大腦。但他很快便碰到了瓶頸。潘菲爾德事後回憶，他在牛津時從查爾斯．謝林頓習得的細胞染色法，讓他清楚看到神經元，卻幾乎看不到神經膠質細胞。而神經膠質細胞的角色是「供給營養給神經元並提供支架」。若不能瞭解損傷是如何影響神經膠質細胞的運作，潘菲爾德根本無法繼續實驗。但西班牙神經內科學家拉蒙．卡哈爾的實驗室發表的一些染色法，能有效觀察神經膠質細胞。故潘菲爾德於一九二四年前往馬德里，與其共事半年，學到如何將腦部組織染色，得以更有效地觀察神經膠質細胞的損傷。四年之後，潘菲爾德前往當時仍屬德國的捷克城市布雷斯勞

（Breslau），與神經內科學家歐弗里德．佛爾斯特（Orfrid Foerster）共事。佛爾斯特曾發表各項外科療法，專門醫治因頭部受創引發癲癇的退役大兵。佛爾斯特蒐集、保存了大量受損腦部組織切片，但還沒有人仔細分析過這些切片。這時，潘菲爾德便有了絕佳先機，研究受損的人類腦部組織，進行前所未有的實驗：他將各組織切片，與佛爾斯特的病患病歷比對，逐步建構出人類各神經系統疾病的成因，畫出對應身體每個部位的大腦地圖，俗稱「潘菲爾德地圖」。潘菲爾德的兩次長假經驗顯示，神經外科與神經科學若能合作，兩者之間激盪出的火花可謂不同凡響。這樣的領悟催生了蒙特婁神經科學研究所，也奠定了潘菲爾德一生的研究基礎。

詹姆士．洛夫洛克（James Lovelock）也是在長假和旅程中建構出許多重要思想，進而導出著名的「蓋亞假說」（Gaia hypothesis）。洛夫洛克有許多不同身分，尤以獨立科學家最為人著稱。不僅在英國西南方的偏遠村落波爾恰克（Bowerchalke）的實驗室工作，更常定期造訪美國各大專院校與研究機構。一九五八年在耶魯大學的一年休假研究期間，洛夫洛克改良了電子捕獲檢測器（electron capture detector）。該儀器能極精確地偵測到環境中的氟氯碳化物，並完整呈現其分布狀況。一九六一年，洛夫洛克開始與美國太空總署合作，共同設計太空設備，這時的他頻繁造訪南加州的噴射推進實驗室（Jet Propulsion Laboratory）。當時實驗室裡的一些科學家潛心研發設備，希望用來偵測火星上是否有生命存在。當時大部分的科學家主張搜尋特定的有機化合物，但洛夫洛克獨排眾議；他認為地球環境是動態的，因此生命偵測設備應搜尋環境的複雜性和各種激烈變化的跡象。一九六五年九月，洛夫洛克再度造訪噴射推進實驗室，領悟到地球環境一直有生命存在，並非因為動態性。他認為，地球的各生命系統「不斷調控環境，維持環境的整體穩定」，正因如此，不同的生命系統才能存續發展、成長茁壯。若干年後，一次到科羅拉多州國家大氣研究中心（National Center for Atmospheric Research）的旅程，讓洛夫洛克大受啟發，他理解到「我們生存的環境其實充滿了生氣」。接下來整整十五年，他與波士頓大學的生物學家琳．馬古里斯（Lynn Margulis）和華盛頓大學的環境科學家羅伯特．查爾森（Robert Charlson）合作，以此信念為基礎，不斷擴充學說內容。

用沃拉斯的用語來談談蓋亞假說的發展歷程好了。洛夫洛克也許都是在波爾恰克的實驗室裡準備與醞釀蓋亞假說的相關概念，但真正關鍵的靈感閃現，往往不是發生在他孤身一人窩在小村莊的時光。當洛夫洛克暫別離群索居的生活，踏入人才濟濟的環境，如噴射推進實驗室、波德市（Boulder）、波士頓和華盛頓，靈感才源源不絕而來。波爾恰克誠然是他暫逃人事喧囂、日常瑣事與職場紛擾的祕密基地，在那裡他能聚精會神、專心致志；卡哈爾認為，想要有開創性的成果，必得達到這八個字的境界。洛夫洛克本人事後回憶，每當他到帕薩迪納（Pasadena）一遊總有一種感覺，他後來回憶：「就像文藝復興時期的學徒畫家，踏入達文西或霍爾班（Hans Holbein der Jüngere）的工作室。」洛夫洛克的幾段海外時光擴展了他的生活：他遇見新的問題和同事，刺激他的思考，進而組織各種想法，獲得常人想不到的突破。

其實沃拉斯也像洛夫洛克一樣，先是多年在自宅裡準備、醞釀作品概念，想法逐漸成形後，在旅程中頓悟，做出重要突破。一八九五年，沃拉斯是倫敦政治經濟學院的共同創辦人之一，在學院內教授政治學。一九二三年暑假，沃拉斯到美國旅遊，這段旅程讓他有空深究何謂「思考的藝術」。雖然沃拉斯以往的著作或多或少都約略談到這個主題，但為期兩週的跨大西洋之旅帶給他較以往更深的體悟：他有更多機會「思考大量的新點子」，跳脫學科框架，找尋心理學、文學批評理論、歷史及教育理論之間的關係。之後他在達特茅斯學院（Dartmouth College）授課，一系列課程的備課與討論促使他重整原本紛雜的思維，且「日後書中的概念多由此發展」。縱然沃拉斯又耗了兩年多才出版《思考的藝術》，但毋庸置疑是這趟美國行孕育了此書的雛形。

讓陌生與熟悉的元素交織

賽格邁斯特、恩格巴爾特、潘菲爾德、洛夫洛克和沃拉斯這五人的休假研究和旅途皆有一個共通特色：讓陌生與熟悉的元素交織。賽格邁斯特會刻意尋找新的休假地點，以刺激大腦思考，激盪出不同的火花。在雷伊泰島上百般無聊的日子裡，恩格巴爾特能靜下心來想像：若有一天大家企盼的太平盛世到來，電腦的未來發展又將如何。待在西班牙與德國時，潘菲爾德不斷閱讀、分析兩地實驗室在歷史悠久的傳統下做出的成果。多年來洛夫洛克穿梭在波爾恰克恬靜無爭的小屋、宛如奧茲仙境的美國太空總署與南加州噴射推進實驗室三地之間，構思出劃時代的蓋亞假說。沃拉斯暫時放下倫敦的瑣事俗物，飛到新罕布夏州的漢諾威（Hanover）。在那「小巧別致的學術村落」，沃拉斯更能理清思路，深入思維的藝術。但我們真的能斷言：接觸新環境確實有助於培養創造力嗎？

長久以來（就如歐洲歷史悠久的壯遊傳統），旅行、閱讀或海外工作經驗究竟對人的心理和創造力有何助益，始終爭論不斷。出外旅行、接觸新文化，以及旅居海外對創造力的影響，一直是近來心理學家探討的課題。我們不會只是出國觀光，回來後就搖身一變，成為大溪地的高更（Paul Gauguin）或峇里島的伊莉莎白．吉爾伯特（Elizabeth Gilbert，編按：《享受吧！一個人的旅行》作者）；但若能擴展生活經驗，多去不同的地方走走、多接觸陌生的文化，的確能有效提升創造力。

有些專家選擇測量人在實驗室內的創造力表現。舉例來說，一群心理學家將受試者分成兩組：研究人員要求第一組受試者學習一些不同的文化規範，另一組則沒有任何要求。

實驗結果顯示，第一組受試者在基爾福「替代功能測驗」的表現比第二組來得好。有些第一組的受試者會更進一步思考「奇風異俗」背後的成因：比如為何在中國不將盤內食物吃光才是有禮貌，又為何有些文化的待客之道自有一套嚴密的規範。實驗顯示：能進一步思考的受試者，表現遠比其他人更佳。另一個實驗則顯示，能愜意地生活在兩個不同文化的企管研究所學生，在各項創造力測驗的表現較移民後裔（不論是格格不入，還是完全融合當地文化的移民之子）來得優秀。

藉由衡量受試者的測驗表現，來研究創造力有個很大的問題：在實驗室內測出的創造力究竟是否等於真實生活中的創造力。正如科學家所言，實驗中呈現出的創造力，恐怕無法與真實世界的創造力相提並論，難以從實驗真正瞭解創造力的本質。為了解開這些疑竇，哥倫比亞大學商學院教授亞當・蓋林斯基（Adam Galinsky）與同事研究雙文化者（bicultural）的職業生涯。雙文化者是指「認同出身的母文化與在地主流文化」的人。蓋林斯基等人研究矽谷以色列裔工程師的職業生涯發展，追蹤這些雙文化者歷年來的升遷紀錄與個人名聲，和一些不是自覺格格不入、就是完全融合美國文化的人做比較。研究顯示，具雙文化背景的工程師升遷速度較快，在上司和同事間風評也較好。對求新求變、極重創造力、須深諳顧客需求的科技產業來說，雙文化特色（biculturalism）對於領先他人、贏在起跑點大有裨益。

除了科技業，蓋林斯基與他在英士國際商學院（INSEAD）的同事也研究了另一項產業。該產業同樣求新求變，其高層需定期出差，每隔一段時間便得提出獨樹一幟的願景。從業人員身處在時時刻刻求新求變的壓力鍋。這就是時尚產業。頂尖設計師一年到頭得在巴黎、紐約、米蘭和倫敦四地間奔波，且一年至少得推出兩季全新系列的服裝與配件。他們的作品更得時時攤在陽光下，接受各式的回應與批判。在這次研究中，蓋林斯基等人先收集法國時尚權威同業雜誌《織物期刊》（*Journal du Textile*）十一年來針對大型時尚家飾系列的評分。（該雜誌請採購評分，分數範圍從零到二十分，採購有權決定哪些系列夠格上架販售。）接著，研究人員試圖找出各設計師的分數與海外經歷的相關性。而經歷又可由廣度與深度兩種角度評判。海外經歷的廣度，取決於設計師曾在多少國家工作，至於深度，則是以設計師待在海外的時間長短為準。最後，再評估各設計師的故鄉與造訪之地的文化差距。

研究結果顯示，即使廣度、深度與文化差距帶來的影響在時間點上有所差異，這三項因子確實有助於提升設計師的創造力。海外經歷的廣度和文化差距確能幫助設計師及早發揮創意，嶄露頭角，但設計生涯若要走得長遠，深度（也就是設計師待在海外多長的時間）至關重要。設計師得經過重重關卡的挑戰，才能逐漸適應陌生的海外生活：如挺過文化衝擊、適應新環境、結交新朋友、建立事業上的人脈，以及培養理解陌生文化規範與異地風俗的能力。若光是趕場參加時裝秀，看秀以外的時間不是待在連鎖飯店、會議中心，就是機場，根本行不通。話雖如此，就算只在海外工作一段非常短的時間，也強過從來不曾在國外工作。設計師最糟的狀況就是只打安全牌，永遠故步自封。而研究報告中，海外工作經歷的影響在圖表上呈曲線走向：工作經歷帶來的益處，會先呈弧形上升，升至頂峰後漸有走下坡之勢，圖表呈現倒U形。換句話說，一年內在兩個國家工作對創造力實有裨益，但若將數量增至七、八個國家，設計師會感到吃不消。畢竟一年內要待那麼多國家，設計師根本沒時間融入當地，消化所見所聞。同理，米蘭與紐約兩地之間的文化差距或許可以刺激靈感，不過米蘭與喀布爾之間的差距，則大到難以消化。畢竟要在異國文化的各種要求下如魚得水，會逼迫我們開闊心胸、拋開成見、擁抱新思維，但是有限的精力也可能得挪些出來學習新的語言，以及調適文化衝擊。

休而不怠

賽格邁斯特曾說：「只要你的工作描述中有『思考』或『想些新點子』的成分，那麼休假研究絕對會讓你獲益匪淺。」儘管賽格邁斯特、阿德里亞、比爾．蓋茲及三星高層的休假研究，在時間長度、頻率和地點不盡相同，但這些人的經驗在在證明，規畫良好的休假研究能幫助我們休養生息，重拾創造力。賽格邁斯特等人暫離自身熟悉的環境後，便不受平日緊湊時間表的限制，享有更大的自由，追求更高層次的目標。於是，不論是事業，還是個人生活，休假研究都提供他們重新充電的機會，為日後自立門戶和發展職涯打下良好基礎。檢視恩格巴爾特、潘菲爾德及洛夫洛克三人的職業生涯，可以發現，休假研究是如何幫助學者激盪出靈感的火花，探索前無古人的創見，就此改變人生，而且休假研究不僅能休養生息，還是自我蛻變的絕佳時刻。至於伶俐聰穎、懂得自我惕厲的美軍將士，則能善用戰間期的空檔，把握機會熟讀軍事史與戰略理論，研究日軍和德軍的擴張，並且磨練語言能力。

由上述的例子可知，若能踏出熟悉的舒適圈，來到一個有點陌生但又不會太陌生、充滿學習風氣的環境生活，能讓人身心自由，跳脫思考框架，激發出前所未有的創造力。賽格邁斯特有時會利用休假研究的時間拜訪峇里島，這個島嶼是西方遊客容易親近又充滿異國風情的旅遊勝地。對比爾・蓋茲來說，在地處偏遠、與世隔絕的濱湖自宅生活，能讓他暫別紛雜不斷的行政庶務。雷伊泰島上的軍事基地和恩格巴爾特的家鄉，簡直是完全不同的兩個世界，但有了島上那段經歷，他反而能在家裡深思戰間期習得的資訊技術，摸索如何將這些技術應用於未來。在馬德里與布雷斯勞期間，潘菲爾德的確得摸索、適應當地特有的文化，但卡哈爾和佛爾斯特的研究機構，皆是享譽國際的神經科學與神經外科研究中心，由來自世界各地的菁英合力打造，待在這兩個研究機構的歲月拓展了潘菲爾德的文化視野，培養出更深厚的功力。本就擁有傲人學經歷的他，更提升了專業素養，將神經外科與神經科學研究視為一生的使命。太空競賽如火如荼進行期間，洛夫洛克搬離了恬適寧靜的英國村落，往返於美國各大專院校與戰鬥力十足的太空總署之間。

成功的休假研究也是一種抽離，能讓人擺脫日常俗務。比爾．蓋茲在華盛頓麥地那（Medina）的豪宅占地六萬六千平方英尺，房子大是大，但他在這濱湖華屋度假思考之際，絕不會攜家人或助理前來。屋子與對外的來往也只能靠水上飛機。休假研究時，賽格邁斯特和阿德里亞則關閉了各自的工作室和餐廳，也不見任何顧客和贊助人。（根據二〇一〇年針對以色列、紐西蘭、美國學者所做的比較研究，抽離對教學研究者的休假研究至關重要，足以決定其成敗。）

休息是為了走更長遠的路，而最有成效的休假研究是休而不怠。與不同的學者共事、彼此切磋研究，洛夫洛克的旅程激發他的創造力，回到波爾恰克後，更能靜下心來深究新的想法。在馬德里和布雷斯勞期間，潘菲爾德夙夜匪懈、辛勤工作，雖然看起來沒什麼休息，但這兩段休假研究激發了他不少靈感。思考週之際，比爾．蓋茲一天的閱讀時間長達十八小時，有時甚至足不出戶，直到星期三下午才踏出屋外一步。沃拉斯滯美期間，講課與研討會行程滿檔，但他仍會撥出一段不被打擾的時間沉思、做學問。這些人的休假研究乍聽之下好像不怎麼放鬆，但走筆至此，讀者應不難理解：在對的情境下，即使是費力的活動，還是有復原之效。綜觀前述的例子，若連軍旅生活也是暫離工作崗位、喘口氣的空檔，那麼待在湖邊自宅、埋首苦讀技術文獻及報告的七天假期，也是一種充電。

一般咸認休假研究必然時日甚長（也許長得嚇人），但事實並非如此。蓋林斯基的研究指出，不論是工程師還是時尚設計師，即使這兩種職業性質差距甚大，長期接觸異地文化、培養雙文化身分，仍對其事業有舉足輕重的正面影響。只要規畫得宜，為期僅七日的休假研究也能儲備戰力；而一個月的休假研究，則可能改變一生。

結語　充分休息的人生

讓人幸福的不是財富與名氣，而是平靜與工作。

——湯馬斯．哲斐遜

我在本書力陳工作與休息應該並重。休息是一種技能，最能恢復元氣的休息，其實是動態而非靜態的形式。若休息得法，可以提升我們的創意與產能，不至於把自己逼到哈哈鏡的世界，被沒完沒了的工作與不切實際的期望值，扭曲了自己的生活。嚴肅看待休息的人生，生活會過得更有創意。把握休息的權利，切實做到休息，而非讓休息只是徒具形式；日日年年和休息為伍，生活會更精彩、更充實。

休息不會在我們需要它的時候，奇蹟般地從天而降，在當今這麼忙碌的世界，這不啻是緣木求魚。嚴肅看待休息，得先承認休息的重要性，聲索我們的休息權，為休息預留時間與空間，並全力捍衛。我們必須選擇一早開始工作，爭取中午之後騰出時間休息。我們得在每天的作息表上，預留時間散步，或是在週末時空出時間運動，培養與精進自己喜歡的嗜好。我們必須好好理財、經營事業，讓自己順利去休假研究。

休息已不同於以往，不再是工作、睡覺（以及家務、育兒、志工服務、通勤等沒完沒了的瑣事）以外的剩餘空檔才做的事，而是你可以主動聲索的一種權利。因此休息更有價值也更具體。行為專家指出，計畫若沒有焦點、抱負若不清不楚，要成功是難上加難。計畫若具體有形，目標會更務實、更容易成就，也更讓人看清目標的價值所在。用心休息不應該是負空間，也就是沒被工作或其他事情填滿的留白時段。休息屬於正空間，單憑其自身的價值，就值得我們投入心血呵護、培養。

重視休息，會讓人清楚注意到自己的人生與生活。在日常生活的層面，休息會幫助你專注，減少一心多用。騰出時間休息也會逼你思考，當面臨新的機會上門、有人託你幫忙、要求你花時間給他們，自己是否真的該答應對方。休息也會協助你認清哪些工作你若隨便答應，事後可能會後悔，大可（委婉地）拒絕。休息也會壓抑自己動不動就想「裝忙」的衝動，專注於自己真正在乎的事情，求精而不求多。其實忙碌有礙成就，而非成就事業的手段。刻意休息有助於你取捨，避免掉入瞎忙的陷阱，專注於真正重要的事情上。

人生專注於要事，並懂得騰出時間休息，減少不必要的活動，以免分心，從外面看，這樣的人生太簡單，但深究後會發現，這種生活精彩又充實。作家安妮．迪勒德（Annie Dillard）說：「誰會說閱讀一整天是精彩的一天？但是閱讀的人生——是精彩的人生……

日復一日，和過去十年或二十年過得幾乎沒兩樣，稱不上精彩的人生。但是誰會說法國微生物學家巴斯德（Louis Pasteur）的人生不夠精彩？或是湯馬斯．曼的人生不夠精彩？」

所以用心休息有助於組織人生，讓生活歸於平靜。英國哲學家赫伯特．史賓賽（Herbert Spencer）週末到倫敦附近的高艾姆斯公園走走，觀察到英國銀行家約翰．魯波克「了不起的特點」：他的日子塞滿了「各式各樣、五花八門的工作」，然而「他永遠都是從容不迫」。早上和兄弟出門打獵，然後到銀行辦公，開一堆的會，還得抽空演講，但是再怎麼忙，他都「保持一貫的從容，一副泰山崩於前也面不改色的姿態」。

現代社會推崇壓力與工作過度，認為這才代表我們對工作認真投入，但這只是近期才有的現象。這現象不但顛覆了傳統對休息的看法，也改寫了領導人與專業人士在高壓之下應該有何表現的一貫想法。回顧歷史，領導人理應冷靜、從容，俗話說，成功始於自制、克己。早在西元前六世紀（在柏拉圖與亞里斯多德之前），中國春秋時期的「不敗將軍」孫武在《孫子兵法》中建議：「幽深莫測、冷靜克制、超然不動聲色，才是兵家之勝。衝動鹵莽、一心尋仇、覬覦名利，乃兵家之忌。」日本劍術家宮本武藏寫於一六四五年左右的《五輪書》也提出建言：「不管是打仗日還是平日，都應堅定而冷靜。」

而今的職場文化讓我們開倒車走回頭路，也削弱我們的士氣與鬥志。很多人誤把疲憊不堪、一臉驚慌的員工視為最認真的員工，這根本就錯了。美國心理學家威廉．詹姆斯在

〈放鬆的準則〉一文裡主張：「一頭熱、喘不過氣、焦慮，並非力量的象徵，而是軟弱與協調不佳的跡象。」

用心休息有助於保持冷靜自制，深化專注力，既能完成手邊的急件，又能處之泰然。能讓你保持穩定的工作步調，而非等靈感泉湧再一鼓作氣，或是等到最後臨時抱佛腳。更可以讓你認清什麼該做、什麼不該做，化繁為簡，拒絕把不必要的事情攬上身。最後，還會深化情感的能量與韌性，讓你面對挑戰時，更有自信因應。

若工作地點要求投入大量情感，那麼這類冷靜自持同樣非常重要。社會學家威廉・戴維斯（William Davies）說，當今社會，員工一再被灌輸，熱情是他們最大的資產，應該要做你所愛（或至少愛你所做）；另一方面，雇主把快樂視為戰略資源，用於激勵員工的產能，降低缺勤率與離職率，提升顧客滿意度。頂尖的公司積極爭搶人才，所以會大方提供免費食物、娛樂活動、乾洗服務等福利，但這樣的公司畢竟是少數。在其他公司，休息猶如化身武器的正向心理學，可自動偵測到員工不滿的跡象，發現客服人員對客戶講電話時語氣不佳，也會顯示員工快樂指數下降到次理想的水平。若出現這些現象，員工應該要學會從工作中抽離，以免自己的情感生活被公司貼上價格（商品化）。員工要有能力過好工作之外的生活，而非因為公司的一些安排與福利，一直以公司為家，為公司賣命。這時，懂得抽離比任何時候都來得重要與可貴。

用心休息之後，你會發現時間變多了。在日常生活層面，用心休息會讓工作更有效率。由於謹守工作與休息的界線，所以可從時間表上空出更多時間，善用休閒時光，生活會過得更充實。深戲與用心休息可協助你找到不會和工作起衝突的休息模式，因此降低時間造成的壓力感。

伊杜森的研究有個重大發現，一流的科學家將工作與休閒視為一體的兩面，彼此相輔相成，對於時間壓力這件事，也較少出現焦慮感。頂尖的學者不認為游泳或爬山會占去他們在實驗室的研究時間，也不會覺得花時間用心休息是偷走了做正事的時間。他們會小心不要花太多時間在戶外活動或業餘嗜好上，但是工作與休息都是生活的一部分，缺少其一，人生就不完整。

的確，世界級的一流學者往往聲稱自己跟其他表現爾爾的同仁相比，來得「疏懶」。這並非故作謙卑，因為他們的休息模式能讓有意識的層面休工，提供心智或心理的刺激，同時讓潛意識自由馳騁：天馬行空想點子、測試並過濾所有的可能性、逐步摸索找出解決辦法。他們花於工作的時間以及可支配的時間，兩者差異何在，老實說，他們的想法不同於其他成就平平的同仁。這也是何以在伊杜森的研究對象裡，著作較少被引用、名氣也不響亮的科學家，認為自己面臨龐大的時間壓力，擠不出時間爬山、衝浪、彈琴：他們承諾的責任感太多、肩上扛的義務太多、別人對他們的要求太多，在在瓜分他們的時間。另外可惜（悲哀）的是，他們深信，只要工作再拚一點，就能爬到巔峰。

最後，用心休息能促進生活品質。

用心休息講究技能，屬於動態的活動，相較於被動的娛樂形式，效果更顯著，更能補充能量，也更具復原效果。用心休息也是預防智力衰退的良方。這也是為什麼一些強烈擁護動態休息的人士是超忙一族。神經外科醫師潘菲爾德提醒醫學院學生，若不培養其他興趣，「你們的專業會讓自己被潛伏的疾病包圍，除了共事的同仁之外，完全和外界隔絕」，把你們「囚禁在孤獨又寂寞的牢籠中」。潘菲爾德的恩師威廉・歐斯勒警告，少了關懷「好人也會被行醫時的成就所毀。」他也說，工作上有增無減的要求，就連對什麼都好奇的人也會「疲憊不堪，卻又無法休息」。所以，有必要培養「一些智識型休閒活動，才不至於和藝術、科學、文學脫節」。

就整個生命歷程來看，用心休息有助於恢復元氣，省下更多時間，完成更多事情，也能幫助你專注在你認為重要的事，避免被不重要的事情干擾。用心休息也能為你建立積極而有意義的人生，協助你找到生來必須完成的使命與挑戰，搜尋哪些艱難的任務讓你覺得最有意義、最有收穫，然後養精蓄銳、騰出時間與空間，無畏地迎戰它們。這樣的人生充實而有意義，使命感與歡樂兼具，付出與收穫呈等比。這樣的人生，感覺完整，沒有虛度。

但這個目標也許早該出現了。我們往往認為，最有創意的人不外乎是年輕人，偉大的藝術作品、重大的科學發現、創新產品，十之八九是犧牲自我的結果，也難怪有這麼多天才英年早逝。但是我統計了一下書中人物的年紀，詫異地發現，其中許多人都活到八十好幾，直到生命畫上句點前，都還非常活躍。若你選擇過勞、年紀輕輕就葬送生命，那是你的自由，沒有人會阻止你。但若你希望活到壽終正寢，希望在世期間，盡情享受生命、全心投入、活得神采奕奕，用心休息似乎能幫助你達到這個目標。

約翰．魯波克在一八九五年發表的著作《善用人生》（*The Use of Life*），清楚區隔閒散與休息。他說：「休息是最大的祝福，閒散是最大的詛咒。一個是幸福的源頭，一個卻會造成不幸。」他認為，休息與閒散往往被混為一談，但其實兩者天差地別。他寫道：「夏天躺在樹下如茵的草地上，聽著水聲呢喃，看著藍天白雲，絕非浪費時間。」當我們將休息視為和工作平起平坐的夥伴，肯定休息是創意思維的遊戲場、激發新點子的跳板，同時也是一種透過練習不斷精進的活動，等於提升了休息的層次。休息不僅讓我們的生活平靜下來，重組生活的先後順序，為我們省下更多時間，讓我們成就更多，但工作量反而變少。魯波克說對了，休息絕非閒散。

謝詞

我大學修的第一門課是 HSS GH 56，全名是「文科與理科的發明與發現」，教室在賓州大學潘貝魯特圖書館（Van Pelt Library）四樓的「梅里修榮譽學生研討室」（Merrihue Honors Seminar room）。研討室預留給賓大為富蘭克林學者（賓大榮譽生）開設的講座課程。因為奇蹟（或是某種行政作業疏失），我大一獲選為賓大榮譽生，在講座課程主任琳達．魏德曼（Linda Wiedmann）建議下，我加選了這門研討課。第一次上課，剛好是我十八歲生日的隔天早上，由於去教室的途中走錯了路，沒能準時進教室。

授課老師湯瑪斯．休斯（Thomas Parke Hughes）是全球科技史的名師，我當時對他的崇隆地位一無所知，但沒多久就被他折服。我父親是歷史教授，因此我自小在大學校園長大。在我眼中，休斯展現了良好的教養，又兼具學者氣度，一身名師風範。他同樣來自維吉尼亞州，我後來還發現，他和我都是里奇蒙人（Richmond），連念的中學都是互不相讓的勁敵，只不過我們進中學的時間相隔了好幾十年。

休斯最為人懷念之處，是他在大型科技系統領域的學術成就。他設計了一系列問題與方法，藉此瞭解鐵路、電力網、電腦、網際網路等系統是怎麼從無到有。他看到科技系統推陳出新的過程中背後蘊藏的秩序，那是所有系統走出實驗室、過關斬將征服世界時，都會依循的路徑。在這堂研討課上，休斯結合了歷史（卡爾・休斯克〔Carl Schorske〕的《世紀末的維也納》〔*Fin-de-Siècle Vienna*〕）、藝術史（彼得・蓋伊〔Peter Gay〕的《藝術與行為》〔*Art and Act*〕及科學（西爾瓦諾・阿瑞亞提〔Silvano Arieti〕的《創意：神奇的組合》〔*Creativity: The Magic Synthesis*〕，指引我們把注意力放到深入及心理層面的問題上：發現的本質是什麼？潛伏在創意這個神祕體之下的機制是什麼？科學家、工程師、藝術家之間的創意有無根本上的差異？

我一開始就深愛這門課，它引領我認識創意心理學，也讓我深思何謂創意、發明、創新、藝術與科學之間廣泛而嚴密的關係。這正是我念大學想追求的智識洗禮，所以開始思考轉系，從工程轉到科學暨科技史。大一下學期，我的數學課與電腦課幾乎被當，但也讓我對未來出路有了明確方向。

我們從未在那堂課上討論休息是創意過程的重要關鍵之一，但是大家要是將注意力放在平常容易忽略的活動上，可以刺激出什麼樣的點子與觀點？我希望藉由這個問題，幫助大家瞭解發明與發現的真諦，希望能對休斯引領我進入的領域有所貢獻，也希望能回答他在研討課丟出的一些大哉問。本書的主題、使用的論述風格，以及引用人文學科、藝術史、科學史、腦神經科學、心理學，悉數受到 HSS GH 56 這門課的啟發。

這門課也決定我大學四年的生活。在賓大期間，富蘭克林學者講座課程給了我其他人所沒有的自由，盡情探索我感興趣的課題，設計自己的課程，犯錯也沒關係，這些機會我善用到極致，從大學一路到研究所都是如此。魏德曼教授有包容心、極具耐性，需要她幫忙時一定義不容辭（儘管常常帶著困惑的表情）。她是這個新奇厲害的實驗的核心，鼓勵我們這些榮譽學生善用講座課程。因為我從休斯與魏德曼獲得的襄助甚多，本書理應獻給這兩人。

還有其他人也是此書的貴人。首先是我的經紀人 Zoë Pagnamenta，她和同樣在她經紀公司任職的 Sarah Levitt 與 Alison Lewis 提供我寶貴意見，協助我擬定提案，挺身為這本書奔走，終於幫它找到了家。

編輯 T. J. Kelleher 以熱情與專業接受本書的挑戰。英國企鵝出版社的 Joel Rickett 也在本書的初期階段提供寶貴的意見。Alison Mackeen 一開始就是本書的擁護者，說服我這本書會與基本出版社（Basic Books）相得益彰。他們這些人合力讓這本書變得更好。

我也感激以下這些人，感謝他們願意花時間坐下來受訪，回答問題，指引我新方向，和我交換意見：Josh Berson, Jeremy Blatter, David Bissell, Michael Bliss, Janet Browne, Felicity Callard, Christine Cavalier, Darlene Cavalier, Michael Corballis, Susan Crane, Jessica de Bloom,

Elizabeth Cullen Dunn, Kieran Fox, Tal Golan, Gustav Holmberg, Kate Hunter, Marina Janeiko, Lyn Jeffery, Ben Kazez, Catherine and Steve King, Tapio Koivu, David Lavery, Jon Lay, Lindsay Lawlor, Kristen Marano, Marcus Meurer, Jonny Miller, Valentin Minguez, Jennie Germann Molz, Jeroen Nawijn, Jill Nephew, Kathy Olesko, Marily Oppezzo, Gina Otoboni, Cody Morris Paris, Mark Patton, Annie Murphy Paul, Jonathan Pochini, Scott Pyne, Mike Roy, Brigid Schulte, Gauti Sigthorsson, Jonathan Smallwood, Thomas Söderqvist, Mads Thimmer, Marc Ventresca, Frenzy van den Berg, Mary Helen Immordino-Yang。

感謝倫敦政經學院、劍橋大學紐納姆學院、大英博物館等機構協助我蒐集有關沃拉斯與魯波克的資料。

多年來，多虧 Jessica Riskin 與 Rosemary Rogers 的協助，讓我可以繼續學者的身分與人生。她們兩人能在史丹福大學的科學歷史及哲學檔案，乃至浩瀚的網路學術期刊裡，迅速而有效率地找到我要的資料。沒有她們的協助，本書不可能成形。門洛帕克公立圖書館也是寶貴的資源。我們習慣把住家附近的公立圖書館視為小孩聽故事的地方，或是二流作家露臉的管道，因而低估了圖書館是支持嚴肅智識探索與豐富心靈的重要推手。即使我大量仰賴史丹福大學的圖書館網絡，以便取得冷僻的期刊文章，我每天還是會去住家附近的圖書館報到。

這是我再次受到劍橋微軟研究院啟發而完成的第二本書。感謝 Richard Harper 邀請我到劍橋，讓我發現了休假研究與用心休息的意義與價值。

最後感謝我的家人：女兒伊莉莎白（Elizabeth）與兒子丹尼爾（Daniel），感謝他們願意獨留在加州，讓爸媽遠行到英國。更要感謝我的妻子希瑟（Heather），陪我一起到劍橋探索休息與創意，她始終是我最佳的智識伴侶與理想配偶。

註釋

1 休息出了什麼問題

1 **週間每天平均花七小時照顧幼兒：**這包括兩小時花在主要育兒（primary childcare），像是陪小孩玩耍、念書給小孩聽、為小孩準備食物、接送小孩；另外五小時用於次要育兒（secondary childcare），如開車載著小孩採買日常用品、繳費等雜事。

2 **像詹姆斯．法蘭科等多才多藝的名人：**電視劇《公園與遊憩》（*Parks and Recreation*）對這種人的諷刺精彩之至，劇中阿濟茲．安薩里（Aziz Ansari）飾演的湯姆．哈佛特（Tom Haverford），稱自己是印地安那州小鎮龐尼（Pawnee）的「大人物」，而他只不過在小鎮開了四家餐廳罷了。

2 休息的科學面

1 **剛剛活動的區域就會熄燈，換腦部其他區域亮燈：**讓我推倒第四面牆（跟腦裡的聲音對話），心想我大可為這些腦區想個科學學名，但除非你有醫學博士學位，否則這些名字沒有任何意義，以我的程度，那些學名看起來都差不多。重點在於這個網絡的確存在，而其複雜性與性能對於認知以及心理層面都有深遠的影響。所以本書從頭到尾盡量避用專門術語與內行人才懂的行話。

2 **神遊似乎能提升創意，手段是刺激預設模式網絡（DMN）腦區**：由於DMN亮燈期間，我們並沒有用意識思考，也沒有全神貫注於周遭環境，所以神遊與DMN有關聯，並不令人意外。神經科學專家幾乎是立刻認定，DMN相關研究有助於解釋或釐清神遊的腦神經基礎，讓研究員進一步瞭解人在神遊或是天馬行空時，腦內出現什麼活動。證據顯示，神遊時，DMN之外的腦區會被拉進來參與作業。顯而易見，瞭解DMN愈多，我們對於神遊的作業方式也能更全面地理解。

3 一天工作四小時

1 **他按表操課，完成了十九本著作**：大家忍不住要問，達爾文靠什麼維持生計？所幸他和老婆都繼承了一些家產，加上投資有道，又有「塘屋」農地的租金收入，並且量入為出，所以他能夠過得和鄉紳一樣簡樸卻安穩的日子，也讓他能專心於自己的科學研究。他在自傳中寫道：「我這輩子最大的樂趣以及唯一受雇的工作，就是科學研究。」

2 **工時卻明顯偏短**：達爾文每天工作四到五小時，道理很簡單——他天分極高，所以成就不凡也就不言而喻。像他這樣的天分與才幹，既無法解釋，也無法模仿複製。但是達爾文本人不認為自己是天才，他在自傳裡寫道：「我想我能夠發現或注意到容易被大家忽略的事，並仔細觀察其中的奧妙，這一點我優於一般人。」但是他謙虛地稱自己並無和牛頓一樣的天分。他繼續說道，他對科學的愛「一以貫之、從未變心」，主要歸功於「希望受到同輩博物學家敬重」、「渴望瞭解自己觀察到的一切，並給個合理的解釋」、「耐心地思索難以解釋的現象，花數年也沒關係」。他規律的生活習慣，「對我從事的這一行大有用處」，就連他中年健康亮紅燈一事，都「拯救了我，讓我遠離社交、娛樂等令人分心的活動」。的確，他結語道：「我擁有的能力不過爾爾，所以看到自己竟然能夠相當程度地影響科學界人士對於重要議題的想法，著實吃驚。」

3 **按表操課，猶如「公務員」**：查理此言到底是稱讚抑或貶抑他父親的這個習慣，現已不可考，因為狄更斯遺憾自己的兒子「目標與精力都低於他原先預期」。

5 散步

1 **樓頂是九英畝大的屋頂花園，花園裡有條〇．五英里的步道：**一如大阪的難波公園，蓋在摩天大樓林立之處；或是像巴黎綠意健行步道（Promenade Plantée），蓋在廢棄的高架鐵軌上；也像曼哈頓的高線公園（Manhattan's High Line）、耶路撒冷的鐵道公園、芝加哥六〇六公園步道、巴西聖保羅的大蚯蚓公園（Minhocão，蓋在改建的高架公路上）。臉書的樓頂提供員工放鬆的好去處，可以見面、散步或思考。

2 **柴可夫斯基：**「他不知在哪兒讀到，為了保持健康，每天應該走路兩小時。」他的弟弟莫傑斯特（Modest）接著說：「他謹遵這個法則，不僅認真，甚至帶點迷信，生怕自己就算提早五分鐘返家，也會遭遇浩劫式的災難。」不過獨自一人在俄羅斯林地散步，並不會太辛苦。他說，一人散步反而有「難以形容的奇妙樂趣」，「難以和其他經驗相提並論」。就算工作忙到不可開交，他也每天持續散步。在一八八三年的一封信中，他形容自己每天的作息是「早餐、晚餐，以及少不得的散步」。

6 小睡片刻

1 **他已養成午睡的習慣：**邱吉爾在回憶錄裡寫道，比他年長的第一海務大臣約翰．費雪（John Fisher）每天早上四、五點起床，到了下午左右，「早上猶如鐵打的身體也逐漸露出疲態，到了夜幕低垂，這位老海軍上將的體力已明顯用盡。」邱吉爾「改變（每天）的例行作息時間，以便配合第一海務大臣」，例如早上可能起晚一些，然後午飯後小睡一下。依據更動過的時間表作業，邱吉爾發現，他可以「繼續工作到凌晨一、兩點，而不會感到累」。他和費雪搭檔，「輪流日夜看守，因此指揮坐鎮幾乎沒有空檔期。」值得注意的是，年輕時的邱吉爾和費雪的關係並不和睦，因為雙方自視甚高，都覺得自己是戰略天才，因此邱吉爾願意配合費雪調整作息，著實不易。牛津歷史學家羅伊·詹金斯（Roy Jenkins）說，他們的互動突顯「邱吉爾的優點」，「即使他希望主宰周遭一切，但他希望周遭是一流而非二流的人士。」

2 **絕不能變更的規矩之一**：他的貼身男僕表示，這習慣不容妥協，「所以國會大廈永遠為他準備一張床」，以便「讓他在國會展開重要辯論前小眠一下」。他出外旅行時，要求睡得長、睡得舒服。他的座機有一個量身定做的壓力艙，裡面有一排書架和酒櫃，也裝了電話，還有排掉雪茄煙的空氣循環系統，他懶洋洋地窩在裡面，猶如巨型貝殼裡的珍珠。壓力艙也提供他額外的氧氣，這是醫師堅持他在高海拔必須注意的地方。

3 **愛倫坡**：被視為美國最偉大的文學創作家之一，也是科幻小說的先驅（他寫於一八三五年的《漢斯．普法爾登月記》（*Hans Phaall-A Tale*），是法國小說家儒勒．凡爾納（Jules Verne）的最愛。愛倫坡也是偵探故事的鼻祖（一八四一年發表了〈莫爾格街凶殺案〉），此外他也非常擅長驚悚恐怖的題材。他的文字有畫面感，好像「自靈魂深處升起……徘徊於半睡半醒的邊緣」，因此有些編輯認為他可能染上鴉片癮。他酗酒，一生跌宕起伏，最後以悲劇收場。他曾被西點軍校逐出校門，被幾個雇主炒魷魚，因為行為脫序放蕩不羈，死時才四十歲，死因不明。不過他似乎並沒有吸毒成癮。

8 睡眠

1 **B-2 轟炸機飛行員**：儘管飛行員可以三天三夜不落地一直飛，這造價十億美元的轟炸機並沒有休息睡覺的空間，可見一九七〇、八〇年代設計 B-2 時，空軍多麼不重視疲勞管理的問題。飛行員只好輪流在沃爾瑪超市買的十美元塑膠摺疊椅上補眠。

2 **傑克．尼克勞斯**：他說：「我在夢中痛快地擊球，接著突然發現，我握球桿的方式和最近有所不同。我這陣子一直無法彎曲右手臂，以便讓球桿遠離球，但是入睡時卻做得很好。因此我昨天早上到球場後，試著重複夢中的打法，結果奏效了。我昨天共揮了六十八桿，今天則是六十五桿。」

9 復原

1 **電報農舍：**電報農舍在二次大戰史上僅占了小角色。艾森豪在一九四二年底離開倫敦，農舍留給了艾森豪的參謀長華特．史密斯。史密斯是工作狂，一天工作十二小時根本難不倒他，但他不排斥在應付戰爭的高壓下，有個隱身之所。在史密斯離開後，其他將領也繼續使用電報農舍。艾森豪一九四四年三月返回倫敦，策畫代號「大君主行動」（Operation Overlord）的作戰計畫，準備領導盟軍對歐洲西線戰場發動攻勢，並搬回電報農舍。不知是否巧合，戰後，電報農舍成了嘉碧兒．凱勒（Gabrielle Keiller）的家，她先生是亞歷山大．凱勒，從約翰．魯波克的妻子手中買下埃夫伯里巨石陣，並著手修復。

2 **二〇〇八至二〇一〇年所做的調查：**更大規模的調查在二〇一二年完成，受訪者是七千多名美國醫師，結果近四成醫師表示自己至少有一種過勞的症狀。此外，醫師過勞現象比一般民眾高了五〇％，也無法平衡工作與生活，發生機率是一般大眾的兩倍。其中腦外科醫師的過勞比例高達五七％。（有些人對工作鞠躬盡瘁，這也可以解釋為何他們在退休時間快到時，倍感壓力。）

3 **科學家也是活躍的音樂人：**一些研究顯示，接受音樂訓練可以強化腦部，腦部受到了鍛鍊，有助於成為更優秀的科學家。彈奏樂器需要融合諸多技巧，因此牽涉到不同的腦區。指揮雙手的動作、讀譜、跟上拍子、亦步亦趨跟著指揮，在在需要動到不同的腦區。接受音樂訓練，可以強化腦區之間的合作。最近腦神經科學家發現，高中與大學的數學天才腦區之間的合作程度，高於數學成績一般的學生。（實際上，腦區之間彼此的連結愈高，似乎代表ＩＱ較高，更有社交手腕，記憶力較強，學歷與收入也偏高。）

4 **短天期、但更頻繁的假期**：今天有閒有錢的民眾，習慣短天期但較頻繁的度假方式：二〇一五年一項針對美國富人的調查發現，富人偏好每兩、三個月就去度個短天數的小假。

10 運動

1 **觀察他們的職涯（觀察期達數十年之久）**：縱深型研究是社會學與心理學的重要研究方法之一，這類研究需要耐心、信心、講究科學性與故事性。研究員描述研究對象的生活，包括糾結、轉折、翻轉等面向。但是這類研究可以得出獨一無二的洞見與數據，可被接下來好幾世代的研究員所用並擴大。

2 **不論是在登山領域還是實驗室，都是自信滿滿**：詹姆斯．華生在自傳《雙螺旋》裡並未提及羅莎琳．富蘭克林的這一面。他不帶感情地形容富蘭克林冷漠、反覆無常、難相處。他也在書中大篇幅提及他和男性友人多麼熱中運動。不過就算華生對富蘭克林的描述並不假，以她的聰慧、對實驗的敏銳度、不容許脆弱或愚蠢的個性，都足以為她贏得同行的肯定與敬重（如果她是男性的話）。將富蘭克林和她的劍橋同輩、奧地利哲學家路德維希．維根斯坦（Ludwig Wittgenstein）相比，兩人都是出自猶太世家，卻都對特權有些不屑。再者，兩人都對懶於思考這件事非常不耐，也都不擅長社交。但是這樣的行為表現，讓維根斯坦贏得學生的愛戴，也備受同仁尊敬，封他是無人能及的天才。

3

艾倫．圖靈：和許多愛好運動的科學家一樣，圖靈小時候並不喜歡體操課，也不愛團隊運動，後來發現自己天生有運動細胞，尤其擅長自行車與長跑。圖靈一輩子幾乎沒停過跑步，他也是活躍的自行車騎士，除了是興趣，也騎車通勤。圖靈不喜歡開車，發現長距離騎車並非難事：他有次騎了六十英里到學校，二戰期間在解碼基地「布萊切利園」工作時，他也是騎腳踏車上下班，但會戴防毒面具，以免接觸到花粉導致過敏。戰後，他繼續騎車到歐洲各地度假。二戰期間，圖靈協助破解德國納粹的密碼，並發明了現代電腦的雛形「巨人」（Colossus）。

11 深戲

1 **和資深物理學家阿爾伯特．麥克森成為撞球球友**：麥克林後來提及這段關係時說：「現在啊，諾貝爾獎得主俯拾皆是，一毛錢可買一打。但在當年，全美僅有兩位，他是其一，另外一人是老羅斯福（Theodore Roosevelt）。我非常感動，我不過是蒙大拿來的年輕小夥子，卻受到這位傑出、有天分的奇才的賞識與信賴。我想有關我和他的交情，是我這輩子寫得最好的作品。」

2 **繪畫也是邱吉爾的深戲**：他在《繪畫作為消遣》一書中指出，他在四十歲開始拿畫筆之前，從沒想過以繪畫為興趣，但他自小生活在被名畫包圍的世界。他出生於布倫海姆宮（Blenheim Palace），這裡收藏了林布蘭（Rembrandt）、魯本斯（Peter Paul Rubens）、克勞德．洛蘭（Claude Lorrain）、華鐸（Jean-Antoine Watteau）、范戴克（Anthony van Dyck）、托馬斯．庚斯博羅（Thomas Gainsborough）、霍爾班、提香（Titian）、卡拉瓦喬（M. M. da Caravaggio）、丁托列多（Tintoretto）、瓦薩里等人的作品，堪稱文藝復興時期之後的藝術史長廊。（邱吉爾的祖父是馬爾伯勒〔Malborough〕公爵；邱吉爾和父母會造訪布倫海姆宮，但並不住在這裡。）

3 **你在兩個領域都會不斷得到啟發與靈感**：早在約翰．吉爾之前，非正式登山在科學界就蔚為風潮。在劍橋，約翰．李特爾伍德與埃德加．阿德里安（Edgar Adrian）

喜歡攀爬三一學院的樓牆，艾倫．圖靈則攀爬國王學院。物理學家萊曼．史匹哲在中年發明了攀岩，熱愛攀岩的他，一度因為爬上普林斯頓大學最高的克利夫蘭塔（Cleveland Tower）而被校警逮捕。

4 **第一批成功攻頂K2（世界第二高峰）的美國登山隊**：雷查德在登山領域的成就非常了不起，K2不僅偏遠，也難以攻克，就連當地的巴提人（Balti）也沒有為它命名。到了高海拔，攀爬難度與技術都超過聖母峰。K2的天候也比聖母峰惡劣難測。在夏天，雨季的暴風雪（沒錯，因為海拔太高，雨水結成了冰雪）會導致只有幾天是晴朗的天氣。

5 **《心靈的奧祕》**：這本書（普林斯頓大學出版社於一九七五年出版）討論的問題，潘菲爾德六年前師承生物教授康克林（E. C. Conklin）時就已遭遇。該書的初稿也給了查爾斯．韓德爾（Charles Hendel）過目審閱。韓德爾是潘菲爾德在普林斯頓的同學，後來在加拿大麥吉爾（McGill）大學與美國耶魯大學教授哲學。

12 休假研究

1 **有遠見的非營利組織和基金會**：艾斯頓／班納曼獎學金計畫（Alston/Bannerman Fellowship Program）是第一個資助非營利單位主管與社運活躍人士進行休假研究的

專案獎學金。該獎學金成立於一九八八年，後來幾個區域性基金會也跟進，包括洛杉磯的德菲基金會（Durfee Foundation）、阿拉斯加的拉斯姆森基金會（Rasmuson Foundation）、舊金山灣區的O2倡議（O2 Initiative）。

參考書目

引言　休息的定義

拙作*The Distraction Addiction: Getting the Information You Need and the Communication You Want, Without Enraging Your Family, Annoying Your Colleagues, and Destroying Your Soul*（《分心不上癮》）(New York: Little, Brown & Company, 2013)是我在微軟研究院的休假研究期間完成的第一件成果。以下文獻，啟發了我對「休息」更多的想法、思考：Virginia Woolf, *A Room of One's Own* (London: Penguin Books, 2004); John Kay, *Obliquity: Why Our Goals Are Best Achieved Indirectly* (London: Profile Books, 2010); James Watson, *The Double Helix: A Personal Account of the Discovery of the Structure of DNA*, introduction by Sylvia Nasar (New York: Touchstone, 2001)。

威廉・詹姆斯的文章“Gospel of Relaxation”重新收錄於*On Vital Reserves: The Energies of Men; The Gospel of Relaxation* (New York: Henry Holt, 1911); quotes are from 58, 62, 63。Bertie Forbes's “Recreation”收錄在*Keys to Success: Personal Efficiency* (New York: B. C. Forbes, 1918), 222–230, quotes on 223, 225。

早期也有若干文獻探討休息與沉思對提升生產力，以及平衡工作與生活所扮演的角色，文獻如下：Carl Honoré, *In Praise of Slowness: Challenging the Cult of Speed* (New York: HarperOne, 2004) and *The Slow Fix: Solve Problems, Work Smarter, and Live Better in a World Addicted to Speed* (New York: HarperOne, 2013); Andrew Smart's

Autopilot: The Art and Science of Doing Nothing (New York: OR Books, 2014); Tony Crabbe, *Busy: How to Thrive in a World of Too Much* (New York: Grand Central, 2014); Greg McKeown's *Essentialism: The Disciplined Pursuit of Less* (New York: Crown Books, 2014); Josh Davis, *Two Awesome Hours* (New York: HarperCollins, 2015); Christine Carter, *The Sweet Spot: How to Find Your Groove at Home and Work* (New York: Ballantine Books, 2015); Cal Newport, *Deep Work: Rules for Focused Success in a Distracted World* (New York: Grand Central, 2016)。Pico Iyer的*The Art of Stillness: Adventures of Going Nowhere* (New York: TED Books, 2014)則大力鼓吹無為、不作為。

1 休息出了什麼問題

Santiago Ramón y Cajal, *Advice for a Young Investigator*, trans. Neely Swanson and Larry W. Swanson (Cambridge, MA: MIT Press, 2004), 36, 33. 更多有關拉蒙・卡哈爾的事蹟，請參見Wilbur Sprong, "Santiago Ramón y Cajal," *Archives of Neurology and Psychiatry* (1935), 156–162; Laura Otis, "Ramón y Cajal, a Pioneer in Science Fiction," *International Microbiology* 4:3 (2001), 175–178; Benjamin Erlich, "Santiago Ramón y Cajal: Café Chats," *New England Review* 33:1 (2012), 168–182; and Dorothy F. Cannon, *Explorer of the Human Brain: The Life of Santiago Ramón y Cajal* (New York: Henry Schuman, 1949).

欲知更多有關「任務導向」對比「時間導向」工作的概念，請參考E. P. Thompson, "Time, Work-Discipline, and Industrial Capitalism," *Past and Present* 38 (December 1967), 56–97。

羅伯特・歐文的New Lanark都市計畫和其「每日工作八小時，娛樂八小時，休息八小時」理念，首開「每日八小時」概念之先河。Margaret Cole's *Robert Owen of New Lanark* (London: Batchworth Press, 1953)可為入門良冊。E. P. Thompson's *The Making of the English Working Class* (New York: Vintage, 1966)仍為現代勞動史的必讀經典；請參見Daniel T. Rodgers, *The Work Ethic in Industrial America: 1850–1920* (Chicago: University of Chicago Press, 2014)，以及 William Andrew Mirola, *Redeeming Time: Protestantism and Chicago's Eight-Hour*

Movement, 1866–1912 (Chicago: University of Illinois Press, 2015)。Benjamin Kline Hunnicutt兩本著作，則特別探討工會與勞動時間相關議題：*Work Without End: Abandoning Shorter Hours for the Right to Work* (Philadelphia: Temple University Press, 1988) and *Free Time: The Forgotten American Dream* (Philadelphia: Temple University Press, 2013)。

Thomas Parke Hughes, *American Genesis: A Century of Invention and Technological Enthusiasm, 1870–1970* (New York: Viking, 1989) 與Nikil Saval, *Cubed: A Secret History of the Workplace* (New York: Doubleday, 2014)特別關注現代辦公室及工廠的歷史。Kimberly D. Elisbach and Beth A. Bechky, "It's More than a Desk: Working Smarter Through Leveraged Office Design," *California Management Review* 49:2 (Winter 2007), 80–101探討了辦公室共享空間（collaborative space）的設計概念：欲知更多詳情與相關討論，請參見John Seely Brown and Paul Duguid, *The Social Life of Information* (Cambridge, MA: Harvard Business School Press, 2000)。

William James, "Gospel of Relaxation," 63 探討過勞現象：請參閱 "Mental Overwork," Singapore *Straits Times* (11 August 1913), 12：Bertie Charles Forbes, *Finance, Business and the Business of Life* (New York: B. C. Forbes, 1915), 318。

Brigid Schulte, *Overwhelmed: Work, Love, and Play When No One Has the Time* (New York: FSG/Sarah Crichton, 2014)影響了我對過勞議題、現代辦公空間和服務性工作的想法。Matthew Crawford, *Shop Class as Soulcraft: An Inquiry into the Value of Work* (New York: Penguin Press, 2009); Stephanie Brown, *Speed: Facing Our Addiction of Fast and Faster–and Overcoming Our Fear of Slowing Down* (New York: Berkeley Books, 2014); William Davies, *The Happiness Industry: How the Government and Big Business Sold Us Well-Being* (London: Verso Books, 2015)與Peter Fleming, *The Mythology of Work: How Capitalism Persists Despite Itself* (London: Pluto Press, 2015)以上著作也對我大有啟發。欲知更多有關「贏者全拿」相關訊息，可參見Nassim Taleb, *The Black Swan: The Impact of the Highly Improbable* (New York: Random House, 2008)。

Lakshmi Ramarajan and Erin Reid, "Shattering the Myth of Separate Worlds: Negotiating Nonwork Identities at Work," *Academy of Management Review* 38:4 (October 2013), 621–644，內文描述顧問如何合理化過度工作以及如何裝忙的現象；亦可參閱Erin Reid, "Embracing, Passing, Revealing, and the Ideal Worker Image: How People Navigate Expected and Experienced Professional Identities," *Organizational Science* 26:4 (April 2015), 997–1017, doi: 10.1287/orsc.2015.0975。

Linda A. Bell and Richard B. Freeman, *The Incentive for Working Hard: Explaining Hours Worked Differences in the U.S. and Germany*, NBER Working Paper No. 8051 (December 2000); Alberto Alesina, Edward L. Glaeser, and Bruce Sacerdote, *Work and Leisure in the U.S. and Europe: Why So Different?* NBER Working Paper No. 11278 (April 2005); Valerie Ramey and Neville Francis, *A Century of Work and Leisure*, NBER Working Paper No. 12264 (May 2006); Mark Aguiar and Erik Hurst, *The Increase in Leisure Inequality*, NBER Working Paper No. 13837 (March 2008); Daniel S. Hamermesh and Elena Stancanelli, *Long Workweeks and Strange Hours*, NBER Working Paper No. 20449 (September 2014)研究美國工作時數與休閒時間的發展趨勢。欲瞭解歐洲的看法，可參考Kimberly Fisher and Jonathan Gershuny, *Post-Industrious Society: Why Work Time Will Not Disappear for Our Grandchildren* (Center for Time Use Research, University of Oxford, 2014); Anna S. Burger, *Extreme Working Hours in Western Europe and North America: A New Aspect of Polarization* (London: LSE Europe in Question Discussion Paper Series, 2015)。

David Schrank et al., *2015 Urban Mobility Scorecard* (Texas A&M Transportation Institute, 2015) 探討美國的通勤時數；至於英國的通勤時數，可參考Trades Union Councils, "Number of Commuters Spending More than Two Hours Travelling to and from Work Up by 72% in Last Decade," 6 November 2015, online at https://www.tuc.org.uk/workplace-issues/work-life-balance/number-commuters-spending-more-two-hours-travelling-and-work-72。育兒時數，請參見美國勞工統計局所做的美國人時間使用調查（American Time Use Survey），可上網查詢http://www .bls.gov/tus/。更多有關家庭責任的詳情，參見Charles Darrah, James M. Freeman, and Jan English-Lueck, *Busier Than Ever! Why American Families Can't Slow Down* (Stanford, CA: Stanford

University Press, 2007)。

Josef Pieper, *Leisure: The Basis of Culture*, introduction by T. S. Eliot (New York: Mentor, 1963), quotes from 40, 41, 42, 24, 20; Immanuel Kant quotes are on 26 and 28.

拉蒙・卡哈爾的引文來自*Advice for a Young Investigator*, 32–38。

2 休息的科學面

大腦預設模式網絡的發現，請詳閱Bharat B. Biswal, "Resting State fMRI: A Personal History," *NeuroImage* 62 (2012) 938–944與Marcus E. Raichle, "The Brain's Default Mode Network," *Annual Reviews in Neuroscience* 38 (2015), 433–447。欲知更多詳情請參見 Randy L. Buckner, "The Serendipitous Discovery of the Brain's Default Network," *NeuroImage* 62 (2012) 1137–1145。Tamami Nakano et al., "Blink-Related Momentary Activation of the Default Mode Network While Viewing Videos," *Proceedings of the National Academy of Sciences* 110:2 (8 January 2013), 702–706，探討眨眼與DMN的激發。

有關休息狀態的功能性神經連結，請參見Stephen M. Smith et al., "A Positive-Negative Mode of Population Covariation Links Brain Connectivity, Demographics and Behavior," *Nature Neuroscience* 18:11 (November 2015), 1565–1567; 與Andrew E. Reineberg et al., "Resting-State Networks Predict Individual Differences in Common and Specific Aspects of Executive Function," *NeuroImage* 104 (January 2015), 69–78。

更多有關預設網絡模式與孩童發展，請參閱Mary Helen Immordino-Yang, Joanna A. Christodoulou, and Vanessa Singh, "Rest Is Not Idleness: Implications of the Brain's Default Mode for Human Development and Education," *Perspectives on Psychological Science* 7:4 (June 2012): 352–364 與 Wanqing Li, Xiaoqin Mai, and Chao Liu, "The Default Mode Network and Social Understanding of Others: What Do Brain Connectivity Studies Tell Us," *Frontiers in Human Neuroscience* 8:74 (February 2014), 1–15; Robert P. Spunt, Meghan L. Meyer, and Matthew

D. Lieberman, "The Default Mode of Human Brain Function Primes the Intentional Stance," *Journal of Cognitive Neuroscience* 27:6 (June 2015), 1116–1124。

關於預設網絡模式損害與認知功能障礙，請參見Valerie Bonnelle et al., "Default Mode Network Connectivity Predicts Sustained Attention Deficits After Traumatic Brain Injury," *Journal of Neuroscience* 31:38 (21 September 2011), 13442–13451, 與 C. M. Sylvester et al., "Functional Network Dysfunction in Anxiety and Anxiety Disorders," *Trends in Neurosciences* 35:9 (September 2012), 527–535; Randy Buckner, Jessica Andrews-Hanna, and Daniel Schacter, "The Brain's Default Network: Anatomy, Function, and Relevance to Disease," *Annals of the New York Academy of Sciences* 1124 (March 2008), 1–38; J. D. Rudie et al., "Altered Functional and Structural Brain Network Organization in Autism," *NeuroImage: Clinical* 2 (2013), 79–94。腦區之間的超連結，請參見Zhigang Qi et al., "Impairment and Compensation Coexist in Amnestic MCI Default Mode Network," *NeuroImage* 50:1 (March 2010), 48–55。

強納森・史摩伍的引文出自二〇一五年七月二十八日的一場訪問。下列為史摩伍的重要文獻：Jonathan Smallwood and Jessica Andrews-Hanna, "Not All Minds That Wander Are Lost: The Importance of a Balanced Perspective on the Mind-Wandering State," *Frontiers in Psychology* 4:441 (2013), 1–6; Felicity Callard, Jonathan Smallwood, Johannes Golchert, and Daniel S. Margulies, "The Era of the Wandering Mind? Twenty-First Century Research on Self-Generated Mental Activity," *Frontiers in Psychology* 4:891 (December 2013), 1–11; Jonathan Smallwood and Jonathan W. Schooler, "The Science of Mind Wandering: Empirically Navigating the Stream of Consciousness," *Annual Reviews of Psychology* 66 (January 2015), 487–518。

Michael Corballis, *The Wandering Mind: What the Brain Does When You're Not Looking* (Chicago: University of Chicago Press, 2015)引領讀者初探白日夢的相關文獻，不失為入門好書。

關於貝爾德對白日夢和創造力的研究，請參閱Benjamin Baird et al., " Inspired by Distraction: Mind Wandering Facilitates Creative Incubation," *Psychological Science* (August 2012), 1–6，以及Tengteng Tan, Hong

Zou, Chuansheng Chen, and Jin Luo, "Mind Wandering and the Incubation Effect in Insight Problem Solving," *Creativity Research Journal* 27:4 (2015), 375–382。Ap Dijksterhuis在"The Beautiful Powers of Unconscious Thought," *Psychological Science Agenda* 23:10 (October 2009), http://www.apa.org/science/about/psa/2009/10/sci-brief.aspx的文章中，詳述自己對白日夢和創造力所做的相關實驗。

更多有關噪音、音樂與咖啡館的相關研究，可參閱Ravi Mehta, Rui (Juliet) Zhu, Amar Cheema, "Is Noise Always Bad? Exploring the Effects of Ambient Noise on Creative Cognition," *Journal of Consumer Research* 39:4 (December 2012), 784–799與Maddie Doyle and Adrian Furnham, "The Distracting Effects of Music on the Cognitive Test Performance of Creative and Non-Creative Individuals," *Thinking Skills and Creativity* 7:1 (April 2012), 1–7。

創造力與預設模式網絡的探討，請參見Paul A. Howard-Jones et al., "Semantic Divergence and Creative Story Generation: An fMRI Investigation," *Cognitive Brain Research* 25:1 (September 2005), 240–250, on creativity and the DMN，以及Naama Mayseless, Ayelet Eran, Simone G. Shamay-Tsoory, "Generating Original Ideas: The Neural Underpinning of Originality," *Neuroimage* 116 (August 2015), 232–239。

欲知更多預設模式網絡與各主控技能的腦區連結，請參見Weiwei Li et al., "Brain Structure and Resting-State Functional Connectivity in University Professors with High Academic Achievement," *Creativity Research Journal* 27:2 (2015), 139–150以及Hikaru Takeuchi et al., "The Association Between Resting Functional Connectivity and Creativity," *Cerebral Cortex* 22:12 (December 2012), 2921–2929; Dongtao Wei et al., "Increased Resting Functional Connectivity of the Medial Prefrontal Cortex in Creativity by Means of Cognitive Stimulation," *Cortex* 51 (February 2014), 92–102; Roger E. Beaty et al., "A Functional Connectivity Analysis of the Creative Brain at Rest," *Neuropsychologia* 64 (November 2014), 92–98。

有關創造力的兩階段模型探討，請參閱Naama Mayseless, Judith Aharon-Peretz, and Simone Shamay-Tsoory, "Unleashing Creativity: The Role of Left Temporoparietal Regions in Evaluating and Inhibiting the

Generation of Creative Ideas," *Neuropsychologia* 64 (November 2014), 157–168; 有關反常性功能提高（paradoxical functional facilitation）請參閱Narinder Kapur, "Paradoxical Functional Facilitation in Brain-Behavior Research: A Critical Review," *Brain* 119 (1996), 1775–1790; Bruce Milleret al., "Functional Correlates of Musical and Visual Ability in Frontotemporal Dementia," *British Journal of Psychiatry* 176:5 (May 2000), 458–463; Mark Lythgoe et al., "Obsessive, Prolific Artistic Output Following Subarachnoid Hemorrhage," *Neurology* 64 (January 25, 2005), 397–398; and Narinder Kapur, ed., *The Paradoxical Brain* (Cambridge, UK: Cambridge University Press, 2011)。

關於功能性磁振造影（fMRI）、正子攝影（PET）與其他造影工具的優勢與侷限，請參見Keith Sawyer, "The Cognitive Neuroscience of Creativity: A Critical Review," *Creativity Research Journal* 23:2 (2011), 137–154。要將實驗室內有關創意的研究，與在現實生活中表現出的創意相連結，實在是艱巨的挑戰。相關討論請參閱：Arne Dietrich, "The Cognitive Neuroscience of Creativity," *Psychonomic Bulletin and Review* 11:6 (2004), 1011–1026; Arne Dietrich and Riam Kanso, "A Review of EEG, ERP, and Neuroimaging Studies of Creativity and Insight," *Psychological Bulletin* 136:5 (September 2010), 822–848; Anna Abraham, "The Promises and Perils of the Neuroscience of Creativity," *Frontiers in Human Neuroscience* 7:246 (June 2013), 1–9。Eric Jonas and Konrad Kording, "Could a Neuroscientist Understand a Microprocessor?," unpublished paper, *bioRxiv* (26 May 2016), doi.org/10.1101/055624 這篇未出版的文章記載了諸多運用腦神經科學工具與分析方法來研究晶片的試驗。

Graham Wallas, *The Art of Thought* (London: Jonathan Cape, 1926; repr. Tunbridge Wells: Solis Press, 2014), quotes from 42 (2014 edition)。儘管他提出了著名的創造力四階段模型理論，沃拉斯本人卻未受到心理學界的矚目：心理學界只有一篇文章探討到沃拉斯：Eugene Sadler-Smith, "Wallas' Four-Stage Model of the Creative Process: More Than Meets the Eye?" *Creativity Research Journal* 27:4 (2015), 342–352。Martin J. Wiener, *Between Two Worlds: The Political Thought of Graham Wallas* (Oxford, UK: Clarendon Press, 1971)與Terence H. Qualter, *Graham Wallas and the Great Society* (London: Palgrave Macmillan, 1980)則主要探討沃拉斯的政治相關

著作。至今仍沒有沃拉斯的自傳，實在令人惋惜。

Hermann von Helmholtz, *Popular Lectures* (New York: Longmans Green & Co., 1908), 283一書中，亥姆霍茲描述了自己靈光乍現的時刻。拉格納·格拉尼特一九七二年在諾貝爾的文稿內談到了「生動且有創意的結構」（living and creative structures），文稿名為“Discovery and Understanding”，重新收錄在*Autobiographies by Nobel Laureates in Physiology or Medicine* (January 2009), 1–13. 龐加萊在*The Foundations of Science: Science and Hypothesis, The Value of Science, Science and Method* (New York: The Science Press, 1913), 389–390一書中探討了自己所獲的啟發。

3 一天工作四小時

Recollections of Charles Darwin, handwritten mss., 1882, Cambridge University Library, CUL-DAR112.B9-B23，內文中描寫到喬治·達爾文對父親早晨活動的追憶。關於達爾文的文獻極多，當今寫得最好的達爾文生平傳記莫過於Adrian Desmond and James Moore, *Darwin: The Life of a Tormented Evolutionist* (New York: W. W. Norton, 1994)與Janet Browne's two-volume *Charles Darwin: Voyaging* (Princeton, NJ: Princeton University Press, 1996) and *Charles Darwin: The Power of Place* (Princeton, NJ: Princeton University Press, 2003)。Charles Darwin to Susan Elizabeth Darwin, August 4, 1836, in Francis Darwin, ed., *The Life and Letters of Charles Darwin, Including an Autobiographical Chapter*, vol. 1 (London: John Murray, 1887), 237，則收錄了達爾文與姐姐的魚雁往返。於Charles Darwin, *The Autobiography of Charles Darwin, 1809–1882: With Original Omissions Restored* (London: Collins, 1958), 232中，達爾文羅列了一張清單，列出婚姻的優缺點。書中還收錄了一張清單手稿，上面寫到「時間減少」。在一四一和一四五頁，他談及了自身抱負，認為自己「資質普通」，也寫到自己渴求「受人景仰」。一一五頁談到自己視科學為「最大的快樂泉源」。

關於魯波克的資料大都收錄在Mark Patton, *Science, Politics and Business in the Work of Sir John Lubbock: A*

Man of Universal Mind (Aldershot, UK: Ashgate, 2007)，以及巨細靡遺，但又極盡歌功頌德之能事的Horace Gordon Hutchinson, *Life of Sir John Lubbock, Lord Avebury* (New York: Macmillan, 1914) 一書。Thomas Hay Sweet Escott在*Personal Forces of the Period* (London: Hurst and Blackett, 1898), 247一書中，詳述魯波克「閒逸自適的優雅」。Ursula Grant Duff, ed., *The Life-Work of Lord Avebury (Sir John Lubbock) 1834–1913* (London: Watts & Co., 1924), 26 載有達爾文對魯波克的生產力讚嘆不已一事。一一二頁，Hutchinson描述魯波克滿是「豐功偉績」、「真心誠意」與「不凡成就」的職業生涯；一〇頁介紹其國小時代，三二頁談到其轉移注意力之能力，二七頁提到魯波克對板球的熱愛。

Jeremy Gray, *Henri Poincaré: A Scientific Biography* (Princeton, NJ: Princeton University Press, 2013) and Michael Fitzgerald and Ioan James, *Mind of the Mathematician* (Baltimore, MD: Johns Hopkins University Press, 2007), esp. 120談到龐加萊的工作時數。Eric Bell在著作中也提到龐加萊：Bell, *Men of Mathematics* (New York: Dover, 1937)。有關戈弗雷・哈羅德・哈代的工作時數，可參閱Hardy, *A Mathematician's Apology* (Cambridge, UK: Cambridge University Press, 1967)（請特別參照C. P. Snow所著的前言與其在三一至三二頁對哈代的描述）。關於李特爾伍德的時程表，可參閱John E. Littlewood, *A Mathematician's Miscellany* (London: Methuen and Company Ltd., 1953)與 "The Mathematician's Art of Work," *The Mathematical Intelligencer* 1:2 (June 1978), 112–119, quote from 116–117。至於哈爾莫斯的日程表，請見John Ewing and F. W. Gehring, eds., *Paul Halmos: Celebrating Fifty Years of Mathematics* (New York: Springer-Verlag, 1991)與John Ewing, "Paul Halmos: In His Own Words," *Notices of the American Mathematical Society* 54:9 (October 2007), 1136–1144, quote from 1140。

Raymond Van Zelst and Willard Kerr, "Some Correlates of Scientific and Technical Productivity," *Journal of Abnormal and Social Psychology* 46:4 (October 1951), 470–475記載了該篇伊利諾理工學院的研究；除此之外，還有一個短篇的二部曲（follow-up）：Van Zelst and Kerr, "A Further Note on Some Correlates of Scientific and Technical Productivity," *Journal of Abnormal and Social Psychology* 47:1 (January 1952), 129。

Frederic Morton, "A Talk with Thomas Mann at 80," *New York Times* (5 June 1955), online at http://www.

nytimes.com/books/97/09/21 /reviews/mann-talk.html描述了湯馬斯・曼的一天。Trollope, *An Autobiography* (London: Blackwood, 1883), quote on 154記載了許多關於安東尼・特羅洛普的事蹟。關於狄更斯的生平，請見Shelton Mackenzie, *Life of Charles Dickens* (Philadelphia: B. Peterson and Brothers, 1870), esp. 297– 300, and John Forster, *The Life of Charles Dickens* (Boston: James Osgood & Co., 1875)。狄更斯的兒子小查理形容自己的父親就像個「勤勉的市政廳公務員」，引文可見Mason Currey's *Daily Rituals: How Artists Work* (New York: A. A. Knopf, 2013), 161。至於狄更斯對兒子小查理的態度，請參見Robert Gottlieb, *Great Expectations: The Sons and Daughters of Charles Dickens* (New York : Farrar, Straus and Giroux, 2012), 37。

傳奇文學雜誌*Paris Review*收錄了許多作家的訪問，內容不乏每個人的行程。欲知更多關於作家的行程，可參考*Paris Review*的網站: Charlotte El Shabrawy, "Naguib Mahfouz, The Art of Fiction No. 129," *Paris Review* 123 (Summer 1992); Jeanne McCulloch and Mona Simpson, "Alice Munro, The Art of Fiction No. 137," *Paris Review* 131 (Summer 1994); Radhika Jones, "Peter Carey, The Art of Fiction No. 188," *Paris Review* 177 (Summer 2006); Peter H. Stone, "Gabriel García Márquez, The Art of Fiction No. 69," *Paris Review* 82 (Winter 1981); George Plimpton, "Ernest Hemingway, The Art of Fiction No. 21," *Paris Review* 18 (Spring 1958); Shusha Guppy, "Edna O'Brien, The Art of Fiction No. 82," *Paris Review* 92 (Summer 1984); George Plimpton, "John le Carré, The Art of Fiction No. 149," *Paris Review* 143 (Summer 1997); Stephen Becker, "Patrick O'Brian, The Art of Fiction No. 142," *Paris Review* 135 (Summer 1995); Thomas Frick, "J. G. Ballard, The Art of Fiction No. 85," *Paris Review* 94 (Winter 1984)。

The W. Somerset Maugham quote is related by Hollywood screenwriter Garson Kanin to Pat McGilligan in McGilligan, ed., *Backstory 2:Interviews with Screenwriters of the 1940s and 1950s* (Berkeley, CA: University of California Press, 1991), quote on 104. Saul Bellow's writing schedule is described in Zachary Leader, *The Life of Saul Bellow: To Fame and Fortune, 1915–1964* (New York: A. A. Knopf, 2015), 421–422.

羅拉・薛哈德描述了作家的行程表：*Screenwriting for Dummies,* 2nd ed. (Boston: John Wiley, 2008), quotes on 323：希德・菲爾德和羅伯特・唐尼的每日行程，可見於菲爾德的經典著作：*Screenplay: The Foundations of Screenwriting* (New York: Delta, 2005), quote on 240–241。史考特・亞當斯在Adams, "Why 'Dilbert' Creator Scott Adams Wakes Up at 5 a.m. to Do His Most Creative Work," *Business Insider* (24 March 2015), online at http://www .businessinsider.com/the-creator-of-dilberts-morning-routine-2015-3，一文中談到自己每天的時間安排。史蒂芬・金在其回憶錄裡也聊到自己的寫作時間安排（還大談了許多其他事情）：*On Writing: A Memoir of the Craft* (New York: Scribner, rep. 2010), quote on 150。諾曼・麥克林提到自己的時間安排：Nick O'Connell, "Haunted by Waters: A Talk with Norman Maclean," *The Writer's Workshop Review* (28 March 2009), online at http://www.the writersworkshopreview.net/article.cgi?article_id=14；關於英格瑪・柏格曼的時間安排，可見Joe Fassler, "What Great Artists Need: Solitude," *The Atlantic* (4 February 2014), online at http://www. theatlantic.com/entertainment/archive/2014/02/what-great-artists-need-solitude /283585/；更多關於赫爾多爾・拉克斯內斯的生平，請參見Peter Hallberg, *Halldór Laxness* (New York: Twayne Publishers, 1971)。史丹福大學行為科學高等研究中心的相關介紹，請見Tity de Vries, "A Year at the Center: Experiences and Effects of the First International Group of Fellows at the Center for Advanced Study in the Behavioral Sciences, Palo Alto, CA, 1954–1955," in Alasdair MacDonald and Arend Huussen, eds., *Scholarly Environments: Centres of Learning and Institutional Contexts, 1560–1960* (Dudley, MA: Peeters, 2004), 169–180。Michael Scammell, *Koestler: The Literary and Political Odyssey of a Twentieth-Century Skeptic* (New York: Random House, 2009)這本為亞瑟・庫斯勒所立的自傳寫得極好，但該書並非一味頌揚庫斯勒。

文中提到湯瑪斯・哲斐遜的「大大不平等」（great inequality）一詞來自於Willard Sterne Randall, *Thomas Jefferson: A Life* (New York: Henry Holt, 1993), quote on 56。Davison M. Douglas, "The Jeffersonian Vision of Legal Education," *William & Mary Faculty Publications* Paper 119 (2001), 185–219, quotes on 201，主要探討其法學研究。其恩師喬治・威斯門下有最高法院法官約翰・馬歇爾、總統詹姆斯・門羅（James Monroe）與參議員亨利・克萊（Henry Clay）：可見Thomas Hunter, "The Teachings of George Wythe," in

Steve Sheppard, ed., *The History of Legal Education in the United States: Commentaries and Primary Sources* (Pasadena, CA: Salem Press, 1999), 138–168。奧斯勒於其著作談到自己的時間安排：*A Way of Life: An Address to Yale Students, Sunday Evening, April 20th, 1913* (London: Constable and Co., 1913), 50。

書中關於讀書會的引文皆來自Frederick Arnold, *Oxford and Cambridge: Their Colleges, Memories and Associations* (London: The Religious Tract Society, 1873), 375與Karl Breul, *Students' Life and Work in the University of Cambridge* (London: Bowes and Bowes, 1928), 45–46。當代實用的相關論述包含以下文獻：Angelina Gushington, "A Reading Party," in *The Light Blue: A Cambridge University Magazine*, volume 1 (Cambridge, UK: Rivingtons, 1866); Frederic Edward Weatherly [A Resident M.A.], *Oxford Days; or, How Ross Got His Degree* (London: Sampson Low, Marston, Searle & Rivington, 1879); C. W. Ridley, "The Long," in E. W. Badger, ed., *The Cross and Martlets* (Birmingham, UK: Herald Printing Office, 1881); "A Cambridge Man," in *A Guide to the English Lake District, Intended Principally for the Use of Pedestrians* (London: Simpkin, Marshall & Co., n.d.)。

Karl Anders Ericsson, Ralf Krampe, and Clemens Tesch-Römer, "The Role of Deliberate Practice in the Acquisition of Expert Performance," *Psychological Review* 100:3 (1993), 363–406, , quotes on 390–391, 369, 391；最後一句引文「能夠維持用心練習所需之專注力」（ability to sustain the concentration necessary for deliberate practice），則是來自Ericsson, "Attaining Excellence Through Deliberate Practice: Insights from the Study of Expert Performance," in Michel Ferrari, ed., *The Pursuit of Excellence Through Education* (London: Routledge, 2001), 21–56, quote on 29。若想知道用心練習最新的相關文獻，請參見Ericsson and Robert Pool, *Peak: Secrets from the New Science of Expertise* (Boston: Houghton Mifflin Harcourt, 2016); Ericsson, "Why Expert Performance Is Special and Cannot be Extrapolated from Studies of Performance in the General Population: A Response to Criticisms," *Intelligence* 45 (July–August 2014), 81–103與Scott Barry Kaufman, "A Proposed Integration of the Expert Performance and Individual Differences Approaches to the Study of Elite Performance," *Frontiers in Psychology* 5:707 (July 2014)。葛拉威爾在著作*Outliers: The Story of Success* (New York: Little, Brown and

Co., 2008）一書中使用了艾瑞克森所做的研究。

雷．布萊伯利描述了自己十年的學徒生涯：*Zen in the Art of Writing* (Santa Barbara, CA: Joshua Odell Editions, 1994), quote on 62。卡爾．艾米爾．希索爾於著作中探討休息對音樂訓練的重要性：*The Psychology of Music* (New York: McGraw-Hill, 1938), quotes on 154–155。

4 每天早上的固定作息

本章一開頭的引文出處來自Thomas Mitchell, *Essays on Life* (Glasgow, UK: Vagabond Voices, 2014), 60.

史考特．亞當斯的引文出處：Adams, "Why 'Dilbert' Creator Scott Adams Wakes Up at 5 a.m. to Do His Most Creative Work," 與Jessica Zack, "Scott Adams, *Dilbert* Creator, Finds Success in His Failures," *SF Gate* (18 January 2014), online at http://www.sfgate.com/art/article/Scott-Adams-Dilbert-creator-finds-success-in-5156258.php。亞當斯描述自己每天早晨的例行公事：George Gendron, "Dilbert Fired! Starts New Biz," *Inc.* (1 July 1996), online at http://www .inc.com/magazine/19960701/1721.html; Scott Adams, "How to Make a Comic Strip," *Dilbert Blog* (20 June 2007), http://dilbertblog.typepad.com/the_dilbert_blog/2007/06/how_to_make_a_c.html; Scott Adams, "Diary of a Cartoonist: Dilbert Creator Scott Adams," *Wall Street Journal* (2 May 2014), online at http://www.wsj.com/articles/SB10001424052702304393704579531732604491594; Vivian Giang, "Dilbert Creator Scott Adams on Why Big Goals Are for Losers," *Fast Company* (14 May 2014), online at http://www.fastcompany.com/3030518/bottom-line/dilbert-creator-scott-adams-on-why-big-goals-are-for-losers。

有一群作者專門報導執行長早上的例行活動時間表。二〇一四年*Quartz Global Executives Survey*報告（online at http://insights.qz.com/ges/）記錄了九百四十位主管的每日歷程與生活習慣，如早晨的讀報習慣。我從下列出處截取庫克、葛羅斯、多西、舒茲、伯恩斯與陳盛福的故事：Max Nisen, Gus Lubin, and Aaron Taube, "22 Executives Who Wake Up Really Early," *Business Insider* (27 August 2014), online at http://www.

businessinsider.com/executives-who-wake-up-early-2014-8：衛斯伯受訪的報導：Tim Dowling, Laura Barnett, and Patrick Kingsley, "What Time Do Top CEOs Wake Up?," *The Guardian* (1 April 2013)，online at http://www.theguardian.com/money/2013/apr/01/what-time-ceos-start-day。羅拉・范德坎（Laura Vanderkam）的*What the Most Successful People Do Before Breakfast* (New York: Portfolio Penguin, 2013)更深入檢視、探討早晨例行活動的重要性。

Mason Currey的*Daily Rituals: How Artists Work*可助讀者一覽藝術家和作家的早晨習慣。拙作也引了不少Currey描寫Frank Lloyd Wright (pp. 131–132)和John Cheever (pp. 110–112)的片段：欲知更多關於萊特（Wright）的故事，也可參Maria Stone in Edgar Tafel, ed., *Frank Lloyd Wright: Recollections by Those Who Knew Him* (Mineola, NY: Dover Publications, 2001), 56–62。約翰・勒卡雷的早晨，參見George Plimpton, "John le Carré, The Art of Fiction No. 149," *Paris Review* 143 (Summer 1997)：海明威的故事，參見George Plimpton, "Ernest Hemingway, The Art of Fiction No. 21," *Paris Review* 18 (Spring 1958); Trollope, *An Autobiography*, quote on 153–154：瑪雅・安傑盧，引自George Plimpton, "Maya Angelou, The Art of Fiction No. 119," *Paris Review* 116 (Fall 1990)：保羅・塞尚（Paul Cézanne），參見Walter Pach, "Cézanne-An Introduction," *Scribner's Magazine* 44:1 (July 1908), 765–768, and Émile Bernard, "Memories of Paul Cezanne," in P. Michael Doran, ed., *Conversations with Cézanne* (Berkeley: University of California Press, 2001)：馬奎斯的引文出處：Peter H. Stone, "Gabriel García Márquez, The Art of Fiction No. 69"。

心理學家也會研究排程、延遲與作家的行為。良好的入門書如下：Ronald T. Kellogg, *Psychology of Writing* (Oxford, UK: Oxford University Press, 1999); Ronald T. Kellogg, "Writing Method and Productivity of Science and Engineering Faculty," *Research in Higher Education* 25:2 (1986), 147–163。

維爾納・海森堡所說的阿諾・索末菲之建議收錄在量子物理學史計畫檔案（Archives for the History of Quantum Physics project）。檔案由湯瑪斯・庫恩（Thomas Kuhn）建立，一九六三年二月十一日，online at https://www.aip.org/history-programs/niels-bohr-library/oral-histories/4661-3。漢斯・賽耶（Hans Selye）

的行程表：Hans Selye, *The Stress of My Life: A Scientist's Memoirs* (New York: Van Nostrand Reinhold, 1979), quote on 199。艾德娜・歐伯蓮的引述：Shusha Guppy, "Edna O'Brien, The Art of Fiction No. 82," *Paris Review* 92 (Summer 1984)：馬里奧・巴爾加斯・略薩的引述：Susannah Hunnewell and Ricardo Augusto Setti, "Mario Vargas Llosa, The Art of Fiction No. 120," *Paris Review* 116 (Fall 1990)。

Mareike B. Wieth and Rose T. Zacks, "Time of Day Effects on Problem Solving: When the Non-Optimal Is Optimal," *Thinking & Reasoning* 17:4 (2011), 387–401與Cynthia P. May, "Synchrony Effects in Cognition: The Costs and a Benefit," *Psychonomic Bulletin & Review* 6:1 (March 1999), 142–147，兩者皆探討抑制（inhibition）與晝夜節律（circadian rhythms）。參見Christina Schmidt et al., "A Time to Think: Circadian Rhythms in Human Cognition," *Cognitive Neuropsychology* 24:7 (2007), 755–789。

關於艾麗斯・孟若，請參見McCulloch and Simpson, "Alice Munro, The Art of Fiction No 137," *Paris Review* 131 (Summer 1994)：想瞭解約翰・葛瑞賓（John Gribbin），請參見Shelley Kronzek, "Author Interview: John Gribbin," *The Dover Math and Science Newsletter* (21 May 2012), online at http://www.doverpublications.com/mathsci/0521/news.html：關於大衛・麥卡洛（David McCullough），請參閱Elizabeth Gaffney and Benjamin Ryder Howe, "David McCullough, The Art of Biography No. 2," *Paris Review* 152 (Fall 1999)。

艾薩克・巴什維斯・辛格的引述：Harold Flender, "Isaac Bashevis Singer, The Art of Fiction No. 42," *Paris Review* 44 (Fall 1968); 托妮・莫里森描述了自己的早晨習慣與日常例事：Elissa Schappell with Claudia Brodsky Lacour, "Toni Morrison, The Art of Fiction No. 134," *Paris Review* 128 (Fall 1993); John Littlewood, "The Mathematician's Art of Work," 116; Stephen King, *On Writing*, 157。托拜厄斯・沃爾夫的引述：Jack Livings, "Tobias Wolff, The Art of Fiction No. 183," *Paris Review* 171 (Fall 2004)：歐斯勒的引文出自其著作： *A Way of Life*, 50：歐斯勒的同窗愛德華・羅傑斯（Edward Rogers）的引述：Michael Bliss, *William Osler: A Life in Medicine* (Toronto: University of Toronto Press, 1999), 94。

特羅洛普在其著作中暢談自身寫作經驗與靈感議題：*An Autobiography*, 72。雷蒙・錢德勒致艾力克斯・貝瑞斯（Alex Barris），一九四九年三月十八日，收錄在Raymond Chandler with Dorothy Gardiner and Katherine Sorley Walker, *Raymond Chandler Speaking* (Berkeley, CA: University of California Press, 1997), 79–80。柏格曼的引述：Fassler, "What Great Artists Need: Solitude"；柴可夫斯基的引述：Vera John-Steiner, *Notebooks of the Mind: Explorations of Thinking* (Oxford, UK: Oxford University Press, 1997), 73; 喬伊斯・卡羅爾・歐茨的引述：Robert Phillips, "Joyce Carol Oates, The Art of Fiction No. 72," *Paris Review* 74 (Fall–Winter 1978); King, *On Writing*, 156–157。

想瞭解例行日程與創造力，參見Sandra Ohly, Sabine Sonnentag, and Franziska Pluntke, "Routinization, Work Characteristics and Their Relationships with Creative and Proactive Behaviors," *Journal of Organizational Behavior* 27 (2006), 257–279與Lucy L. Gilson, John E. Mathieu, Christina E. Shalley, and Thomas M. Ruddy, "Creativity and Standardization: Complementary or Conflicting Drivers of Team Effectiveness?" *Academy of Management Journal* 48:3 (June 2005), 521–531。想瞭解大廚的「準備工作」（mise-en-place），參見Leslie Brenner, *The Fourth Star: Dispatches from Inside Daniel Boulud's Celebrated New York Restaurant* (New York: Clarkson Potter, 2002); Alan Gelb and Karen Levine, *A Survival Guide for Culinary Professionals* (Clifton Park, NY: Delmar Cengage Learning, 2004); 特別參閱Michael Ruhlman, *The Making of a Chef: Mastering Heat at the Culinary Institute of America* (New York: Macmillan, 2009)。

結尾部分的引述出處：Stephen King, *On Writing*, 157; Henri Poincaré, *Foundations of Science*, 389。畢卡索這句經典名言雖廣為流傳，但最初的出處已無從考證。查克・克洛斯的引述：*Chris Orwig, The Creative Fight: Create Your Best Work and Live the Life You Imagine* (San Francisco: Peachpit Press, 2015)。這句引述的話有文字較為不同的版本：Christopher Finch, *Chuck Close: Life* (New York: Prestel Verlag, 2010), chapter 25; Anthony Trollope, *My Autobiography*, 153。

5 散步

偉大哲學家齊克果關於散步的名言出自一封他寫給嫂嫂Henriette Kierkegaard的信，收錄於Søren Kierkegaard, *The Essential Kierkegaard* (Princeton, NJ: Princeton University Press, 2013), 502。有關散步的歷史及其哲學層面意義，可見Rebecca Solnit, *Wanderlust: A History of Walking* (New York: Penguin, 2000); Geoff Nicholson, *The Lost Art of Walking* (New York: Riverhead Books, 2008)。

這句哲斐遜的話，出自哲斐遜致彼得・卡爾（Peter Carr），一七八五年八月十九日，Monticello網站重新收錄，online at http://www.monticello.org/site/research-and-collections/exercise：小說家路易斯敘述自己的散步經驗：*Surprised by Joy: The Shape of My Early Life* (New York: Harcourt Brace, 1984), 142：有關沃拉斯的散步經驗，收錄在其與妻子的往返書信：Wallas Family Papers, Newnham College, Cambridge：艾麗斯・孟若的引述：McCulloch and Simpson, "Alice Munro, The Art of Fiction No. 137," *Paris Review* 131 (Summer 1994)：狄更斯家族所說的話收錄在：Forster, *Life of Charles Dickens*, 218：有關特拉維斯・卡拉尼克的散步習慣，參見Maya Kosoff, "Travis Kalanick Says He Walks 40 Miles a Week Inside Uber's San Francisco Headquarters," *Business Insider* (8 September 2015), online at http://www.businessinsider.com/uber-ceo-travis-kalanick-walks-40-miles-a-week-in-his-office-2015-9：托尼・施瓦茨對能量管理的討論：Tony Schwartz and Catherine McCarthy, "Manage Your Energy, Not Your Time," *Harvard Business Review* (October 2007), online at https://hbr.org/2007/10/manage-your-energy-not-your-time。

關於寫程式與散步會議的引述出處：David Haimes, "An Update on Walking Meetings," *David Haimes* (blog) (24 January 2014), online at https://davidhaimes.wordpress.com /2014/01/24/an-update-on-walking-meetings/。Russell Clayton, Chris Thomas, and Jack Smothers, "How to Do Walking Meetings Right," *Harvard Business Review* (August 2015) online at https://hbr.org/2015/08 /how-to-do-walking-meetings-right，探討主管之間的散步會議；有關矽谷地區散步會議之報導：Margaret Talev and Carol Hymowitz, "Zuckerberg,

Obama Channel Jobs in Search for Alone Time," *Bloomberg* (29 April 2014), online at http://www.bloomberg.com/news/2014-04-30/walking-is-the-new-sitting-for-decision-makers.html; Craig Dowden, "Steve Jobs Was Right About Walking," *Financial Post* (12 December 2014), online at http://business.financialpost.com/executive/strategy/steve-jobs-was-right-about-walking; Jay Yarow, "When Mark Zuckerberg Really Wants to Hire You, He'll Ask You to Take a Walk with Him in the Woods," *Business Insider* (7 July 2011), online at http://www.businessinsider.com/mark-zuckerberg-walk-in-the-woods-2011-7；泰德・艾頓（Ted Eytan）大力提倡散步，參見Alina Dizik, "Forget Standing Meetings, Try This Instead," *BBC Capital* (5 May 2015), online at http://www.bbc.com/capital/story/20150504-to-cure-meeting-mayhem-try-this；傑夫・韋納談到自己的散步會議經驗；"Where I Work: I'll Take Walking 1:1s Over Office Meetings Any Day," *LinkedIn Pulse* (29 January 2013), online at https://www.linkedin.com/pulse/20130129033750-22330283-where-i-work-i-ll-take-walking-1-1s-over-office-meetings-any-day; 有關弗洛里與柴恩的散步經驗，請見E. P. Abraham, "Howard Walter Florey, Baron Florey of Adelaide and Marston, 1898–1968," *Biographical Memoirs of Fellows of the Royal Society* 17 (November 1971), 255–302。

Katherine Simon Frank, "Herbert A. Simon: A Family Memory," online at http://www.cs.cmu.edu/simon/kfrank.html探討散步與放鬆創造力抑制（inhibitions）；有關華生與克里克的散步經驗，請見Watson, *The Double Helix*。理察・塞勒在回憶錄裡談到與康納曼、特沃斯基的散步經驗；*Misbehaving: The Making of Behavioral Economics* (New York: W. W. Norton, 2015)。柴可夫斯基的手足談到其散步經驗；Modest Ilich Tchaikovsky, *The Life and Letters of Peter Ilich Tchaikovsky* (New York: John Lane, 1906), quotes on 491, 263, 447；想瞭解有關貝多芬在維也納的散步習慣，參見Anton Schindler, *The Life of Beethoven* (Boston: Oliver Diston, 1900)。林－曼努爾・米蘭達談及自己的散步習慣；Patrick Healy, "Walking the Dog to Awaken the Muse," *New York Times* (21 March 2014), MB2; Suzy Evans, "How 'Hamilton' Found Its Groove," *American Theatre* (27 July 2015), http://www.americantheatre.org/2015/07/27/how-hamilton-found-its-groove/; Rebecca Milzoff, "Lin-

Manuel Miranda on Jay Z, 'The West Wing,' and 18 More Things That Influenced 'Hamilton,'" *Vulture* (29 July 2015), http://www.vulture.com/2015/07/lin-manuel-mirandas-20-hamilton-influences.html。

Eugene Paul Wigner, *The Recollections of Eugene P. Wigner as Told to Andrew Szanton* (New York: Plenum Press, 1992), 228：保羅・狄拉克與湯瑪斯・庫恩、尤金・維格納的訪問，時間為一九六二年四月一日，Niels Bohr Library and Archives, American Institute of Physics, https://www.aip.org/history-programs/niels-bohr-library/oral-histories/4575-1。

在不同的環境散步之相關議題，參見Peter Aspinall, Panagiotis Mavros, Richard Coyne, and Jenny Roe, "The Urban Brain: Analysing Outdoor Physical Activity with Mobile EEG," *British Journal of Sports Medicine* 49:4 (March 2015), 1–6。想瞭解自然環境的修復價值，參見Stephen Kaplan, "The Restorative Benefits of Nature: Toward an Integrative Framework," *Journal of Environmental Psychology* 16 (1995): 169–182。

Nathaniel C. Comfort, *Tangled Field: Barbara McClintock's Search for the Patterns of Genetic Control* (Cambridge, MA: Harvard University Press, 2001), quote on 68，收錄了麥克林托克本人對史丹福那段時期的描述。想瞭解哈密頓的散步經驗，可參閱Robert Graves, *Life of Sir William Rowan Hamilton*, 2 vols. (Dublin, UK: Hodges, Figgis, and Co., 1882)；引述來源：Hamilton to Rev. Archibald H. Hamilton, August 5, 1865, online at http://www.maths.tcd.ie/pub/HistMath/People/Hamilton/Letters/BroomeBridge.html。海森堡當年忙著表述測不準原理，閒暇之餘也會在人民公園散步。相關事蹟，請參閱John Gribbin, *Erwin Schrodinger and the Quantum Revolution* (New York: Wiley, 2013); Heisenberg, interview with Thomas Kuhn and John Heilbron, 5 July 1963, Niels Bohr Library and Archives, American Institute of Physics, online at https://www.aip.org/history-programs/niels-bohr-library /oral-histories/4661-11。厄爾諾・魯比克的引述：Dave Simpson, "Erno Rubik: How We Made Rubik's Cube," *The Guardian* (26 May 2015), online at https://www.theguardian.com/culture/2015/may/26/erno-rubik-how-we-made-rubiks-cube；參見Noah Davis, "How Ernö Rubik Created the Rubik's Cube," *Mental Floss* (August 2014), http://mentalfloss.com/article/58162/how-erno-rubik-created-rubiks-cube; George Webster, "The Little Cube That Changed the World," *CNN* (11 October 2012), http://www.cnn.com/2012/10/10/tech/rubiks-cube-inventor/.

瑪麗麗・歐佩卓在史丹福的訪問（時間為二〇一五年八月六日），便是關於她在史丹福做散步實驗的出處：參見Marily Oppezzo and Daniel Schwartz, "Give Your Ideas Some Legs: The Positive Effect of Walking on Creative Thinking," *Journal of Experimental Psychology: Learning, Memory, and Cognition* 40:4 (July 2014), 1142–1152。

謝耶在著作中談到自己習慣帶本筆記本：*Stress of My Life*, 172; Graves, *Life of Sir William Rowan Hamilton*, 435提到哈密頓會隨身帶本口袋大小的筆記本；林－曼努爾・米蘭達也曾提過自己的筆記本：Milzoff, "Lin-Manuel Miranda on Jay Z, 'The West Wing,' and 18 More Things That Influenced 'Hamilton'"；比利・懷德聊到了自己的「黑色本子」：James Linville, "Billy Wilder, The Art of Screenwriting No. 1," *Paris Review* 138 (Spring 1996)；費蘭・阿德里亞的引述：Harriet Alexander, "The World of Chef Ferran Adrià," *Telegraph* (26 April 2014), http://www.telegraph.co.uk/luxury/drinking_and_dining/31813/the-world-of-chef-ferran-adrià.html；湯瑪斯・霍布斯做筆記一事，可見於John Aubrey, *A Brief Life of Thomas Hobbes, 1588–1679*, published in John Aubrey, *Brief Lives* (New York: Penguin Classics, 2000), ed. John Buchanan-Brown。關於大衛・希爾伯特的黑板一事，參見Fitzgerald and James, *Mind of the Mathematician*, 46。

關於麥克林托克的引述，請參閱Evelyn Fox Keller, *A Feeling for the Organism* (New York: Freeman, 1983), 118。

6 小睡

邱吉爾的相關文獻非常多，而這本邱吉爾自傳全集是我本人最喜歡的：Roy Jenkins, *Churchill* (London: Macmillan, 2001)。關於邱吉爾戰爭室的專書：Richard Holmes, *Churchill's Bunker: The Secret Headquarters at the Heart of Britain's Victory* (London: Profile Books, 2009)。法蘭克・索耶的引述：Michael Paterson, *Winston Churchill: Personal Accounts of the Great Leader at War* (Newton Abbot, UK: David & Charles, 2005), 28。有關麥克阿瑟小憩片刻的習慣，參見Hiroshi Masuda and Reiko Yamamoto, *MacArthur in Asia: The General and His Staff in the Philippines, Japan, and Korea* (Ithaca, NY: Cornell University Press, 2012), quote on 282；關於馬歇爾給艾森豪的建議，參見Harry Butcher, *My Three Years with Eisenhower: The Personal Diary of Captain Harry Butcher, Naval Aide to General Eisenhower, 1942–1945* (New York: Simon and Schuster, 1946)。

Arthur M. Schlesinger Jr., *A Thousand Days: John F. Kennedy in the White House* (Boston: Houghton Mifflin, 1965) 描述約翰・甘迺迪小憩片刻的習慣。想瞭解詹森總統小睡片刻的習慣，參見Robert Dallek, *Flawed Giant: Lyndon Johnson and His Times, 1961–1973* (Oxford, UK: Oxford University Press, 1998)。

Dayong Zhao et al., "Effects of Physical Positions on Sleep Architectures and Post-Nap Functions Among Habitual Nappers," *Biological Psychology* 83 (2010), 207–213，比較了坐著睡和躺著睡有何差異。

Sam Weller, *The Bradbury Chronicles: The Life of Ray Bradbury* (Harper Collins, 2005), 157描述了雷・布萊伯利的小憩片刻習慣；強納森・法蘭岑談自己的小睡片刻習慣：Stephen J. Burn, "Jonathan Franzen, The Art of Fiction No. 207," *Paris Review* 195 (Winter 2010)；想瞭解村上春樹的小憩習慣，參見*What I Talk About When I Talk About Running*, 49–50；想瞭解威廉・吉布森的小睡片刻習慣，參見David Wallace-Wells, "William Gibson, The Art of Fiction No. 211," *Paris Review* 197 (Summer 2011)；湯馬斯・曼的小睡片刻習慣，請見Morton, "A Talk with Thomas Mann at 80" ; Stephen King's are in *On Writing*, quote on 152。

Oscar Niemeyer, *The Curves of Time: The Memoirs of Oscar Niemeyer* (London: Phaidon, 2000) 對尼邁耶的日程表饒富興趣。同樣可參見Philip Jodidio, *Niemeyer* (Cologne, Germany: Taschen, 2012)；想更瞭解法蘭克・洛伊・萊特與路易斯・康，參見Currey, *Daily Rituals*, 131–132；艾佛瑞德・泰特的引述出處來源："Thomas Edison," *The Weekly Kansas City Star*, 10 August 1938, and William Dement, *The Promise of Sleep* (New York: Dell, 1999), 328；索耶的引述：Paterson, *Winston Churchill*, 28。該篇報導記錄了萊特的建議：Maria Durrell Stone in Tafel, ed., *Frank Lloyd Wright*, 57。

想瞭解小憩片刻帶來的主要益處，參見Catherine Miller and Kimberly Cote, "Benefits of Napping in Healthy Adults: Impact of Nap Length, Time of Day, Age, and Experience with Napping," *Journal of Sleep Research* 18 (2009), 272–281。

想瞭解小憩片刻與記憶，參見Sara Mednick, Ken Nakayama, and Robert Stickgold, "Sleep-Dependent Learning: A Nap Is as Good as a Night," *Nature Neuroscience* 6:7 (July 2003), 697–698；也可參閱 Olaf Lahl et al, "An Ultra Short Episode of Sleep Is Sufficient to Promote Declarative Memory Performance," *Journal of Sleep Research* 17:1 (March 2008), 3–10; Sara C. Mednick and Sean P. A. Drummond, "Sleep: A Prescription for Insight?," *Insom* 3 (Summer 2004), 26–29。關於老鼠、空間記憶與小睡片刻的相關研究，參見H. Freyja Ólafsdóttir et al., "Hippocampal Place Cells Construct Reward-Related Sequences Through Unexplored Space," *eLife* 4 (2015) e06063, doi: 10.7554/eLife.06063; H. Freyja Ólafsdóttir and Caswell Barry, "Spatial Cognition: Grid Cell Firing Depends on Self-Motion Cues," *Current Biology* 25:19 (2015), R827–R829; H. Freyja Ólafsdóttir, Francis Carpenter, and Caswell Barry, "Coordinated Grid and Place Cell Replay During Rest," *Nature Neuroscience* (April 2016), 1-6。

想瞭解小憩片刻與衝動（impulsivity），參見Jennifer R. Goldschmied et al., "Napping to Modulate Frustration and Impulsivity: A Pilot Study," *Personality and Individual Differences* 86 (November 2015), 164–167。也可參閱Kathleen Vohs et al., "Ego Depletion Is Not Just Fatigue: Evidence from a Total Sleep Deprivation Experiment," *Social Psychological and Personality Science* 2:2 (March 2011), 166–173。克里斯多福・巴恩斯發表了一些研究，是關於睡眠剝奪和其對做決策所帶來的影響：Barnes et al., "Lack of Sleep and Unethical Behavior," *Organizational Behavior and Human Decision Processes* 115:2 (July 2011), 169–180; Brian Guina, Barnes, and Sunita Sah, "The Morality of Larks and Owls: Unethical Behavior Depends on Chronotype as Well as Time-of-Day," *Psychological Science* 25:12 (October 2014), 2272–2274; Barnes et al., "You Wouldn't Like Me When I'm

Sleepy: Leader Sleep, Daily Abusive Supervision, and Work Unit Engagement," *Academy of Management Journal* 58:5 (October 2015), 1419–1437。

想瞭解梅德尼克對小睡片刻時間計時的研究，可見Sara Mednick with Mark Ehrman, *Take a Nap! Change Your Life* (New York: Workman Publishing, 2006)。

Edgar Allan Poe, "Marginalia 150," *Graham's Magazine*, 28: 2 (March 1846), 116–118，提到愛倫坡在「星眼微矇，半夢半醒時」腦中「浮現」靈感一事，參見一一六頁；布列東也曾描述半夢半醒的時刻：André Breton, "What Is Surrealism?," in Herschel Browning Chipp, Peter Howard Selz, and Joshua Charles Taylor, eds., *Theories of Modern Art: A Source Book by Artists and Critics* (Berkeley, CA: University of California Press, 1968), 410；威廉．吉布森的引述：David Wallace-Wells, "William Gibson, The Art of Fiction No. 211" ; Salvador Dalí, *Fifty Secrets of Magic Craftsmanship* (1948; repr. New York: Dover, 1992), 33–38; Bernard Ewell, "Provenance Is Everything, undated essay, Park West Gallery Dali Collection, online at http://dali.parkwestgallery.com/provenance.htm。

蜜雪兒．卡爾在文中探討半夢半醒狀態："How to Dream Like Salvador Dali," *Psychology Today* (20 February 2015), online at https://www.psychologytoday.com/blog/dream-factory/201502/how-dream-salvador-dali。也請參閱E. B. Gurstelle and J. L. de Oliveira, "Daytime Parahypnagogia: A State of Consciousness That Occurs When We Almost Fall Asleep," *Medical Hypotheses* 62:2 (February 2004), 166–168; Neel V. Patel, "Sleeping On, and Dreaming Up, a Solution," *Science Online* (27 June 2014), online at http://scienceline.org/2014/06/sleeping-on-and-dreaming-up-a-solution/; Michelle Carr and Tore Nielsen, "Daydreams and Nap Dreams: Content Comparisons," *Consciousness and Cognition* 36 (2015), 196–205。想看年代距今稍久遠，但仍實用的評論，參閱Daniel L. Schacter, "The Hypnagogic State: A Critical Review of the Literature," *Psychological Bulletin* 83:3 (1976), 452–481。托雷．尼爾森的實驗過程可見於：Tore A. Nielsen, "A Self-Observational Study of Spontaneous Hypnagogic Imagery Using the Upright Napping Procedure," *Imagination, Cognition and Personality*

11:4 (June 1992), 353–366。

7 暫停

Semi Chellas, "Matthew Weiner, The Art of Screenwriting No. 4," *Paris Review* 208 (Spring 2014)描寫艾倫．伯恩斯與馬修．維納的暫停習慣；羅爾德．達爾的引述來源：Dahl, *George's Marvelous Medicine* (New York: A. A. Knopf, 2002), 97；薩爾曼．魯西迪談到自己的做事節奏與暫停習慣：Jack Livings, "Salman Rushdie, The Art of Fiction No. 186," *Paris Review* 174 (Summer 2005)；略薩的引述：Hunnewell and Setti, "Mario Vargas Llosa, The Art of Fiction No. 120"；李特爾伍德所說的話引述自其著作"The Mathematician's Art of Work," 117；尼爾．史蒂芬森討論到暫停一事：Laura Miller, "The Salon Interview: Neal Stephenson," *Salon* (21 April 2004), http://www.salon.com/2004/04/21/stephenson_4/；約翰．麥克菲解釋自己為何會暫停下來：Peter Hessler, "John McPhee: The Art of Nonfiction No. 3," *Paris Review* 192 (Spring 2010)；村上春樹所說的話引述自*What I Talk About When I Talk About Running*, 4–5。

Plimpton, "Ernest Hemingway, The Art of Fiction No. 21," 載有海明威對潛意識一事之探討；勒卡雷談到在睡夢中構思靈感：Plimpton, "John le Carré, The Art of Fiction No. 149"；龐加萊探討潛意識狀態的作用：*Foundations of Science*, 389。

Sophie Ellwood et al., "The Incubation Effect: Hatching a Solution?" *Creativity Research Journal* 21:1 (2009), 6–14, quote on 6，跟雪梨大學這份研究有關聯。同樣有關的還有：Jason Gallate et al., "Creative People Use Nonconscious Processes to Their Advantage," *Creativity Research Journal* 24:3 (2012), 146–151, quote on 149。

艾德．史密斯對適時暫停的觀察收錄在：Smith, "What Some People Call Idleness Is Often the Best Investment," *New Statesman* (19 July 2012), online at http://www.newstatesman.com/business/business/2012/07/what-some-people-call-idleness-often-best-investment.

8 睡眠

研究睡眠、探討睡眠在當代社會地位的文獻不計其數，其中不乏引人入勝的研究。探討睡眠在當代社會的地位，焦點多半擺在睡眠剝奪的議題上。近來的新文獻中，雅莉安娜・哈芬頓（Arianna Huffington）的*The Sleep Revolution: Transforming Your Life, One Night at a Time* (New York: Harmony Books, 2016)以淺白易懂的方式介紹了許多關於睡眠的知識。Jonathan Crary, *24/7: Late Capitalism and the Ends of Sleep* (London: Verso, 2013) 則較具政治意味; A. Roger Ekirch, *At Day's Close: Night in Times Past* (New York: W. W. Norton, 2005)是本膾炙人口的歷史相關書籍。

想瞭解更多關於人類以外的生物睡眠，參見Brooke Borel, "Do Plants Sleep?," *Popular Science* (10 March 2014), online at http://www.popsci.com/blog-network/our-modern-plagues/do-plants-sleep?。還有Jo Marchant, "Why Brainy Animals Need More REM sleep After All," *New Scientist* (19 June 2008), online at https://www.newscientist.com/article/dn14164-why-brainy-animals-need-more-rem-sleep-after-all; Andrew J. K. Phillips et al., "Mammalian Sleep Dynamics: How Diverse Features Arise from a Common Physiological Framework," *PLOS Computational Biology* (24 June 2010), doi: 10.1371/journal.pcbi.1000826。

William Dement, *The Promise of Sleep*是這段關於睡眠片段的資料來源。想瞭解睡眠剝奪對記憶力的影響，參見Jutta Backhaus et al., "Impaired Declarative Memory Consolidation During Sleep in Patients with Primary Insomnia: Influence of Sleep Architecture and Nocturnal Cortisol Release," *Biological Psychiatry* 60:12 (December 2006), 1324–1330。

Lulu Xie, Maiken Nedergaard, et al., "Sleep Drives Metabolite Clearance from the Adult Brain," *Science* 342 (18 October 2013), 373–377發表神經膠質細胞與睡眠中的大腦相關研究。

想瞭解更多關於睡眠剝奪與軍隊的資訊，參見Nita Lewis Miller, Lawrence Shattuck, and Panagiotis Matsangas, "Sleep and Fatigue Issues in Continuous Operations: A Survey of US Army Officers," *Behavioral Sleep*

Medicine 9 (2011), 53–65；以及Nita Lewis Miller, Panagiotis Matsangas, and Lawrence Shattuck, "Fatigue and Its Effect on Performance in Military Environments," in James L. Szalma and Peter A. Hancock, eds., *Performance Under Stress* (Aldershot, UK: Ashgate, 2008), 231–249; Gareth Evans, "Fighting Fatigue: Cognitive Science Is Transforming Soldier Attention Spans," *Army Technology* (14 August 2013), online at http://www.army-technology.com/features/feature-fighting-fatigue-cognitive-science-soldier-attention-spans/.

想瞭解更多關於B-2轟炸機機組員的相關訊息，參見David Kenagy et al., "Dextroamphetamine Use During B-2 Combat Missions," *Aviation, Space, and Environmental Medicine* 75:5 (May 2004), 381–386。瑪麗・梅爾菲的研究收錄在：James C. Miller and Mary L. Melfi, *Causes and Effects of Fatigue in Experienced Military Aircrew* (Air Force Research Laboratory, 2006), online at http://www.dtic.mil/dtic/tr/fulltext/u2/a462989.pdf。想瞭解機長與睡眠剝奪的相關資訊，參見John A. Caldwell et al., "Fatigue Counter-measures in Aviation," *Aviation, Space and Environmental Medicine* 80:1 (January 2009), 29–59; Beth M. Hartzler, "Fatigue on the Flight Deck: The Consequences of Sleep Loss and the Benefits of Napping," *Accident Analysis and Prevention* 62 (2014), 309–318; Sigurdur Hrafn Gislason, "The Effects of ACMI Flight Crew's Long Term Outstation Hotel Stay on Accumulated Fatigue," *Transport and Aerospace Engineering* (2015), 36–41。

想瞭解睡眠剝奪對醫生和護士的影響，參見Ilda Amirian, "The Impact of Sleep Deprivation on Surgeons' Performance During Night Shifts," *Danish Medical Journal* 61:9 (2014), 1–14; Syed N. Zafar et al., "The Sleepy Surgeon: Does Night-Time Surgery for Trauma Affect Mortality Outcomes?" *American Journal of Surgery* 209:4 (April 2015), 633–639; Philippa Gander et al., "Sleep Loss and Performance of Anaesthesia Trainees and Specialists," *Chronobiology International* 25:6 (2008), 1077–1091; Ilda Amirian et al., "Laparoscopic Skills and Cognitive Function Are Not Affected in Surgeons During a Night Shift," *Journal of Surgical Education* 71:4 (July–August 2014), 543– 550; Mohamed Zaki Ramadan and Khalid Saad Al-Saleh, "The Association of Sleep Deprivation on the Occurrence of Errors by Nurses Who Work the Night Shift," *Current Health Sciences Journal* 40:2 (April–June

2014): 97–103; Y. S. Chang et al., "Did a Brief Nap Break Have Positive Benefits on Information Processing Among Nurses Working on the First 8-H Night Shift?," *Applied Ergonomics* 48 (May 2015), 104–108; Arlene L. Johnson et al., "Sleep Deprivation and Psychomotor Performance Among Night-Shift Nurses," *American Association of Occupational Health Nurses Journal* 58:4 (2010), 147–156。

J. M. Harrington, "Health Effects of Shift Work and Extended Hours of Work," *Occupational and Environmental Medicine* 58:1 (2001), 68–72探討睡眠剝奪和輪班工作制對身體健康的影響；也可參閱Xiaoti Lin et al., "Night-Shift Work Increases Morbidity of Breast Cancer and All-Cause Mortality: A Meta-Analysis of 16 Prospective Cohort Studies," *Sleep Medicine* 16:11 (November 2015), 1381–1387; David A. Kalmbach et al., "Shift Work Disorder, Depression, and Anxiety in the Transition to Rotating Shifts: The Role of Sleep Reactivity," *Sleep Medicine* 16:12 (December 2015), 1532–1538; Karin I. Proper et al., "The Relationship Between Shift Work and Metabolic Risk Factors: A Systematic Review of Longitudinal Studies," *American Journal of Preventive Medicine* 50:5 (May 2016) e147–e157; Chiara Dall'Ora et al., "Characteristics of Shift Work and Their Impact on Employee Performance and Wellbeing: A Literature Review," *International Journal of Nursing Studies* 57 (May 2016), 12–27.

Adam P. Spira, "Impact of Sleep on the Risk of Cognitive Decline and Dementia," *Current Opinion in Psychiatry* 27:6 (November 2014), 478–483探討睡眠剝奪與失智症的關聯性；也請參閱Jiu-Chiuan Chen et al., "Sleep Duration, Cognitive Decline, and Dementia Risk in Older Women," *Alzheimer's and Dementia* 12:1 (January 2016), 21–33; Roberta Biundo et al., "MMSE and MoCA in Parkinson's Disease and Dementia with Lewy Bodies: A Multicenter 1-Year Follow-Up Study," *Journal of Neural Transmission* 123:4 (April 2016), 431–438.

Flaviany Ribeiro Silva et al., "Sleep on the Job Partially Compensates for Sleep Loss in Night Shift Nurses," *Chronobiology International* 23:6 (2006), 1389–1399描述關於巴西夜班護士的研究。

想瞭解美國軍方對策略性小憩和預防性小憩的相關辯論，參見John A. Caldwell, J. Lynn Caldwell, and Regina M. Schmidt, "Alertness Management Strategies for Operational Contexts," *Sleep Medicine Reviews* 12 (2008),

257–273, doi: 10.1016/j.smrv.2008.01.002與Nila Joan Blackwell et al., *Leader's Guide to Soldier and Crew Endurance* (Fort Rucker, Alabama: US Army Combat Readiness Center, 2015), Hartzler, "Fatigue on the Flight Deck"。

Mark Rosekind et al., "Alertness Management: Strategic Naps in Operational Settings," *Journal of Sleep Research* 4:2 (1995), 62–66談到波音七四七機組員的相關研究。

想瞭解快速動眼期及視覺辨別，參見Avi Karni et al., "Dependence on REM Sleep of Overnight Improvement of a Perceptual Skill," *Science* 265 (29 July 1994), 679–682。較新的相關研究則是：Erin J. Wamsley and Robert Stickgold, "Memory, Sleep and Dreaming: Experiencing Consolidation," *Sleep Medicine Clinic* 6:1 (March 2011), 97–108。

想瞭解慢波睡眠與記憶力，參見Matthew P. Walker, "The Role of Slow Wave Sleep in Memory Processing," *Journal of Clinical Sleep Medicine* 5:2 supplement (April 2009), S20–S26。想瞭解失眠與記憶力，參閱Jutta Backhaus et al., "Impaired Declarative Memory Consolidation During Sleep in Patients with Primary Insomnia: Influence of Sleep Architecture and Nocturnal Cortisol Release," *Biological Psychiatry* 60:12 (December 2006), 1324–1330。

關於夢與白日夢的訊息，請參閱Kieran C. R. Fox et al., "Dreaming as Mind Wandering: Evidence from Functional Neuroimaging and First-Person Content Reports," *Frontiers in Human Neuroscience* 4:412 (July 2013), 1–16, 1。

關於貝特的夢，參見Sabine Lee and Gerry E. Brown, "Hans Albrecht Bethe, 2 July 1906–6 March 2005," *Biographical Memoirs of Fellows of the Royal Society* 53 (2007), 1–20; Linus Pauling, "The Genesis of Ideas," typed ms. dated 1961, online at http://scarc.library.oregonstate.edu/coll/pauling/calendar/1961/06/7.html#1961s2.7.tei.xml; Seaborg, quoted in "Academy of Achievement, Interview with Glenn Seaborg, September 21, 1990," http://www.achievement.org/autodoc/printmember /sea0int-1.

Simon Jenkins, "Digging It Out of the Dirt: Ben Hogan, Deliberate Practice and the Secret," *Annual Review of Golf Coaching* (2010), 7, 談及打高爾夫與做夢：想瞭解尼克勞斯，請參閱Richard Coop, *Mind Over Golf: Play Your Best By Thinking Smart* (New York: Macmillan, 1993)。想瞭解睡眠與對創造力的影響，參閱Deirdre Barrett, *The Committee of Sleep* (New York: Crown Books, 2001)。

最後一句的引述來源：Joseph Jastrow, *The Subconscious* (Boston: Houghton, Mifflin and Co., 1906), 94：山森與努恩的研究收錄在：David R. Samson and Charles L. Nunn, "Sleep Intensity and the Evolution of Human Cognition," *Evolutionary Anthropology: Issues, News, and Reviews* 24:6 (November/December 2015), 225–237。

9 復原

艾森豪與電報農舍一事主要截取自哈利．布契爾的回憶錄 *My Three Years with Eisenhower: The Personal Diary of Captain Harry Butcher, Naval Aide to General Eisenhower, 1942–1945* (New York: Simon and Schuster, 1946); quotes on 44, 76. John Wukovits and Wesley K. Clark, *Eisenhower* (Gordonsville, VA: Palgrave Macmillan), 79引用了薩莫斯比說的話。

想瞭解美國人的神經衰弱現象，參見Zachary Ross, *Women on the Verge: The Culture of Neurasthenia in Nineteenth-Century American* (Stanford, CA: Iris & B. Gerald Cantor Center for Visual Arts, 2004)，可特別參閱David G. Schuster, *Neurasthenic Nation: America's Search for Health, Happiness, and Comfort, 1869–1920* (New Brunswick: Rutgers University Press, 2011). Nancy Cervetti, *S. Weir Mitchell, 1829–1914: Philadelphia's Literary Physician* (University Park: Pennsylvania State University Press, 2012)是神經衰弱診斷學界大老的自傳。

美國人放假期間的花費調查來源為：Kelly Phillips Erb, "The Real Cost of Summer Vacation: Don't Get Buried in Taxes," *Forbes* (7 July 2014), online at http://www.forbes.com/sites/kellyphillipserb/2014/07/07/the-real-cost-of-summer-vacation-dont-get-buried-in-taxes/。這篇文章也引用了the American Express Spending & Saving Tracker: 2013 Summer Vacations (28 May 2013), online at http://about.americanexpress.com/news/

sst/report/2013-05_Spend-and-Save-Tracker.pdf, and BMO Private Bank's survey of millionaires and their leisure, "BMO Private Bank Study: Affluent Americans Plan to Spend an Average of $13,000 on Vacations This Year" (press release, 21 July 2015), https://newsroom.bmo.com/press-releases/bmo-private-bank-study-affluent-americans-plan-to-nyse-bmo-201507211017916001。假期與未放假所耗的成本之統計資料來源：Rachel Emma Silverman, "The Price of Unused Vacation Time: $224 Billion," *Wall Street Journal* (4 March 2015), http://blogs.wsj.com/atwork/2015/03/04/the-cost-of-unused-vacation-time-224-billion/.

Elaine D. Eaker, Joan Pinsky, and William P. Castelli, "Myocardial Infarction and Coronary Death Among Women: Psychosocial Predictors from a 20-Year Follow-Up of Women in the Framingham Study," *American Journal of Epidemiology* 135:8 (1992), 854–864研究假期與身心健康議題：更多資訊請參閱Brooks Gump and Karen Matthews, "Are Vacations Good for Your Health? The 9-Year Mortality Experience After the Multiple Risk Factor Intervention Trial," *Psychosomatic Medicine* 62:5 (September–October 2000), 608–612; Chun-Chu Chen and James F. Petrick, "Health and Wellness Benefits of Travel Experiences: A Literature Review," *Journal of Travel Research* 52:6 (November 2013), 709–719.

Rachel Emma Silverman, "The Price of Unused Vacation Time: $224 Billion," *Wall Street Journal* (4 March 2015), http://blogs.wsj.com/atwork/2015/03/04/the-cost-of-unused-vacation-time-224-billion/評估該放的假卻未放所造成的成本。

Cristina Queirós, Mariana Kaiseler, and António Leitão da Silva, "Burnout as Predictor of Aggressivity Among Police Officers," *European Journal of Policing Studies* 1:2 (December 2013), 110–135裡頭收錄了一篇針對晚近文獻的評論。該篇文章探討本文中所談的倦怠感。相關文章可參閱Tait D. Shanafelt et al., "Burnout and Career Satisfaction Among American Surgeons," *Annals of Surgery* 250:3 (September 2009), 463–471; Tait D. Shanafelt and C. M. Balch, "Combating Stress and Burnout in Surgical Practice: A Review," *Advances in Surgery* 44 (2010), 29–47; Tait D. Shanafelt et al., "Burnout and Medical Errors Among American Surgeons," *Annals of Surgery* 251:6 (June

2010), 995–1000; Tait D. Shanafelt et al., "Avoiding Burnout: The Personal Health Habits and Wellness Practices of US Surgeons," *Annals of Surgery* 255:4 (April 2012), 625–633; Tait D. Shanafelt et al., "Burnout and Satisfaction with Work-Life Balance Among US Physicians Relative to the General US Population," *Archives of Internal Medicine* 172:18 (2012), 1377–1385。關於衛理公會神職人員的研究：the *2014 Statewide Survey of United Methodist Clergy in North Carolina* (Duke Clergy Health Initiative, 2014)。

Wayne Oates在這本書裡創造了工作狂（*workaholic*）一詞：*Confessions of a Workaholic: The Facts About Work Addiction* (New York: World Publishing Company, 1971)；Oates在自傳裡描述他發現「倦怠」的過程：*The Struggle to Be Free: My Story and Your Story* (Philadelphia: Westminster Press, 1983)。

想瞭解更多關於假期與靈感，參閱 Anna Almendrala, "Lin-Manuel Miranda: It's 'No Accident' Hamilton Came to Me on Vacation," *Huffington Post* (23 June 2016), online at http://www.huffingtonpost.com/entry/lin-manuel-miranda-says-its-no-accident-hamilton-inspiration-struck-on-vacation_us_576c136ee4b0b489bb0ca7c2?; Lyman Spitzer, "Dreams, Stars, and Electrons," *Annual Review of Astronomy and Astrophysics* 27 (1989), 1–17；想瞭解斯特羅姆與對新創公司的調查，參閱Hollie Slade, "Want a Brilliant Idea for a Startup? Go on Vacation," *Forbes* (30 June 2014), online at http://www.forbes.com/sites/hollieslade/2014/06/30/want-a-brilliant-idea-for-a-startup-go-on-vacation/；想瞭解拉法・索托與OmmWriter，參閱Pang, *The Distraction Addiction*, 70。

莎賓娜・索能塔格曾與許多同事發表數十篇文章：Sabine Sonnentag, "Recovery, Work Engagement, and Proactive Behavior: A New Look at the Interface Between Nonwork and Work," *Journal of Applied Psychology* 88:3 (2003), 518–528與Charlotte Fritz and Sonnentag, "Recovery, Health, and Job Performance: Effects of Weekend Experiences," *Journal of Occupational Health Psychology* 10:3 (2005), 187–199皆是一探其成就、疏離的概念與療癒的好書。想瞭解程式編碼人員，參閱Maike E. Debus, Werner Deutsch, Sabine Sonnentag, Fridtjof W. Nussbeck, "Making Flow Happen: The Effects of Being Recovered on Work-Related Flow Between and Within Days," *Journal of Applied Psychology* 99:3 (2014); Sabine Sonnentag and Charlotte Fritz, "The Recovery Experience

Questionnaire: Development and Validation of a Measure for Assessing Recuperation and Unwinding from Work," *Journal of Occupational Health Psychology* 12:3 (2007), 204–221, quote on 206。關於醫生與護士的議題，參見Sabine Sonnentag and Fred R. H. Zijlstra, "Job Characteristics and Off-Job Activities as Predictors of Need for Recovery, Well-Being, and Fatigue," *Journal of Applied Psychology* 91:2 (2006), 330–350。Jeremy Schulz做了一份企業專業人士晚上利用時間的比較研究，是個饒有趣味的調查，研究結果呈現於以下兩篇文章："Talk of Work: Transatlantic Divergences in Justifications for Hard Work Among French, Norwegian, and American Professionals," *Theory and Society* 41:6 (November 2012), 603–634與"Winding Down the Workday: Zoning the Evening Hours in Paris, Oslo, and San Francisco," *Qualitative Sociology* 38:3 (September 2015), 235–259。

米哈伊．齊克森米哈伊所寫關於心流的重要著作：*Flow: The Psychology of Optimal Experience*, rev. ed. (London: Rider, 2002)。

想瞭解西洋棋士與布萊切利園，參見Jack Copeland, *Colossus: The Secrets of Bletchley Park's Code-Breaking Computers* (Oxford, UK: Oxford University Press, 2006)。

關於疏離感、療癒與軍中經驗，參見Dalia Etzion, Dov Eden, and Yael Lapidot, "Relief from Job Stressors and Burnout: Reserve Service as a Respite," *Journal of Applied Psychology* 83:4 (August 1998), 577–585與Trevor T. Sthultz, "Military Deployments as a Respite from Burnout: An Analysis of Gender and Family" (M.S. thesis, Air Force Institute of Technology, 2004); S. Ryan Johnson, "Effects of Deployments on Homestation Job Stress and Burnout" (M.S. thesis, Air Force Institute of Technology, 2005); Patrick A. Horsman, "Is a Change as Good as a Rest?: Investigating Part-Time Reserve Service as a Method of Stress Recovery" (M.A. thesis in Applied Psychology, Saint Mary's University, 2011)。

想瞭解工作兼旅遊與療癒的相關資訊，參見Mina Westman and Dalia Etzion, "The Impact of Short Overseas Business Trips on Job Stress and Burnout," *Applied Psychology* 51:4 (October 2002), 582–592與Mina Westman, Dalia Etzion, and Shoshi Chen, "Are Business Trips a Unique Kind of Respite?" in Sabine Sonnentag,

Daniel Ganster, and Pamela L. Perrewé, eds., *Current Perspectives on Job-Stress Recovery*, Research in Occupational Stress and Well-Being, volume 7 (Bingley, UK: JAI Press/Elsevier Science, 2009), 167–204; Sabine Sonnentag and Eva Natter, "Flight Attendants' Daily Recovery from Work: Is There No Place Like Home?" *International Journal of Stress Management* 11:4 (2004), 366–391; Ben J. Searle, "Detachment from Work in Airport Hotels: Issues for Pilot Recovery," *Aviation Psychology and Applied Human Factors* 2:1 (2012), 20–24。

班・卡澤茲在二〇一五年六月一日的一場訪問中，和作者談到了自己的音樂與編碼興趣。關於智慧型手機與疏離感，參見Young Ah Park, Charlotte Fritz, and Steve M. Jex, "Relationships Between Work-Home Segmentation and Psychological Detachment from Work: The Role of Communication Technology Use at Home," *Journal of Occupational Health Psychology* 16:4 (2011), 457–467。Katherine Richardson and Cynthia Thompson, "High Tech Tethers and Work-Family Conflict: A Conservation of Resources Approach," *Engineering Management Research* 1:1 (2012), 29–43; Sophie Ward and Gail Steptoe-Warren, "A Conservation of Resources Approach to Blackberry Use, Work-Family Conflict and Well-Being: Job Control and Psychological Detachment from Work as Potential Mediators," *Engineering Management Research* 3:1 (2014), 8–23; Jan Dettmers et al., "Extended Work Availability and Its Relation with Start-of-Day Mood and Cortisol," *Journal of Occupational Health Psychology* 21:1 (January 2016), 105–118.

想瞭解假期時間長短與休息的益處，參閱Mina Westman and Dov Eden, "Effects of a Respite from Work on Burnout: Vacation Relief and Fade-Out," *Journal of Applied Psychology* 82:4 (August 1997), 516–527與 Mina Westman and Dalia Etzion, "The Impact of Vacation and Job Stress on Burnout and Absenteeism," *Psychology & Health* 16:5 (2001), 595–606; Jessica de Bloom et al., "Effects of Vacation from Work on Health and Well-Being: Lots of Fun, Quickly Gone," *Work & Stress* 24:2 (April 2010), 196–216; Jessica de Bloom, Sabine Geurts, and Michiel Kompier, "Vacation from Work as Prototypical Recovery Opportunity," *Gedrag & Organisatie* 23:4 (December 2010), 333–349; Jana Kühnel and Sabine Sonnentag, "How Long Do You Benefit from Vacation?: A

Closer Look at the Fade-Out of Vacation Effects," *Journal of Organizational Behavior* 32:1 (January 2011), 125–143; Jeroen Nawijn, "Happiness Through Vacationing: Just a Temporary Boost or Long-Term Benefits?" *Journal of Happiness Studies* 12:4 (August 2011), 651–665; Mina Westman and Dalia Etzion, "The Impact of Vacation and Job Stress on Burnout and Absenteeism," *Psychology & Health* 16:5 (2001), 595–606; Dalia Etzion, "Annual Vacation: Duration of Relief from Job Stressors," *Anxiety, Stress, and Coping* 16:2 (June 2003), 213–226. De Bloom is quoted in Sumatra Reddy, "The Smartest Way to Take a Vacation: Scientists Study How to Get the Most Benefits in Health and Well-Being from a Getaway," *Wall Street Journal* (20 July 2015), online at http://www.wsj.com/articles/smartest-way-to-take-a-vacation-1437406680。

布契爾的引述出處來自*My Three Years with Eisenhower*, 88, 116。

10 運動

Robert S. Root-Bernstein, Maurine Bernstein, and Helen Garnier, "Correlations Between Avocations, Scientific Style, Work Habits, and Professional Impact of Scientists," *Creativity Research Journal* 8:2 (1995) 115–137, quotes from 125算是伊杜森研究的「續集」。

名聞遐邇的派特・海登身兼羅德學者與足球員兩身分，但文中提到的其他人就沒那麼有名了。想知道更多訊息，參閱：Dennis J. Hutchinson, *The Man Who Once Was Whizzer White: A Portrait of Justice Byron R. White* (New York: Free Press, 1998); Aaron Gordon, "The Rejection of Myron Rolle," *SB Nation* (12 February 2014), http://www.sbnation.com/longform/2014/2/12/5401774/myron-rolle-profile-florida-state-football-nfl-rhodes-scholar；法蘭克・萊恩身兼運動員與數學家兩種身分，想瞭解更多請參閱Jonas Fortune, "A Man of Two Worlds," *Case Western Reserve Magazine* (Fall 2012), online at http://newartsci.case.edu/magazine/fall-2012/a-man-of-two-worlds/；厄舍爾談到了自己的雙重身分：Stephen D. Miller, "'I Plan to Be a Great Mathematician': An

NFL Offensive Lineman Shows He's One of Us," *Notices of the AMS* 63:2 (February 2016), 148–151。

想瞭解更多有名的運動員兼數學家，參閱J. J. O'Connor and E. F. Robertson, "Harald August Bohr," *MacTutor History of Mathematics Archive*, online at http://www-history.mcs.st-andrews.ac.uk/Biographies/Bohr_Harald.html; Susan Quinn, *Marie Curie: A Life* (New York: Simon & Schuster, 1995); Kathleen Rowe, "MIT Hurdler was Victor/Chronicler of 1896 Olympics," *MIT News* (July 18, 1996), http://news.mit.edu/1996/olymp1896-curtis（關於湯馬斯・柯提斯）; Roger Bannister, *Twin Tracks: The Autobiography* (London: Robson Press, 2015); Lillian Hoddeson, *True Genius: The Life and Science of John Bardeen: The Only Winner of Two Nobel Prizes in Physics* (Washington, DC: Joseph Henry Press, 2002); George G. Brownlee, *Fred Sanger, Double Nobel Laureate: A Biography* (Cambridge, UK: Cambridge University Press, 2014); Louise Rafkin, "Sitting on Top of the World," *San Francisco Chronicle* (30 December 2001), http://www.sfgate.com/bayarea/article/SITTING-ON-TOP-OF-THE-WORLD-Sarah-Gerhardt-on-3307271.php（關於莎拉・蓋哈特）。

我從安得魯・沃維克的精彩好書*Masters of Theory: Cambridge and the Rise of Mathematical Physics* (Chicago: University of Chicago Press, 2003)，瞭解到劍橋一等獎的運作情形：引述來自：Warwick, "Exercising the Student Body: Mathematics and Athletics in Victorian Cambridge," in Christopher Lawrence and Steven Shapin, eds., *Science Incarnate: Historical Embodiments of Natural Knowledge* (Chicago: University of Chicago Press, 1998), 288–323, on 294, 309, 314。這些獲得一等獎的學生如此積極地運動，多半是為了紓解學習艱澀數學所造成的心理壓力。參閱Alice Jenkins, "Mathematics and Mental Health in Early Nineteenth-Century England," *BSHM Bulletin: Journal of the British Society for the History of Mathematics* 25:2 (2010), 92–103。Peter Harman and Simon Mitton, eds., *Cambridge Scientific Minds* (Cambridge, UK: Cambridge University Press, 2002)一書收錄各劍橋知名科學學者的傳記，供讀者一覽學界成果。

John Carew Eccles, *Sherrington, His Life and Thought* (Berlin: Springer-Verlag, 1979)特別著墨了謝林頓與其圈子的故事：引述自"Sir Charles Sherrington–Biographical," *Nobel Lectures, Physiology or Medicine 1922–1941*

(Amsterdam: Elsevier, 1965), online at http://www.nobelprize.org/nobel_prizes/medicine/laureates/1932/sherrington-bio.html；參閱Wilder Penfield, *No Man Alone: A Neurosurgeon's Story* (Boston: Little, Brown & Co., 1977)；Jefferson Lewis, *Something Hidden: A Biography of Wilder Penfield* (New York: Doubleday, 1981)，該書為其孫子所寫的傳記；Eric Lax, *The Mold in Dr. Florey's Coat: The Story of the Penicillin Miracle* (New York: Henry Holt and Co., 2004)。想瞭解弗爾頓，參閱Jack D. Pressman, *Last Resort: Psychosurgery and the Limits of Medicine* (Cambridge, UK: Cambridge University Press, 1998)與Michael Bliss, "The Last Latchkeyer: The Tragedy of John Fulton"（該篇文章在二〇〇七年五月一日的蒙特婁American Osler Society會議上發表），quote on 4（在此特別感謝Bliss博士分享給我這篇文章，更感謝他替我講解了弗爾頓的故事，而不是講陰森森的哥德故事）；Mary R. Mennis, *The Book of Eccles: A Portrait of Sir John Eccles, Australian Nobel Laureate and Scientist, 1903–1997* (Queensland: Lalong Enterprises, 2003).

想瞭解湯瑪斯．布朗的故事，參見E. M. Tansey, "Working with C. S. Sherrington, 1918–24," *Notes and Records of the Royal Society of London* 62:1 (20 March 2008), 123–130；布朗的實驗室管理員發現到「布朗有個很大的問題：每當他沉迷在登山運動時，就會覺得生理學百般無趣、無心理會」。想瞭解十九世紀科學家與登山運動的事蹟，參閱Bruce Hevly, "The Heroic Science of Glacier Motion," *Osiris* 11 (1996), 66–86。至於醫生與登山活動的故事，參閱Emilio Segrè, *A Mind Always in Motion: The Autobiography of Emilio Segrè* (Berkeley, CA: University of California Press, 1993); Emilio Segré, *Enrico Fermi, Physicist* (Chicago: University of Chicago Press, 1970); Laura Fermi, *Atoms in the Family: My Life with Enrico Fermi* (Chicago: University of Chicago Press, 1954); Peter Goodchild, *Edward Teller: The Real Dr. Strangelove* (London: Weidenfeld & Nicolson, 2004); Victor Weisskopf, *The Joy of Insight: Passions of a Physicist* (New York: Basic Books, 1991), quote on 18。想瞭解戶外活動和體能運動，參閱Mark Fiege, "The Atomic Scientists, the Sense of Wonder, and the Bomb," *Environmental History* 12:3 (2007), 578–613; Jennet Conant, *109 East Palace: Robert Oppenheimer and the Secret City of Los Alamos* (New York: Simon & Schuster, 2005); Jon Hunner, *Inventing Los Alamos: The Growth of an Atomic Community* (Norman,

OK: University of Oklahoma Press, 2004). Donald Osterbrock, “Rudolph Leo Bernhard Minkowski,” *Biographical Memoirs of the National Academy of Sciences* 54 (1983), 270–299; Alfred Stöckli, *Fritz Zwicky: An Extraordinary Astrophysicist* (Cambridge, UK: Cambridge Scientific Publishers, 2011); “Steve Giddings,” *Physics Central*, http://www.physicscentral.com/explore/people/giddings.cfm; George Johnson, “A Passion for Physical Realms, Minute and Massive,” *New York Times* (20 February 2001), online at http://www.nytimes.com/2001/02/20/science/a-passion-for-physical-realms-minute-and-massive.html (on Lisa Randall)。

文中關於羅莎琳・富蘭克林爬山的描述多取材於：Brenda Maddox, *Rosalind Franklin: The Dark Lady of DNA* (London: Harper Collins, 2003); Jenifer Glynn, *My Sister Rosalind Franklin* (Oxford, UK: Oxford University Press, 2012); 還有 Anne Sayre, *Rosalind Franklin and DNA* (New York: Norton, 1975)。富蘭克林一生熱愛運動，可稱得上是名運動員：在聖保羅女子學校就讀期間，她會打板球、曲棍球和網球，也是自行車好手。

想瞭解更多運動對認知與大腦的影響力之相關科學研究，請參閱Karsten Mueller et al., “Physical Exercise in Overweight to Obese Individuals Induces Metabolic- and Neurotrophic-Related Structural Brain Plasticity,” *Frontiers in Human Neuroscience* 9:372 (July 2015), doi: 10.3389/fnhum.2015.00372與Christiane D. Wrann et al., “Exercise Induces Hippocampal BDNF Through a PGC-1α/FNDC5 Pathway,” *Cell Metabolism* 18:5 (November 2013), 649–659; Andrew S. Whiteman et al., “Interaction Between Serum BDNF and Aerobic Fitness Predicts Recognition Memory in Healthy Young Adults,” *Behavioural Brain Research* 259 (2014), 302–312; Leoni Bolz, Stefanie Heigele, and Josef Bischofberger, “Running Improves Pattern Separation During Novel Object Recognition,” *Brain Plasticity* 1:1 (2015), 129–145; Miriam S. Nokia et al., “Physical Exercise Increases Adult Hippocampal Neurogenesis in Male Rats Provided It Is Aerobic and Sustained,” *Journal of Physiology* 594:7 (1 April 2016), 1855–1873; David M. Blanchette et al., “Aerobic Exercise and Cognitive Creativity: Immediate and Residual Effects,” *Creativity Research Journal* 17:2/3 (2005), 257–264; Lorenza S. Colzato et al., “The Impact of Physical Exercise on Convergent and Divergent Thinking,” *Frontiers in Human Neuroscience* 7 (December 2013), 824。

村上春樹在這本書裡描述了自己「跑昏頭」的經驗：*What I Talk About When I Talk About Running*, 16–17。

David Attwell and Simon B. Laughlin, "An Energy Budget for Signaling in the Grey Matter of the Brain," *Journal of Cerebral Blood Flow and Metabolism* 21:10 (October 2001), 1133–1145比較激發神經元與激發腿部肌肉的各能量消耗差異（訊號連結之能量消耗為30 μmol ATP/g/min，相當於人類跑馬拉松時腿部肌肉所消耗的能量）。想瞭解有氧活動與其益處，參閱K. Hötting et al., "Differential Cognitive Effects of Cycling Versus Stretching/Coordination Training in Middle-Aged Adults," *Health Psychology* 31 (2012), 145–55; Tina D. Hoang et al., "Effect of Early Adult Patterns of Physical Activity and Television Viewing on Midlife Cognitive Function," *JAMA Psychiatry* 73:1 (2016), 73–79; Marcus Richards, Rebecca Jane Hardy, and Michael E. J. Wadsworth, "Does Active Leisure Protect Cognition? Evidence from a National Birth Cohort," *Social Science and Medicine* 56 (2003), 785–792。

村上春樹在書裡將寫作描述成「體力活兒」：*What I Talk About When I Talk About Running*, 79；山中伸彌探討馬拉松跑步："Ekiden to iPS Cells," *Nature Medicine* 15 (2009), 1145–1148; Michaeleen Doucleff, "I'm A Runner: Wolfgang Ketterle, Ph.D.," *Runner's World* (December 2009), online at http://www.runnersworld.com/celebrity-runners/im-a-runner-wolfgang-ketterle-phd.

想瞭解西洋棋與運動，參閱Agnieszka Fornal-Urban and Anna Kęska, "Physical Fitness of Young Chess Players," *Chess Base* (23 June 2010), http://en.chessbase.com/post/physical-fitne-of-young-che-players; Tim Hanke, "Physical Fitness Promotes Mental Fitness," *Chess Improver* (30 April 2013), http://chessimprover.com/physical-fitness-promotes-mental-fitness/; Viswanathan Krishnaswamy, "Importance of Physical Fitness in Chess," *Daily Mail* (15 November 2013), online at http://www.dailymail.co.uk/indiahome/indianews/article-2508201/Carlsen-draws-blood-beating-Indian-chess-star-Anand-Chennai-fifth-game-58-moves.html; Christopher Bergland, "Checkmate!: Winning Life Strategies of a Chess Grandmaster," *Psychology Today* (7 May

2013), http://www.psychologytoday.com/blog/the-athletes-way/201305/checkmate-winning-life-strategies-chess-grandmaster; Seth Stevenson, "Grand-master Clash," *Slate* (18 September 2014), http://www.slate.com/articles/sports/sports_nut/2014/09/sinquefield_cup_one_of_the_most_amazing_feats_in_chess_history_just_happened.single.html; Miles Hinson, "Chexercise: Chess and Physical Fitness," *Daily Princetonian* (19 October 2014), http://dailyprincetonian.com/sports/2014/10/chexercise-chess-and-physical-fitness/; Jennifer Shahade, "On Chess: Physical Fitness Becomes Increasingly Important for Top-Level Players," *St. Louis Public Radio* (21 January 2015), http://news.stlpublicradio.org/post/chess-physical-fitness-becomes-increasingly-important-top-level-players.

有關運動、壓力與彈性，參閱Arnold Bakker et al., "Workaholism and Daily Recovery: A Day Reconstruction Study of Leisure Activities," *Journal of Organizational Behavior* 34 (2013), 87–107與Tait Shanafelt et al., "Avoiding Burnout: The Personal Health Habits and Wellness Practices of US Surgeons," *Annals of Surgery* 255:4 (April 2012), 625–633; Michael G. Poulsen et al., "Recovery Experience and Burnout in Cancer Workers in Queensland," *European Journal of Oncology Nursing* 19:1 (February 2015), 23–28。想瞭解歐巴馬的運動養生計畫內容與其實施狀況，參閱Reggie Love, *Power Forward: My Presidential Education* (New York: Simon and Schuster, 2015)；關於卡根和金斯伯格，參閱Ann E. Marimow, "Personal Trainer Bryant Johnson's Clients Include Two Supreme Court Justices," *Washington Post* (19 March 2013), http://www.washingtonpost.com/style/personal-trainer-bryant-johnsons-clients-includetwo-supreme-court-justices/2013/03/19/ea884018-86a1-11e2-98a3-b3db6b9ac586_story.html，以及Jeffrey Rosen, "Ruth Bader Ginsburg Is an American Hero," *New Republic* (28 September 2014), http://www.newrepublic.com/article/119578/ruth-bader-ginsburg-interview-retirement-feminists-jazzercise.

關於圖靈的運動習慣，參見Andrew Hodges, *Alan Turing: The Enigma* (New York: Simon and Schuster, 1983), quote on 370。

Judith Strada, "Surf's Up! And Look Who's Hangin' 10," *San Diego Magazine* (17 September 2007), http://

www.sandiegomagazine.com/San-Diego-Magazine/August-1996/Surfs-Up-And-Look-Whos-Hangin-10/中的引文出處為Donald Cram; Nelson Mandela, *Long Walk to Freedom: The Autobiography of Nelson Mandela* (Boston: Back Bay, 1995), 490。

Maria A. I. Åberg et al., "Cardiovascular Fitness Is Associated with Cognition in Young Adulthood," *Proceedings of the National Academy of Sciences* 106:49 (8 December 2009) 20906–20911是一份瑞典的長期性研究；關於美國退役軍人的研究：Kevin M. Kniffin, Brian Wansink, and Mitsuru Shimizu, "Sports at Work: Anticipated and Persistent Correlates of Participation in High School Athletics," *Journal of Leadership & Organizational Studies* 22:2 (2015), 217–230；關於女性主管與運動，參閱Ernst & Young, "Female Executives Say Participation in Sport Helps Accelerate Leadership and Career Potential," (news release, 10 October 2014), http://www.ey.com/GL/en/Newsroom/News-releases/news-female-executives-say-participation-in-sport-helps-accelerate—leadership-and-career-potential; Nanette Fondas, "Research: More Than Half of Top Female Execs Were College Athletes," *Harvard Business Review* (9 October 2014), https://hbr.org/2014/10/research-more-than-half-of-female-execs-were-college-athletes。

想瞭解老化人口的體能活動和認知能力，請參見Qi Sun et al., "Physical Activity at Midlife in Relation to Successful Survival in Women at Age 70 Years or Older," *Archives of Internal Medicine* 170:2 (2010), 194–201, on physical activity and cognitive ability in aging populations; see also Claire Joanne Steves et al., "Kicking Back Cognitive Ageing: Leg Power Predicts Cognitive Ageing After Ten Years in Older Female Twins," *Gerontology* 62:2 (2016), 138–149; Ian J. Deary et al., "The Lothian Birth Cohort 1936: A Study to Examine Influences on Cognitive Ageing from Age 11 to Age 70 and Beyond," *BMC Geriatrics* 7:28 (December 2007), 1–12; Alan J. Gow et al., "Neuroprotective Lifestyles and the Aging Brain: Activity, Atrophy, and White Matter Integrity," *Neurology* 79 (2012), 1802–1808; Mark Hamer, Kim L. Lavoie, and Simon L. Bacon, "Taking Up Physical Activity in Later Life and Healthy Ageing: The English Longitudinal Study of Ageing," *British Journal of Sports Medicine* 48 (2014),

239–243; Agnieszka Burzynska et al., "White Matter Integrity, Hippocampal Volume, and Cognitive Performance of a World-Famous Nonagenarian Track-and-Field Athlete," *Neurocase* 22:2 (March 2016), 135–144.

參閱Nicholas Fox Weber, *Le Corbusier* (New York: A. A. Knopf, 2008); Desmond and Moore, *Darwin*；至於謝林頓和其門下的相關資訊，前述探討熱愛運動的創意人士晚年生活片段已涵蓋在內，在此不必贅述。

11 深戲

內文中林西．羅勒的話，來自二〇一五年六月四日與本書作者的電話訪問。

克利福德．格爾茨透過其經典著作 "Deep Play: Notes on the Balinese Cockfight," *Daedalus* 134:4 (Fall 2005), 56–86，將「深戲」一詞的概念發揚光大（至少在學術界）。文化人類學家若看到我這本書，可能會說我口中的深戲和格爾茨的深戲，意思不大相同。不過也只有文化人類學家會這樣說。

諾曼．麥克林在自己的書中描述與阿爾伯特．麥克森一同打撞球的經驗："Billiards Is a Good Game," *University of Chicago Magazine* (Summer 1975), online at http://mag.uchicago.edu/science-medicine/billiards-good-game，這本書籍值得一讀。其實麥克林的各本著作都值得一讀，他本人也曾自誇：Nick O'Connell, "Haunted by Waters: A Talk with Norman Maclean," *The Writer's Workshop Review* (28 March 2009), http://www.thewritersworkshopreview.net/article.cgi?article_id=14。Dorothy Michelson Livingston, *The Master of Light: A Biography of Albert A. Michelson* (New York: Scribner, 1973)是麥克森的女兒所寫的傳記。悼念麥克森的訃聞不知凡幾，但多年同事寫的兩篇訃聞最是上上之作：Henry Gale, "Albert Michelson," *Astrophysical Journal* 74:1 (July 1931), 1–9與Robert Millikan, "Albert Abraham Michelson, 1852–1931," *Biographical Memoirs of the National Academy of Sciences* 19 (1938), 119–46：在一二八頁，Millikan引述了麥克森的妻子所說的話。

邱吉爾所著*Painting as a Pastime*(《繪畫作為消遣》)一書中，詳實記述他的藝術生涯：quotes are from 7, 27, 86, 61, 48, 46, 48, 53, 46。根據藝術史學家金．格蘭特（Kim Grant）所述，邱吉爾這本書在美國上市後，蔚為風潮，帶動了一九五〇年代大眾對業餘畫作的興趣：參見Kim Grant, "'Paint and Be Happy': The Modern Artist and the Amateur Painter—A Question of Distinction," *Journal of American Culture* 34:3 (September 2011), 289–303。

關於威廉．湯姆森與「拉拉茹克號」，參見Silvanus Phillips Thompson, *The Life of Lord Kelvin*, vol. 2 (repr. Providence, RI: AMS Chelsea Publishing, American Mathematical Society, 2005), quote on 597。工業設計師傑克．凱利於二〇一五年三月十六日與本書作者的訪談中，談到自己的帆船航行經驗。想瞭解布立頓．強斯的水手生涯，參見Evan Gillingham, "Sailing by Chance," *Motor Boating* (April 1967), 88–90, 92, 94：昔日門下的學生Les Dutton描述布立頓．強斯從科學家搖身一變、成了水手的這段話，出自二〇一〇年十二月十日的紀念文章：http://www.brittonchance.org/?page_id=30：強斯描述奪得奧運獎牌對其學科研究的影響：Nick Zagorski, "Britton Chance: Former Olympian and Pioneer in Enzyme Kinetics and Functional Spectroscopy," *ASBMB Today* (July 2009), 32–36, quote on 34。

維克多．弗蘭克在著作中討論到登山活動：*Recollections: An Autobiography* (New York: Insight Books, 1997), quote on 42。更多關於克里斯托夫．科赫的登山活動，參閱：Karen Heyman, "Christof Koch's Ascent," *The Scientist* (14 July 2003), http://www.the-scientist.com/?articles.view/articleNo/14931/title/Christof-Koch-s-Ascent/：引述的出處來源為Kevin Berger, "Ingenious: Christof Koch," *Nautilis* (6 November 2014), http://nautil.us/issue/19/illusions/ingenious-christof-koch。亨利．肯德爾在諾貝爾致辭稿中談到自己的登山經驗： "Henry W. Kendall—Biographical," in Tore Frängsmyr, ed., *The Nobel Prizes 1990* (Stockholm: Nobel Foundation, 1991), online at http://www.nobelprize.org/nobel_prizes/physics/laureates/1990/kendall-bio.html，也可以在以下訪問搜尋到：John Rawlings, 6 March 1997 and 13 February 1998 (Stanford Oral History Project, SC1018/1/7, Stanford University Special Collections)：肯德爾曾形容這個世界「美得不可思議」。該句話出自John Rawlings, *The Stanford Alpine Club* (Stanford, CA: Stanford University Libraries and CLSI Publications, 1999), 104。

約翰・吉爾的話出自：Jon Krakauer, *Eiger Dreams: Ventures Among Men and Mountains* (1990; repr. New York: Anchor Books, 1997), 18。想瞭解其他科學家，參見：J. E. Littlewood, "The Mathematician's Art of Work," *Mathematical Intelligencer* 1:2 (June 1978), 112–119; Alan Hodgkin, "Edgar Douglas Adrian," *Biographical Memoirs of Fellows of the Royal Society* 25 (1979), 1–73; Andrew Hodges, *Alan Turing: The Enigma* (New York: Simon and Schuster, 1983); "Lyman Spitzer, 1914–1997," *American Alpine Club Publications* (1997), online at http://publications.american alpineclub.org/articles/12199840900/print。

書中引用路易斯・雷查德的話多半出自：Nicole LeBrasseur, "Louis Reichardt: The Long Climb to Science's Summits," *Journal of Cell Biology* 186:5 (September 2009), 634–635；其餘出處包含："Louis Reichardt: Expeditions in Science and Mountaineering," *iBiology* (April 2012), http://www.ibiology.org/ibiomagazine/issue-7/louis-reichardt-expedition-in-science-and-mountaineering.html；以及Reichardt, "Lessons from K2 and Everest for Life in Science and the World," *Harvard-Radcliffe Class of 1964 50th Reunion Brief Talks*, online at http://hr1964.org/reichardt.htm。對雷查德的描述來自Eric Perlman, "Professor Gorilla," *Backpacker* (September 1986), 88。

Richard G. Mitchell, *Mountain Experience: The Psychology and Sociology of Adventure* (Chicago: University of Chicago Press, 1983)不失為優良的學術研究著作，探討登山經驗，以及其他科學家對登山活動的癡迷。Michael Useem, Jerry Useem, and Paul Asel, eds., *Upward Bound: Nine Original Accounts of How Business Leaders Reached Their Summits* (New York: Crown Business, 2003) and Chris Warner and Don Schmincke, *High Altitude Leadership: What the World's Most Forbidding Peaks Teach Us About Success* (San Francisco: Wiley, 2009) 摘錄了企業領導人能從登山活動學到的啟示。

懷爾德・潘菲爾德探討自己的人生：*The Second Career* (New York: Little, Brown & Co., 1963); Lewis, *Something Hidden*，也值得一觀。

更多關於詹姆士・赫利奧特生平與作品，參閱Graham Lord, *James Herriot: The Life of a Country Vet* (New York: Carroll and Graf Publishers,1997), and Jim Wight, *The Real James Herriot: A Memoir of My Father* (New York:

Ballantine, 2001)。Barbara Belford, *Bram Stoker: A Biography of the Author of "Dracula"* (New York: Knopf, 1996), 與Jim Steinmeyer, *Who was Dracula?: Bram Stoker's Trail of Blood* (New York: Jeremy Tarcher, 2013) 探討布蘭姆・史托克（Bram Stoker）和其作品「德古拉」。史托克曾頻繁造訪埃羅爾港（Cruden Bay），該地恰好臨近湯馬斯・米契爾所待的蘇格蘭紐堡（Newburgh）。米契爾在紐堡完成了*Essays on Life*這本書。關於托爾金的資料，本人大都參照Humphrey Carpenter, *J. R. R. Tolkien: A Biography* (1977; repr. Boston: Houghton Mifflin, 2000).

結尾部分引述麥克森的話出自Maclean, "Billiards Is a Good Game"; 魯特–伯恩斯坦的話則出自Root-Bernstein, Maurine Bernstein, and Helen Garnier, "Correlations Between Avocations, Scientific Style, Work Habits, and Professional Impact of Scientists," 132, 127.

12 休假研究

關於賽格邁斯特的休假研究，請參閱Mar Abad, "Sagmeister: 'Variety Makes You Happier,'" *Foundation Telefonica* (2 July 2014), http://ferranadria.fundaciontelefonica.com/en/sagmeister-variety-makes-happier/, discusses Sagmeister's sabbaticals與Gina Trapani, "Burned Out? Take a Creative Sabbatical," *Harvard Business Review* (20 October 2009), https://hbr.org/2009/10/increase-your-productivity-by.html。那段關於感時傷懷的引述出自Till Huber, "On Being a Designer: An Interview with Stefan Sagmeister," *Sturm und Drang* (1 May 2015), https://sturmunddrang.de/en/digest/i-was-looking-for-something-meaningful-to-design-interview-with-stefan-sagmeister/.

Harriet Alexander, "Ferran Adria Interview: The Culinary Wizard on Life After el Bulli," *The Telegraph* (29 January 2011), http://www.telegraph.co.uk/news/worldnews/europe/spain/8290685/Ferran-Adria-interview-The-culinary-wizard-on-life-after-el-Bulli.html，描述費蘭・阿德里亞的休假研究，想知道更多訊息，請

參閱Ren McKnight, "Exit Interview: Ferran Adrià," *GQ* (27 July 2011), http://www.gq.com/story/ferran-adria-exit-interview-el-bulli; John Walsh, "The Last Supper: El Bulli Closes Its Doors," *The Independent* (22 October 2011), http://www.independent.co.uk/life-style/food-and-drink/features/the-last-supper-el-bulli-closes-its-doors-2327826.html; Sadie Stein, "The Remarkable Ambition and Chaos of Ferran Adrià's El Bulli Lab," *Bon Appétit* (14 May 2015), http://www.bonappetit.com/people/chefs/article/el-bulli-lab-ferran-adria。

Robert A. Guth, "In Secret Hideaway, Bill Gates Ponders Microsoft's Future," *Wall Street Journal* (28 March 2005), online at http://www.wsj.com/articles/SB111196625830690477，描述比爾・蓋茲的思考週；想瞭解更多，請參閱Darryl K. Taft, "What Is Bill Gates Thinking?," *eweek* (29 March 2004), http://www.eweek.com/c/a/Windows/What-Is-Bill-Gates-Thinking。關於其他企業的休假研究，參見Michael Karnjanaprakorn, "How Skillshare's CEO Cultivates and Applies Creativity (Taking Cues from Bill Gates and Chuck Close)," *Fast Company* (26 February 2014) http://www.fastcompany.com/3024934/business-simplified/how-skillshares-ceo-cultivates-and-applies-creativity-taking-cues-from-b; Elizabeth Pagano and Barbara Pagano, "The Virtues and Challenges of a Long Break," *Journal of Accountancy* 207:2 (February 2009), 46–51; Rosabeth Moss Kanter, "Should Leaders Go on Vacation?," *Harvard Business Review* (15 August 2011), https://hbr.org/2011/08/should-leaders-go-on-vacation.html; Tanner Christensen, "Why You Need a 'Think Week' Like Bill Gates," *99u* (10 March 2014), http://99u.com/workbook/23511/why-you-need-a-think-week-like-bill-gates; Rebecca Greenfield, "Why You Should Pay Employees to Take a Sabbatical," *Fast Company* (1 October 2014), http://www.fastcompany.com/3036344/my-creative-life/why-you-should-pay-employees-to-take-a-sabbatical; "Reflections from a CEO Sabbatical," *Polymer Solutions* (15 December 2015), https://www.polymersolutions.com/blog/reflections-from-a-ceo-sabbatical/; Peter Strozniak, "Iowa League CEO Discusses Four-Month Sabbatical," *Credit Union Times* (9 February 2016), http://www.cutimes.com/2016/02/09/iowa-league-ceo-discusses-four-month-sabbatical。

想瞭解休假研究與非營利組織的休假狀況，請參閱Deborah S. Linnell and Tim Wolfred, *Creative*

Disruption: Sabbaticals for Capacity Building & Leadership Development in the Nonprofit Sector (Third Sector New England and CompassPoint Nonprofit Services, 2009), online at http://tsne.org/creative-disruption與Dan Wilford, "CEO Sabbatical: Prescription for a Healthier Organization," *Trustee: The Journal for Hospital Governing Boards* 45:7 (July 1992), 18–23; Vanessa Small, "Sabbatical Recharges Nonprofit CEO," *Washington Post* (20 May 2012), online at https:// www.washingtonpost.com/business/capitalbusiness/sabbatical-recharges-nonprofit-ceo/2012/05/18/gIQAhjlVdU_story.html。

Tarun Khanna, Jaeyong Song, and Kyungmook Lee, "The Paradox of Samsung's Rise," *Harvard Business Review* (July–August 2011), 142–147, and Verne Harnish, *The Greatest Business Decisions of All Time* (New York: Liberty Street, 2012)，探討三星的休假研究專案。

文中提到的美國將領於戰間期的作為，大都參照Josiah Bunting III, "Gen. George C. Marshall and the Development of a Professional Military Ethic," *Foreign Policy Research Institute Footnotes* 16:4 (June 2011), 1–5, 與 D. K. R. Crosswell, *Beetle: The Life of General Walter Bedell Smith* (Lexington: University Press of Kentucky, 2010); Jean Edward Smith, *Lucius D. Clay: An American Life* (New York: Henry Holt & Company, 1990)。

Henry Lowood, "Douglas Engelbart Interview 1," 19 December 1986, Stanford University Library, http://web.stanford.edu/dept/SUL/library/prod//depts/hasrg/histsci/ssvoral/engelbart/engfmst1-ntb.html，描述恩格巴爾特在雷伊泰島上時光；也請參見Thierry Bardini, *Bootstrapping: Douglas Engelbart, Coevolution, and the Origins of Personal Computing* (Stanford, CA: Stanford University Press, 2000), and Alexis Madrigal, "The Hut Where the Internet Began," *The Atlantic* (7 July 2013), online at http://www.theatlantic.com/technology/archive/2013/07/the-hut-where-the-internet-began/277551/。潘菲爾德於自傳中聊到自己的休假研究經驗：*No Man Alone*；他還聊到與卡哈爾共事的時光：*The Second Career*, esp. 82–85。文中關於詹姆士．洛夫洛克的描述多半參照其自傳*Homage to Gaia: The Life of an Independent Scientist* (Oxford, UK: Oxford University Press, 2001)，以及洛夫洛克參加大英圖書館的國家名人故事計畫（National Life Stories Project），受Paul Merchant訪問的一

段口述歷史。請參閱C1379/15, http://sounds.bl.uk/related-content/TRANSCRIPTS/021T-C1379X0015XX-0000A1.pdf。沃拉斯致內人的信中描寫到一九二三年這段旅程。信件內容參閱沃拉斯家族報，File 1/1/28, Newnham College, Cambridge；內文引言出自格雷厄姆・沃拉斯分別於一九二三年六月十四日、六月二十八日及六月十八日致愛達・沃拉斯的信件。

關於雙文化主義的引述來自Carmit T. Tadmor, Adam D. Galinsky, and William W. Maddux, "Getting the Most Out of Living Abroad: Biculturalism and Integrative Complexity as Key Drivers of Creative and Professional Success," *Journal of Personality and Social Psychology* 103:3 (2013), 520–542, quote on 520；也請參閱William W. Maddux and Adam D. Galinsky, "Cultural Borders and Mental Barriers: The Relationship Between Living Abroad and Creativity," *Journal of Personality and Social Psychology* 95 (2009), 1047–1061; William W. Maddux, Hajo Adam, and Adam D. Galinsky, "When in Rome . . . Learn Why the Romans Do What They Do: How Multicultural Learning Experiences Facilitate Creativity," *Personality and Social Psychology Bulletin* 36 (2010), 731–741; Jiyin Cao, Adam D. Galinsky, and William W. Maddux, "Does Travel Broaden the Mind?: Breadth of Foreign Experiences Increases Generalized Trust," *Social Psychological and Personality Science* 5:5 (July 2014), 517–525; Frédéric C. Godart et al., "Fashion with a Foreign Flair: Professional Experiences Abroad Facilitate the Creative Innovations of Organizations," *Academy of Management Journal* 58:1 (February 2015), 195–220. Angela Ka-yee Leung et al., "Multicultural Experience Enhances Creativity: The When and How," *American Psychologist* 63 (2008), 169–181收錄了亞當・蓋林斯基的作品總覽，作品探討了旅行、雙文化主義和創造力。

想瞭解疏離感與學界的休假研究，參見Oranit B. Davidson, et al., "Sabbatical Leave: Who Gains and How Much?," *Journal of Applied Psychology* 95:5 (2010), 953–964。

結語　充分休息的人生

安妮・迪勒德對比了整日泡在書堆中閱讀與終生保有閱讀習慣的差異：*The Writing Life* (New York: Harper Perennial, 2013), 33；史賓賽對魯波克的觀察出自Herbert Spencer, *An Autobiography* (London: Williams and Norgate, 1904), 72–3；更多孫子的建議，參見Thomas Cleary, "Translator's Introduction," in Sun Tzu, *The Art of War* (Boulder, CO: Shambhala Publications, 1988), xviii; Miyamoto Musashi, *The Book of Five Rings* (Radford, CA: Wilder Publications, 2008), 30; William James, "Gospel of Relaxation," in *On Vital Reserves: The Energies of Men; The Gospel of Relaxation* (New York: Henry Holt, 1911), 61。

William Davies, *The Happiness Industry: How the Government and Big Business Sold Us Well-Being* (London: Verso Books, 2015) 探討企業如何致力於將員工熱誠轉化為寶貴的企業資產。關於伊杜森的研究，參見Robert S. Root-Bernstein, Maurine Bernstein, and Helen Garnier, "Correlations Between Avocations, Scientific Style, Work Habits, and Professional Impact of Scientists"。

Penfield, *The Second Career*, 186; Osler, "The Practitioner of Medicine," in Osler, *Counsels and Ideals* (Oxford, UK: Henry Frowde, 1905), 196–197; Osler, "Work," in *Counsels and Ideals*, 236; John Lubbock, "Recreation," in *The Use of Life* (London: Macmillan and Co., 1895), 69.

國家圖書館出版品預行編目資料

用心休息：休息是一種技能-學習全方位休息法，工作減量，效率更好，創意信手拈來 / 方洙正（Alex Soojung-Kim Pang）著 ; 鍾玉玨譯. -- 初版. -- 臺北市 : 大塊文化, 2017.12
面；　公分. --（Smile ; 145）
譯自 : Rest : why you get more done when you work less
ISBN 978-986-213-847-2（平裝）

1. 工作心理學　2. 生活指導

494.014　　106021212

LOCUS

LOCUS

LOCUS

LOCUS